Die

neueste Entwicklung der Wasserhaltung.

Von Professor Baum, Berlin.

Versuche mit verschiedenen Pumpensystemen.

Bericht der Versuchskommission, erstattet von

Professor Baum, Berlin,

unter Mitarbeit von Ingenieur Dr. Hoffmann, Bochum.

1905.

Springer-Verlag Berlin Heidelberg GmbH

Sonderabdruck aus der Berg- und Hüttenmännischen Zeitschrift „Glückauf", Jahrgang 1904, Nr. 34—38, 49, 51 und 52.

Additional material to this book can be downloaded from http://extras.springer.com

ISBN 978-3-642-51294-0 ISBN 978-3-642-51413-5 (eBook)
DOI 10.1007/978-3-642-51413-5
Softcover reprint of the hardcover 1st edition 1905

Inhaltsangabe.

Die neueste Entwicklung der Wasserhaltung.

Die rasch fortschreitende Technik hat in dem Zeitraum von 3 Jahren, welcher hinter dem Erscheinen des die Wasserhaltung behandelnden Bandes IV des Sammelwerkes „Die Entwickelung des niederrheinisch-westfälischen Steinkohlen-Bergbaues in der zweiten Hälfte des 19. Jahrhunderts“ liegt, eine solche Fülle von Erfahrungen und Neuerungen auf dem Gebiete des Wasserhaltungwesens gebracht, daß die dort gegebene Darstellung den Bedürfnissen der Praxis nicht mehr genügt. Damit das bedeutende Werk nicht an Wert verliert, soll es nach dem Willen seines Herausgebers, des Vereines für die bergbaulichen Interessen im Oberbergamtsbezirk Dortmund, durch periodische Nachträge ergänzt werden, welche in der Zeitschrift „Glückauf“ erscheinen. Diese Mitteilungen werden sich aber nicht, wie das Werk selbst, auf den Ruhrbezirk beschränken, sondern so weit als möglich auch die Erfahrungen anderer Bergbaubezirke berücksichtigen.

Ein einzigartiges Material für die Beurteilung der verschiedenen neuesten Pumpensysteme lieferten die ausgedehnten Versuche an Wasserhaltungen, welche der Verein für die bergbaulichen Interessen zusammen mit Delegierten des Vereines deutscher Ingenieure in den beiden letzten Jahren an der Dampfwasserhaltung der Zeche Victor, der hydraulischen Anlage auf Zeche Dannenbaum II und den elektrischen Wasserhaltungen auf den Zechen Victor (Hochdruckzentrifugalpumpen), Mansfeld (Riedlerexpreßpumpen) und A. von Hansemann (Ehrhardt und Sehmerpumpe) veranstaltete. Während der erste Teil der vorliegenden Abhandlung im Anschluß an das Sammelwerk eine Übersicht über die neueste Entwicklung der Wasserhaltung gibt, wird im zweiten Teile Bericht über die Versuche, an deren Leitung der Verfasser mitbeteiligt war, erstattet werden.

Die Dampfwasserhaltungen.

Der weiteren Einführung unterirdischer Dampfwasserhaltungen stehen eine Reihe von Hinderungsgründen entgegen: in erster Linie das Fortschreiten des Bergbaues in größere Teufen und die neue Entwicklung der Kraft-Erzeugung und -Verteilung. Die hohen Kosten, welche die tiefen Schächte verursachen, zwingen dazu, die Schachtscheibe soweit als möglich auszunutzen, sodaß für eine voluminöse Dampfleitung darin kein Platz mehr ist. Außerdem wachsen mit der Teufe die Kraftverluste durch Kondensation in demselben Maße, wie sich die lästige Wärmeabgabe der Leitung in einziehenden Schächten bemerkbar macht.

Liegen Schwierigkeiten dieser oder anderer Art nicht vor, dann ist die Dampfpumpe noch immer ein in der Ökonomie unübertroffenes Wasserhebungsmittel.

Daß man ihre Vorzüge im Bergbau recht wohl anerkennt, beweisen die im „Glückauf“ bereits beschriebenen großen Neuanlagen von Dampfwasserhaltungen auf den Zechen Scharnhorst*) und Gneisenau**). Eine Übersicht über die von den Firmen Ehrhardt und Sehmer, Haniel und Lueg, Humboldt und Friedrich Wilhelmshütte seit 1900 auf Zechen des Ruhrreviers aufgestellten Dampfwasserhaltungen gibt die nachstehende Tabelle.

*) Glückauf 1901, S. 801.

**) Glückauf 1902, S. 494.

Verzeichnis der seit 1900 für Bergwerke des Ruhrbezirks gelieferten Dampfwasserhaltungen.

Fabrikant	Bergwerke	Dampfmaschine: Art	Abmessungen der Hoch- Druckkolben mm	Abmessungen der Mittel- Druckkolben mm	Abmessungen der Nieder- Druckkolben mm	Hub mm	Umdrehungszahl/Min.	Kesseldruck Atm.	Leistung PS	Pumpe: Art	Abmessungen der Zylinder Durchm. mm	Abmessungen der Zylinder Hub mm	Leistung Wasser- cbm	Leistung Förderhöhe m	Bemerkungen
Ehrhardt & Sehmer	Zeche Scharnhorst	Dreifache Expansionsmaschine in Zwillingsanordnung	850	1350	1420	2 × 1300	60	12	1900	Doppeltwirkende Zwillingspumpe	270	1300	17	400	2 Niederdruckzylinder
	Zeche Fröhliche Morgensonne	Zwillings-Tandem-Verbundmaschine	710	—	1060	„	66	8	1400	„	178	1300	8	615	
	Zeche Hagenbeck	Zwillings-Verbundmaschine	800	—	1250	„	55	5,5 später 9,5	880	„	170	—	6	485	
	Zeche Friedl. Nachbar	„	„	—	„	„	„	5,5 später 9,5	880	„	„	—	—	—	
	Zeche Hannover	Verbundmaschine	—	—	—	—	76	—	415	„	—	—	4,0	500	
	Zeche Minister Achenbach	„	425	—	660	700	75	8,5	170	Differentialplungerpumpe	126/90	700	1,25	500	
Haniel & Lueg	Lintorfer Erzbergwerke	Liegende dreifache Expansionsmaschine	600	950	2 × 1000	1200	60	11,5	900	Doppelplungerpumpe	372	1200	30	112	
	„	„	„	„	„	„	„	„	„	„	„	„	„	„	
	Zeche Gneisenau	„	950	1500	2 × 1650	1700	„	11,5	3350	„	285	1700	25	500	
Friedrich Wilhelms-hütte	Zeche Richradt	Zwillingsmaschine	800	—	—	800	„	—	500	„	180	800	4,5	400	
	Zeche Friedr. Wilhelm	„	„	—	—	„	„	—	700	„	205	„	6,0	300	
	Zeche Pauline	„	„	—	—	„	„	—	570	„	180	„	6,0	240	
Gutehoffnungs-hütte	Zeche Osterfeld	Verbundmaschine	850	—	1250	—	„	4—5	750	Zwillingsdifferentialpumpe	190/136	1250	4,0	660	
	Zeche Neumühl	„	„	—	„	—	„	6	700	„	190/134	1250	4,0	605	

Von den Dampfwasserhaltungen der Maschinenfabrik Ehrhardt und Sehmer in Schleifmühle bei Saarbrücken sei zunächst die ältere, seit 1896 im Betriebe stehende Dampfwasserhaltung der Zeche Victor beschrieben, welche bei den Versuchen geprüft wurde. Der Dampfmotor ist als Zwillings-Tandem-Verbund-Maschine mit eigener Kondensation gebaut. In ihrer maximalen Leistung soll die Wasserhaltung bei 58—59 Umdr./Min. und 7,5 Atm. Kesselüberdruck 13,5 cbm auf 520 m Widerstandshöhe heben.

Neben der auf der Düsseldorfer Ausstellung vorgeführten Dampfwasserhaltung der Zeche Gneisenau mit einer Leistung von 25 cbm auf 500 m, die noch nicht in Betrieb genommen ist, und der auf Zeche Scharnhorst mit einer Leistung von 17 cbm auf 400 m, die seit einem Jahre läuft, ist die Victorpumpe die größte gegenwärtig im Ruhrrevier betriebene Wasserhaltung. Dieser Umstand ließ die Versuche an dieser Anlage besonders wünschenswert erscheinen. Bei der anerkannt guten Konstruktion der Maschine können die bei den Versuchen ermittelten Werte als sehr gute unter ähnlichen Verhältnissen zu erzielende Leistungen gelten. Die Hochdruckzylinder sind mit einer vom Regulator beeinflußten Kolbenschiebersteuerung ausgerüstet, während die Niederdruckzylinder eine Trick-Schiebersteuerung mit fixer Expansion aufweisen.

Die Abmessungen der Maschine sind folgende:

Rechts	Hochdruckzylinder Durchm. . .	950 mm
	Niederdruckzylinder Durchm. . .	1350 „
	Kolbenstangen Durchm. am Hochdruckzyl. Kurbelseite	129,5 „
	Kolbenstangen Durchm. am Hochdruckzyl. Deckelseite	179,5 „
Links	Kolbenstangen Durchm. am Niederdruckzyl. Kurbelseite	179,5 „
	Kolbenstangen Durchm. am Niederdruckzyl. Deckelseite	154,5 „
	Kohlenhub	1300 „
	Umdrehungszahl	51.

Die Regulatoren werden durch Riemen angetrieben, die über Stufenscheiben der Hauptwelle laufen. Das Vorgelege läßt sich für Umdrehungszahlen der Maschine zwischen den Grenzen 40 und 60 einstellen.

Die doppeltwirkenden Pumpen sind aus Stahlguß mit Bronzearmierung gefertigt. Die Plungerabmessungen wurden bei den Versuchen, wie folgt, ermittelt:

Rechte Maschinenseite:
Plunger I Durchm. = 243,75 mm
„ II Durchm. = 243,25 „
Linke Maschinenseite:
Plunger III Durchm. = 243 mm
„ IV Durchm. = 240,75 „

Die Druckventilkästen sind über den Pumpen, die Saugventilkästen seitlich davon aufgestellt. Vor den Saugventilen und auf dem zwischen den Druckventilen angeordneten Rückschlagventil sitzt auf jeder Maschinenseite ein Windkessel. Die Ventile bestehen aus mit Leder gedichteten Bronzeringen.

Beim Anlassen werden Pumpenzylinder, Saugventilkästen und Kondensation aus der Steigrohrleitung mit Wasser gefüllt.

Die beiden Plunger jeder Pumpenseite sind durch ein Umführungsgestänge gekuppelt, dessen Traversen sich auf Gradführungen verschieben und durch die Kolbenstangen der Niederdruckzylinder direkt angetrieben werden. Der Abdampf wird in Einspritzkondensatoren niedergeschlagen, welche die gesamte Förderwassermenge ansaugen und den Pumpen zuwerfen.

Der Maschinenraum ist im Gewölbe 30 m lang, 8,4 m breit und über dem Flur 9 m hoch. Die Tiefe der Fundamente beträgt 3,5 m.

Bei einer der neuesten Ausführungen der Firma Ehrhardt und Sehmer, der Wasserhaltung der Grube Laurenburg der Rheinisch-Nassauischen Bergwerks- und Hütten-A.-G. (Taf. 1) haben die beiden mit Leder gedichteten Ventilringe der doppeltwirkenden Pumpen eine ⊥-artige Form. Die Ventile sitzen ähnlich wie bei der Expreßpumpe derselben Firma in einem gemeinsamen zylindrischen Gehäuse übereinander, eine Anordnung, die für eine gute Wasserführung Gewähr leistet. Die Plunger bewegen sich in dem Zwischenraum zwischen den Ventilen, der Saugwindkessel setzt so dicht unter dem Saugventil an, daß die bei jedem Hub zu beschleunigende Saugwassersäule sehr kurz ist. Die Ventilkästen sind aus Stahlguß, die Plungerrohre aus Gußeisen hergestellt.

Der Hauptwindkessel der Pumpe auf Zeche Scharnhorst, die ebenfalls von dieser Firma stammt, ist mit einem besonderen Rückschlagventil ausgerüstet, welches das Entweichen der Luft verhindert, wenn die Maschine steht oder gar ein Ventilkasten geöffnet wird. Das Ventil wird mit Hilfe zweier hydraulischer Kolben betätigt, denen das Wasser durch Hähne zugeführt wird. In Verbindung mit dem normalen Rückschlagventil bietet es den Vorteil, daß man infolge des vollkommenen Abschlusses des Windkessels beim Wiederangehen der Pumpe nach einer Betriebspause Druckluft in genügender Menge zur Verfügung hat. Der Hochdruckzylinder der Dampfmaschine wird durch einen Kolbenschieber gesteuert, während die Dampfverteilung bei dem Niederdruckzylinder, der mit einer fixen Füllung von 50 pCt. arbeitet, durch einen modifizierten Trickschieber erfolgt. Der letztere ist mit einem Rückschieber für gleiche Füllung auf beiden Seiten des Kolbens ausgerüstet. Wie an der Maschine entnommene Diagramme beweisen, wirkt die Steuerung ausgezeichnet. Der schädliche Raum des Niederdruckzylinders ist auf 6,2 pCt. beschränkt.

Abweichend von der vorbeschriebenen Bauart ist die neue große Wasserhaltung der Kgl. Berginspektion zu Barsinghausen mit Ventilsteuerung versehen. Die Einlaßventile des Hochdruckzylinders werden durch Exzenter, die der Niederdruckzylinder durch Daumen betätigt.

Die Anordnung der Heizmäntel um die Receiverrohre hat man aufgegeben, weil sie die Konstruktion erschwert, die wärmeabgebenden Flächen vergrößert und dabei wenig zur Verminderung des Dampfverbrauches beiträgt. Voll ausgenutzt wird ja bei einer Verbund- oder Dreifachexpansionsmaschine nur die Wärme, welche dem Hochdruckzylinder zugeführt wird und in zwei bezw. drei Zylindern nacheinander zur Wirkung gelangt, während die Steigerung der Temperatur des Mittel- oder Niederdruckdampfes durch die Rohrheizung nur zwei Zylindern bezw. einem zugute kommt. Die Frischdampfheizung beschränkt sich auf den Hochdruckzylinder, der Niederdruckzylinder empfängt die Abwärme des Hochdruckmantels. Die Receiver, einfache Rohre, werden möglichst kurz bemessen und sorgfältig umhüllt.

Die Kolben der Einspritzkondensatoren bestehen aus Zinn-Kupferbronze und gleiten in einem Gußeisenzylinder. Zylinder und Ventilsitze sind auswechselbar.

Die letzteren haben Gitterform und umgeben das Laufrohr des Kolbens ringförmig. Die Einspritzung vermittelt ein fächerförmiger Drehschieber, welcher seitlich im Kondensatorkasten sitzt. Die Dampf-Wassermischung erfolgt in einem Kondenstopf, in dem das Dampfabzugsrohr so hoch geführt ist, daß seine Mündung über dem Wasserspiegel im Druckwasserkasten des Kondensators liegt.

In dem gemeinsamen Dampfabzugsrohr des Niederdruckzylinders und der beiden Kondensatoren ist ein Wechselventil angeordnet, welches es ermöglicht, beim Anlassen und Abstellen der Maschine ohne Kondensation zu arbeiten.

Jeder Kondensator hat einen geräumigen Druckwasserkasten. Mit dem Wasserablaßrohr, das in die gemeinsame Saugleitung der Hochdruckpumpen einmündet, ist ein Überfallrohr verbunden, welches das überschüssig angesaugte Wasser zum Saugschacht zurückführt.

Bei den neueren Dampfwasserhaltungen der Firma Haniel u. Lueg werden je nach der Größe der Maschine die Hochdruckzylinder gewöhnlich durch Riderkolbenschieber, die Niederdruckzylinder entweder durch Drehschieber (Zeche Monopol) oder Trickschieber (Zeche Minister Achenbach) gesteuert. Die 1902 für die Zeche Gneisenau gelieferte große Maschine von 3350 PS*) hat am Hochdruckzylinder eine auslösende Ventilsteuerung, während die Mittel- und Niederdruckzylinder mit einer Daumenwellensteuerung arbeiten.

Die im gleichen Jahre für die Zeche Richradt bei Kupferdreh von der Friedrich Wilhelmshütte in Mülheim a. d. Ruhr gelieferte Dampfwasserhaltung hebt mit 60 Umdr./Min. 4,5 cbm auf 400 m Höhe. Die Dampfzylinder werden durch Meyersche Schieber gesteuert. Die doppeltwirkende Plungerpumpe ähnelt in der Ausführung insofern den Expreßpumpen, als sie von den Kolbenstangen der Dampfmaschine durch ein Umführungsgestänge angetrieben wird.

Je 2 Ventilkästen stehen auf einem gemeinschaftlichen Saugwindkessel. Die Ventile zeigen Ringanordnung und sind aus Deltametall hergestellt. Der guten Wasserführung wegen sind Saug- und Druckventile übereinander angeordnet; über jedem Druckventil befindet sich eine Windhaube aus Stahlguß.

Schwungradlose Dampfpumpen der Firma Schwade in Erfurt und der mit dieser neuerdings vereinigten Odesse Pumpenfabrik vormals Gebr. Forstreuter in Oschersleben haben auf zahlreichen Bergwerken, namentlich für kleinere Leistungen, Aufstellung gefunden. Eine größere mit dreifacher Expansion arbeitende Pumpe von Schwade wurde auf Zeche Hansa in Betrieb genommen. Die Anordnung ist schon in dem Berichte des „Glückauf“ über die Düsseldorfer Ausstellung*) beschrieben. In Ergänzung der Ausführungen dieses Berichtes über die Odessepumpe sei hier auf die Steuerung des Dampfzylinders näher eingegangen.

*) Glückauf 1902, S. 494.

Im Gegensatz zu den anderen Systemen von Duplexpumpen, bei denen die äußere Steuerung aus einem umständlicheren, der Abnutzung unterworfenen Hebel- und Gelenkmechanismus besteht, wird die Odessepumpe (Fig. 1) durch den an der Kolbenstange 7 sitzenden starren Arm 25 gesteuert, der die Treibstange 21 und das mit ihr verbundene Treibstück 14 verschiebt. Das letztere ist mit einer schrägen Nut versehen, in welche die Grundschieber 13 und 16a mit einem Ansatz eingreifen. Mit Hilfe dieser Einrichtung wird die Längsbewegung der Treibstange in eine Querbewegung der Schieber umgeformt.

Auf den Grundschiebern gleiten die Expansionsschieber, welche sich wie bei der Meyerschen Steuerung von außen durch rechts- und linksgängige Spindeln einstellen lassen. Die letzteren sind vertikal übereinander angeordnet. Die Expansionsschieber werden mit Hilfe zweier Bunde in einem kleinen, am Grundschieber angebrachten Lager gehalten. Die Maschine arbeitet in der Weise, daß die linke Kolbenstange auf den Grundschieber der rechten Dampfseite, die rechte auf den Grundschieber des linken Dampfzylinders wirkt. Da beide Schieber sich in gleicher Richtung bewegen und der schnellere Grundschieber den langsamer arbeitenden Expansionsschieber überlaufen und eine Nacheinströmung verursachen würde, mußte auf der Seite zwischen beide eine feststehende Zwischenplatte 16b gelegt werden. Zur genauen Einstellung der Expansion, welche durch die Konstruktion in erster Linie angestrebt wird, sind Stellböckchen mit Handrad, Zeiger, Skala, sowie Hubmarken an dem Zwischenstück vorgesehen. Eine stoßfreie Begrenzung des Kolbenhubes wird durch die Anordnung von Dampfkissen erzielt, der Dampfkolben schließt den Auspuffkanal vor Beendigung des Hubes und führt dadurch eine Kompression des eingeschlossenen Dampfes herbei, welche den Schlag des Kolbens aufnimmt. An den Zylinderenden sind kleine, federbelastete Ventile 12 angebracht, die beim Hubwechsel den Dampf hinter den Kolben gelangen lassen. Die Ventilräume kommunizieren mit dem von dem Kolben verschlossenen Kanal und öffnen sich, sobald Frischdampf vom Schieberkasten in den Kanal gelangt, der Kompressionsdruck schließt sie, indem er die Belastungsfeder unterstützt.

Eine sehr einfache Pumpenkonstruktion bringt neuerdings die Firma Ortenbach und Vogel in Bitterfeld unter dem Namen „Orvopumpe“ auf den

*) Glückauf 1902, S. 496. Tafel 43, Fig. 1.

Markt. Wie die Schnitte in Fig. 2 u. 3 erkennen lassen, erfolgt die Steuerung durch die kleineren Arbeitskolben der doppelten Differentialplungerpumpen in der Weise, daß der linke Kleinkolben B_1 die Wasserverteilung für den rechten Großkolben A_2 übernimmt, und wechselweise der rechte Kleinkolben B_2 den Raum

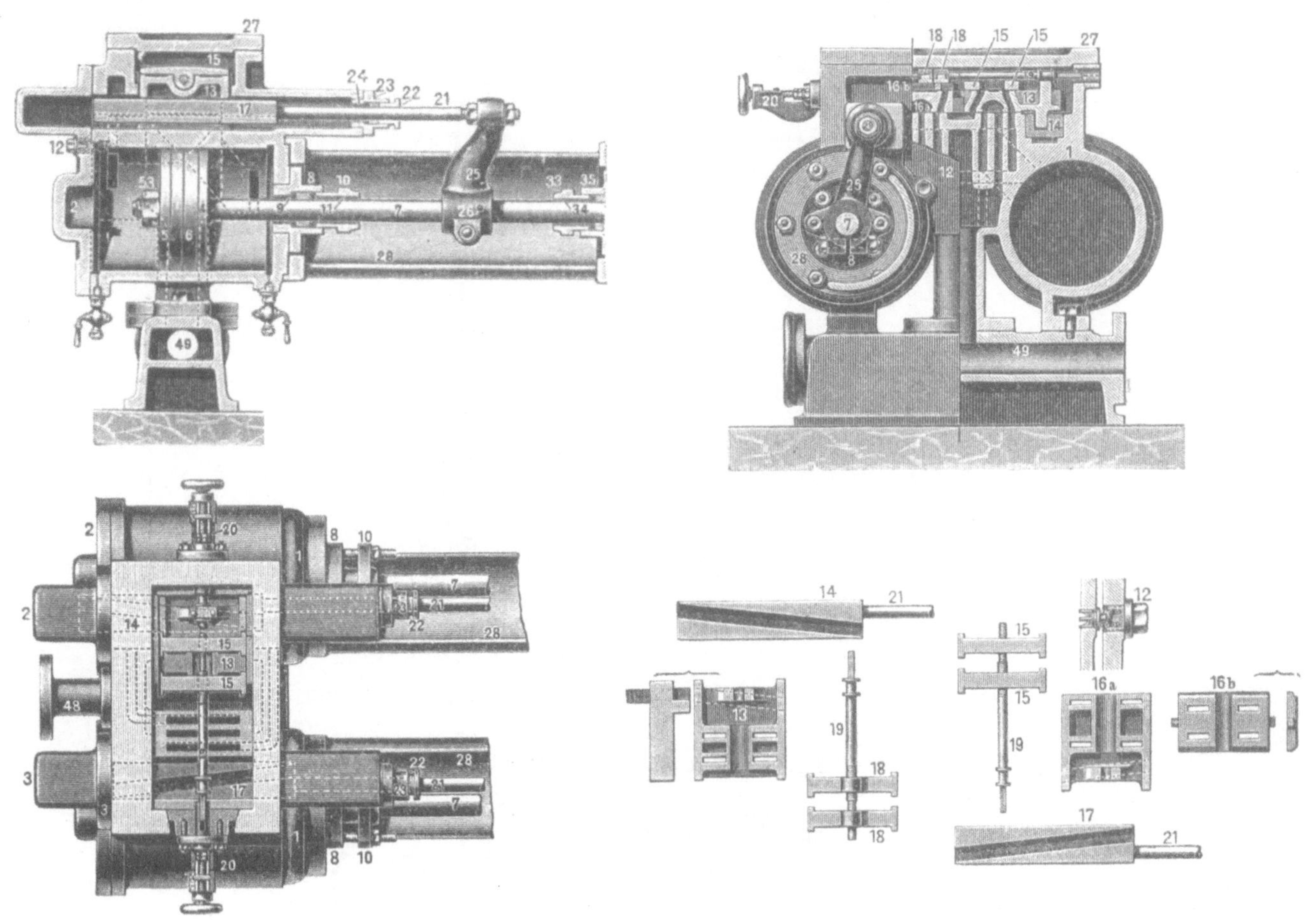

Fig. 1. Steuerungsteile der Odessepumpe.

des linken Großkolbens A_1 schließt und öffnet. Ventile sind also ganz umgangen.

Die erzielte Leistung ist gleich der einer vierfachwirkenden Pumpe mit je vier Saug- und Druckventilen. Aus dem Leistungsdiagramm, Fig. 4, ergibt sich, daß während eines Doppelhubes die Belastung der Saug- und Druckseite vollkommen gleichförmig ist. Die Pumpe wird auch für rotierenden Betrieb gebaut.

Die neue Art der Dampfwasserhaltungen, schnelllaufende Dampfmaschinen direkt mit Expreßpumpen gekuppelt, hat bis jetzt wenig Verbreitung gefunden. Eine der größten Anlagen, welche mit diesem System arbeitet, ist die Wasserhaltung auf Schacht Notberg des Eschweiler Bergwerksvereins. Sie umfaßt zwei stehende Dreifach-Verbundmaschinen, mit denen je eine Riedler-Expreßpumpe direkt gekuppelt ist. Die Pumpen fördern bei 125 Umdr./Min. je 4 cbm auf 320 m. Eine weitere Anlage dieses Systems, die von der Maschinenfabrik Humboldt für die Siegerländer Gewerkschaft Lohmansfeld und Peterszeche geliefert wurde, ist in der Zeitschrift „Glückauf" beschrieben.*)

Außer der Riedlerpumpe hat auch die Expreßpumpe, System Bergmanns**), für direkten Dampfantrieb Verwendung gefunden. Eine Differentialplungerpumpe dieses Systems, die von der Maschinenfabrik Breslau für die Braunkohlengrube St. Stefan in Kärnthen mit einer angebauten Verbunddampfmaschine geliefert wurde, ist in Fig. 5 dargestellt. Die beiden Plunger sind in üblicher Weise durch ein Umführungsgestänge gekuppelt, das auf einer Seite an die Kolbenstange der Dampfmaschine, auf der anderen an den Kondensatorkolben angehängt ist.

*) Glückauf 1902, S. 495.

**) Sammelwerk Bd. IV, S. 358 ff.

Die Dampfturbine, welche der Kolbendampfmaschine bei der Verwendung für den Antrieb elektrischer Maschinen außerordentliche Konkurrenz macht, ist ihr neuerdings auch auf dem Gebiete der Wasserhaltung entgegengetreten. Für die Betätigung durch Dampfturbinen eignen sich natürlich nur die rasch laufenden Zentrifugalpumpen, welche mit den Kolbenpumpen in einem nicht weniger scharfen Wettbewerb stehen, als Dampfturbine und

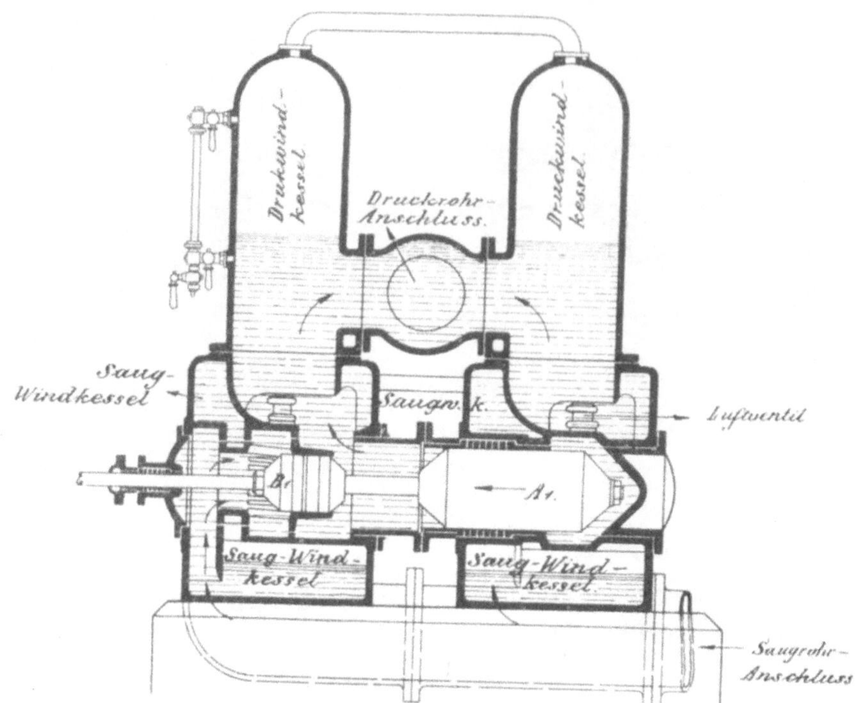

Fig. 2. **Senkrechter Längsschnitt.**

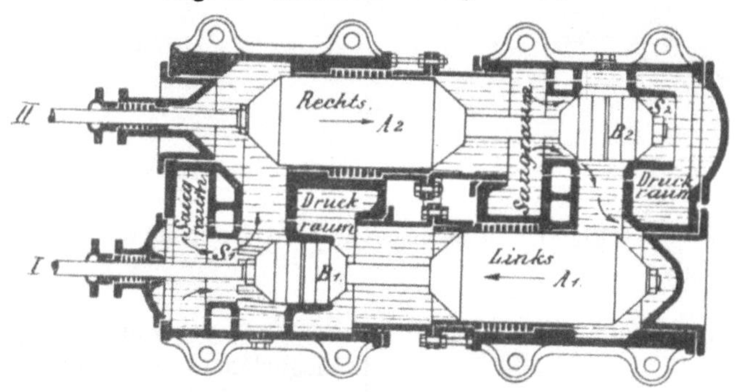

Fig. 3. **Wagerechter Längsschnitt.**
Fig. 2 und 3. **Orvopumpe.**

Kolbendampfmaschine. Auf die Vorteile, welche die Kombination Dampfturbine-Hochdruckzentrifugalpumpe

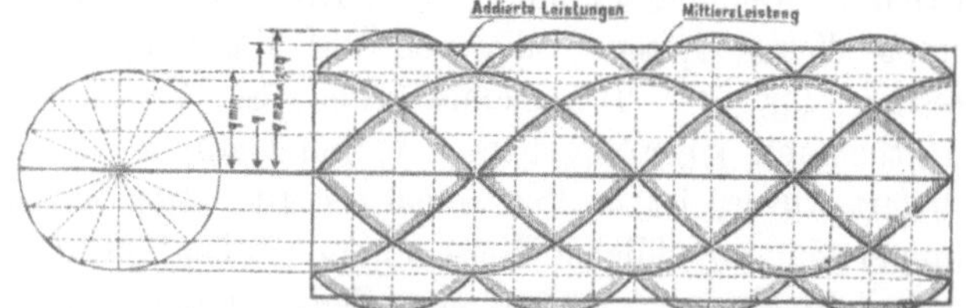

Fig. 4. **Leistungsdiagramm der Orvopumpe.**

bietet, ist in der Zeitschrift Glückauf*) bereits hingewiesen worden. An derselben Stelle wird eine Wasserhaltung mit einer Parsonsturbine im Bilde vorgeführt.

Die Firma Sautter, Harlé u. Cie. in Paris hat bereits mehrere Dampfturbinenwasserhaltungen mit Motoren und Pumpen Rateauscher Konstruktion geliefert. Die ersteren sind im „Glückauf" beschrieben*), die letzteren werden weiter unten eingehend behandelt. Auf einem Bergwerke bei Falkenau in Böhmen steht eine Pumpe dieses Systems in Betrieb, welche mit 3200 Umdr./Min. 3 cbm auf 206 m Höhe hebt. Die im Bau begriffene Pumpe der Mines de Bruay wird 4,1 cbm auf 350 m fördern.

Eine ganz neuartige Erscheinung auf dem Gebiete der Wasserhaltung stellen die Hochdruckzentrifugalpumpen des Systems Laval dar, welche

*) Glückauf 1904, S. 757 ff.

*) Glückauf 1904, S. 750 ff.

speziell für den Antrieb durch Dampfturbinen gebaut sind und in der Höhe der Geschwindigkeit einerseits sowie in geringer Raumbeanspruchung anderseits das Äußerste bisher Erreichte einer Wasserförderungsmaschine darstellen.

Während bei den Hochdruckzentrifugalpumpen von Sulzer, Borsig, Escher Wyss u. Co., Rateau, Jäger usw. die Drucksteigerung des Wassers durch eine Reihe hintereinander geschalteter Laufräder erfolgt, liefert bei der Lavalschen Pumpe ein Rad die erforderliche Schleuderkraft. Je nach der Förderhöhe werden die

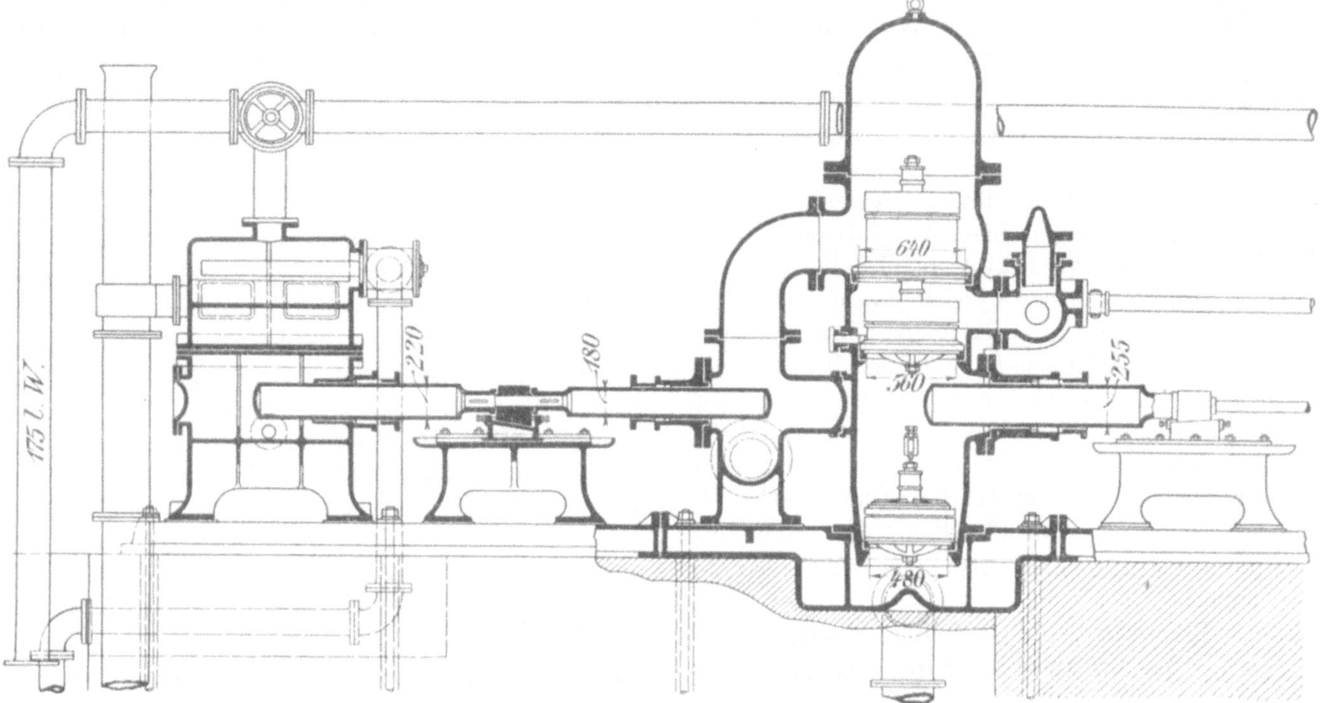

Fig. 5. Bergmannspumpe der Braunkohlengrube St. Stefan.

durch Laval-Dampfturbinen betriebenen Pumpen in zwei verschiedenen Bauarten hergestellt. Bei Höhen von 30—40 m wird die Pumpe mit der Dampfturbine durch das bekannte Lavalsche Schraubenrädervorgelege gekuppelt. Eine 150 PS verbrauchende Pumpe dieser Anordnung macht z. B. 1000 Umdr./Min. Für die Überwindung größerer, besonders über 100 m liegender Förderhöhen verwendet man direkt mit den Schaufelrädern der Dampfturbine verbundene, äußerst schnelllaufende Räder, denen das Wasser durch eine Niederdruckpumpe zugeführt wird. Den Zusammenbau der Maschinen für eine Anlage, welche 3,6 cbm Wasser auf 150 m fördert, veranschaulicht die Figur 6.

Die Dampfturbinenwelle treibt die Welle W^1 der Hochdruckpumpe direkt, die Welle W^2 der Niederdruckpumpe indirekt mittels des dazwischengeschalteten Schraubenradvorgeleges W an. Die Niederdruckpumpe ist durch einen Rohrkrümmer direkt mit der Hochdruckpumpe verbunden.

Eine Anlage dieser Art, die in der Minute 1,66 cbm auf 260 m fördert, steht in einem Schacht der großen französischen Bergwerksgesellschaft Lens im Pas de Calais in Betrieb. Die Dampfturbine und Hochdruckpumpe machen nicht weniger als 13 000 Umdrehungen in der Minute, während die Niederdruckhilfspumpe mit 650 Umdr./Min. arbeitet, das Wasser aus etwa 3 m Tiefe ansaugt und dem Hochdruckrad mit 1 Atm. Pressung zuführt.

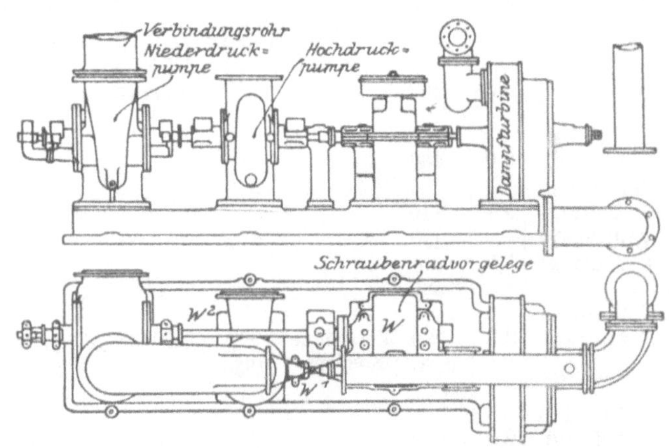

Fig. 6. Turbopumpenanlage, System Laval.

In die Dampfzuleitung ist ein Kondenswasserabscheider eingeschaltet, welcher trocknen Dampf liefert. Der Abdampf wird in einem Kondensator niedergeschlagen, dessen Pumpe mit der Niederdruckpumpe direkt gekuppelt ist.

In die Steigrohrleitung ist ein Rückschlagventil eingebaut. Außerdem ist die Niederdruckpumpe mit einem Sicherheitsventil ausgerüstet, das sich bei einem bestimmten Druck öffnet. Das letztere soll einer Gefährdung der nur für geringen Druck bemessenen Niederdruckpumpe vorbeugen, für den Fall, daß die Wassersäule infolge einer Betriebstörung des Rückschlagventils aus der Steigrohrleitung zurückgedrängt wird.

Die hydraulisch betriebenen Wasserhaltungen.

Das verbreitetste System hydraulischer Wasserhaltungen Kaselowsky-Prött der Berliner Maschinenbau-A.-G. vormals L. Schwarzkopff ist im „Glückauf"*) bereits eingehend beschrieben. Die untenstehende Tabelle gibt eine Übersicht der seit 1900 gelieferten Pumpen dieser Art. Es sei hier nur die Wasserhaltungsanlage der Zeche Dannenbaum II, welche bei den Versuchen geprüft wurde, und die neue hydraulische Pumpe stehender Anordnung auf Zeche Rhein-Elbe behandelt.

Die erstere Anlage hebt gegenwärtig 4—5 cbm/Min. auf 503,5 m Höhe, ist aber so bemessen, daß sie mit einer höheren Tourenzahl (n = 56) später dieselbe Wassermenge aus 720 m Teufe fördern kann. Die Anlage setzt sich aus folgenden Hauptteilen zusammen:

1. aus der Primäranlage, Dampfmaschine und Preßpumpe,
2. der Druckwasser-Hin- und -Rückleitung,
3. dem unter Tage aufgestellten hydraulischen Motor mit angekuppelter Pumpe,
4. der Steigleitung.

Die liegende Verbunddampfmaschine ist mit zwangläufiger Präzisionsventilsteuerung und abstellbarer Kondensation ausgerüstet. Ihre Abmessungen sind folgende:

	Hochdr. Zyl.		Niederdr. Zyl.	
	Kurbels.	Deckels.	Kurbels.	Deckels.
Zylinder-Durchm. . . mm	1125		1675	
Kolbenstang.-Durchm. mm	160	110	190	130
Nutzbare Kolbenfläche qcm	9739,3	9845,33	21781,08	21902,82
Kolbenhub	= 1200 mm			
Umdrehungszahl	= 45 in der Minute.			

Die mit Hoch- und Niederdruckzylinder gekuppelten beiden Preßpumpen besitzen je 95 mm Plungerdurchmesser sowie 1200 mm Hub und pressen das Druckwasser bei der jetzigen Teufe von 500 m mit einem Druck von 200 Atm. unter einen Luftdruckakkumulator von 178 bezw. 356 mm Plungerdurchmesser und 1500 mm Hub. Die Belastung des Akkumulatorkolbens erfolgt durch komprimierte Luft von 40 Atm. Die Druckluft wird durch eine stehende Dampfluftkompressionspumpe System Kaselowsky erzeugt. Das zwischen Hoch- und Niederdruckseite der Maschine aufgestellte Rücklaufbassin hat 1100 mm Durchmesser bei 3000 mm Höhe.

Über die seit 1900 gelieferten hydraulischen Pumpen ihres Systems macht die Firma Schwarzkopff folgende Angaben:

Zeche	Leistung pro Min.	Förderhöhe	Oberirdische Anlage									Unterirdische Pumpe				
			Dampfmaschine						Preßpumpe							
			System	Zylinder Durchmesser	Zylinder Hub	Umdrehungen	Kesselspannung	Kraftverbrauch	System	Durchmesser	Hub	Förder-Pl. Durchm.	Kraft-Pl. Durchm.	Hub	Doppelhübe pro Minute	Anordnung
	cbm	m			mm		Atm.			mm	mm	mm	mm	mm		
Rhein-Elbe (4. Auftrag)	2,0	460						280 PSi				235	115	500	25	liegend
Chr. Levin (3. Auftrag)	5,0	440						700 PSi				325	156	800	20	liegend
Wolfsbank (4. Auftrag)	5,0	470 später 580						720 PSi				325	156	800	20	liegend
Pluto (5. Auftrag)	2,5	730 max.	Verb. ohne Kondens.	900 / 1350	1100	60	7½ (Adm.)	650 PSi	2 dir. gek. dopp. wirk. Plungerpumpen	78	1100					liegend
Graf Bismarck (3. Auftrag)	2,0	630	„	600 / 925	1100	60	6½ (Adm.)	400 PSi	2 desgl.	62	1100					liegend
Altendorf (2. Auftrag)	7,0	531						1100 PSi				350	184	800	25	stehend
Königsborn (3. Auftrag)	4,0	580	„	900 / 1350	1100	60	7 (Adm.)	750 PSi	1 desgl.	84	1100	295	164	800	20	liegend

Die unterirdische Zwillingspumpe hat folgende Abmessungen:

Durchmesser des Förderplungers . .	325 mm
„ „ Kraftplungers . . .	184 „
Gemeinschaftlicher Hub	800 „

*) Glückauf 1900, S. 1053 ff.

In die Preßwasserzuleitung ist vor Einmündung in die Pumpe ein zweiter Druckausgleicher von 135 bezw. 356 mm Plungerdurchmesser und 600 mm Hub eingeschaltet, während noch etwa auftretende Druckschwankungen in der Rückleitung von einem Windkessel aufgenommen werden. Die Preßwasserzuleitung hat 80 mm, die Rückleitung 100 mm lichte Weite. Zur

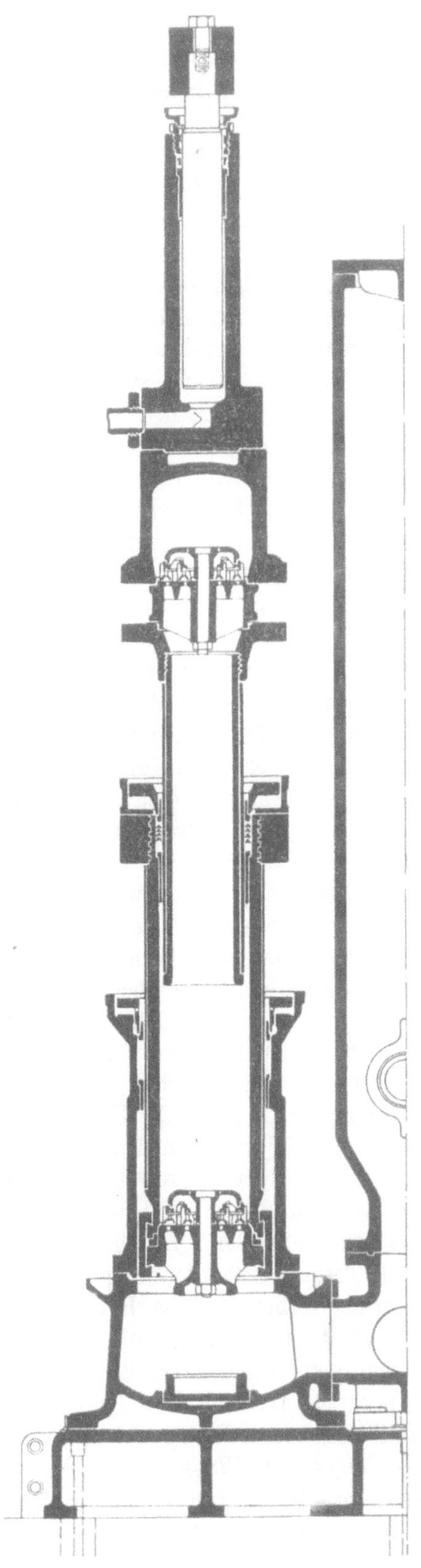

Fig. 7. Ansicht.

Fig. 8. Schnitt durch den Zylinder der Förderpumpe.

Fig. 7 u. 8. Stehende hydraulische Wasserhaltungsmaschine der Zeche Rhein-Elbe.

Erleichterung des Ein- und Ausbaues der Maschinenteile ist sowohl für die oberirdische wie für die unterirdische Anlage ein Laufkran von 15 000 bezw. 3000 kg Tragkraft vorgesehen.

Die neue vertikale Pumpe der Firma Schwarzkopff ist in Fig. 7 in der Ansicht und in Fig. 8 im Schnitt dargestellt.

Die Konstruktion der Pumpe unterscheidet sich von der sonst üblichen mit feststehendem Pumpenstiefel und darin untergebrachtem Saugventil dadurch, daß der Pumpenstiefel, dessen Boden das Saugventil bildet, beweglich ist, und der eigentliche Förderplunger, in bezw. über welchem das Druckventil angeordnet ist, feststeht. Durch diese Anordnung ergeben sich Bewegungsverhältnisse des Saugventiles, welche sich genau den Gesetzen der Ventilbewegung anpassen. Der Masse des Saugventiles wird durch den beweglichen Pumpenstiefel eine Beschleunigung erteilt, die beim oberen Hubwechsel auf Öffnung und beim unteren Hubwechsel auf Schluß des Saugventiles wirkt. Das bietet der allgemein gebräuchlichen Anordnung gegenüber eine Reihe von Vorteilen.

Bei allen Pumpen mit feststehendem Pumpenstiefel und Saugventil wirkt das Beharrungsvermögen des Saugventilkegels bezw. der Saugwassersäule der Öffnung des Saugventiles bezw. dem Eintritt des Wassers in den Pumpenstiefel entgegen und begünstigt eine verspätete Öffnung des Ventiles und ein Nachströmen der Saugwassersäule, die unter diesen Umständen auf den Kolben und das Druckventil aufschlägt. Diese Stöße machen sich um so mehr bemerkbar, je größer die Hubzahl ist.

Bei der neuen Konstruktion haben diese Massen eine günstige Wirkung, welche das Öffnen des Saugventiles bezw. den Eintritt des Wassers in den Pumpenstiefel begünstigt. Bei der Aufwärtsbewegung wird das dem Querschnitt des Förderplungers und dem Hube entsprechende Wasserquantum durch das Druckventil in die Druckleitung gefördert. Gleichzeitig, also während der Druckperiode, saugt der Pumpenstiefel, der in einen mit der Saugleitung und dem Saugwindkessel in Verbindung stehenden Untersatz eintaucht, ein seinem äußerem Querschnitte und dem Hube entsprechendes Wasserquantum vor. Bei der Bewegungsumkehr im oberen Totpunkt hat der Saugventilkegel infolge seines Beharrungsvermögens das Bestreben, zurückzubleiben; er braucht also nicht, wie sonst, lediglich durch die von dem äußeren Luftdruck bewegte Wassersäule gehoben zu werden. Das Saugventil ist daher unmittelbar nach der Bewegungsumkehr geöffnet, und das zuviel angesaugte Wasser hat infolge seines Beharrungsvermögens das Bestreben, durch das Ventil hindurch in den abwärtsgehenden Pumpenstiefel einzutreten. Ein verspäteter Eintritt und ein Wasserschlag ist also ausgeschlossen. Der Überschuß an Wasser wird bei doppelzylindrigen Pumpen in den zweiten Zylinder, bei einfachen in den Saugwindkessel zurückgedrängt.

In gleicher Weise wie ein verspätetes Öffnen tritt bei der allgemein üblichen Konstruktion bekanntlich ein verspäteter Schluß des Saugventiles ein; er erfolgt mit großer Geschwindigkeit, und da im Augenblick des Schlusses die über dem Ventil stehende Wassermasse auf den Ventilkegel drückt, ist das Aufsetzen mit einem Ventilschlag verbunden, dessen Heftigkeit mit der Hubzahl wächst.

Bei der neuen Konstruktion wird auch ein solcher verspäteter Schluß des Saugventiles vermieden. Wenn nämlich am Ende der Abwärtsbewegung des Pumpenstiefels die Geschwindigkeit verzögert wird, hat der Saugventilkegel infolge seines Beharrungsvermögens das Bestreben, sich seinem Sitze zu nähern. Dieses Bestreben wird um so größer, je näher der Pumpenstiefel dem unteren Totpunkt kommt und je geringer die Kolbengeschwindigkeit wird. Hat der Pumpenstiefel den Totpunkt erreicht, so ist auch das Saugventil geschlossen.

Durch die bewegliche Anordnung des Saugventiles ergeben sich folgende Vorteile:

1. größere Hubzahl,
2. lautloser Gang,
3. größere Saughöhe,
4. höhere Wassergeschwindigkeiten in den Ventilen, also kleinere Ventile.

Die auf Zeche Rhein-Elbe aufgestellte Pumpe dieses Systems hebt 2 cbm Wasser auf 400 m. Sie wurde von der Lieferantin Versuchen unterworfen, welche nach deren Mitteilung folgende Ergebnisse hatten:

Die Ergebnisse der Leistungsversuche an der hydraulischen Wasserhaltung der Zeche Rhein-Elbe III.

Zwillings-Tandem-Maschine, 550/850 Zylinderdurchm., 1000 Hub.

Hochdruckzylinder-Querschnitt 2375,8 qcm.

Niederdruckzylinder- „ 5674,5 „

Hochdruckkolbenstange 120/115 Durchm., mittl. Querschnitt 108,4 qcm.

Niederdruckkolbenstange 115/85 Durchm., mittl. Querschnitt 80,3 qcm.

Nutzb. Querschn. des Hochdruckzylinders 2267,4 qcm.

„ „ „ Niederdruckzylinders 5594,2 „

Umdrehungszahl der Maschine 33,6 p. Min.

Mittlere Kolbengeschwindigkeit 1,12 m p. Sek.

Mittlerer Druck aus den Indikatordiagrammen:

im Hochdruckzylinder links 1,92, rechts 1,99, in beiden zus. 3,91 Atm.,

im Niederdruckzylinder links 0,8975, rechts 0,819, in beiden zus. 1,717 Atm.

Indizierte Leistung:

$$\frac{2267{,}4 \,.\, 3{,}91 + 5594{,}2 \,.\, 1{,}717}{75} \cdot 1{,}12 = 275{,}8 \text{ PSi.}$$

Mittlere Doppelhubzahl der Zwillingspumpe (235 Durchm. = 4,337 qcm Querschnitt) = 23,7 p. Min.

Mittlere Hublänge 490 mm.

Geförderte Wassermenge bei 0,98 volumetr. Wirkungsgrad

$$\frac{4{,}337 \,.\, 4 \,.\, 23{,}7 \,.\, 4{,}9}{1000}\, 0{,}98 = 1{,}975 \text{ cbm.}$$

Manometrischer Druck am Windkessel 47,5 Atm.

Höhe vom Wasserspiegel im Sumpf bis zum Wasserspiegel im Windkessel 5,35 m.

Gesamtdruckhöhe 480,35 m.

Pumpenleistung $\frac{1975 \,.\, 480{,}35}{60 \,.\, 75} = 210{,}8$ PS.

Gesamtwirkungsgrad $\frac{210{,}8}{275{,}8} = 76{,}4$ pCt.

Die elektrischen Wasserhaltungen.

Die Primärstationen.

Die Primäranlagen der großen Wasserhaltungen wurden bisher aus den im Sammelwerk*) näher entwickelten Gründen meistens für die alleinige Kraftlieferung an die Pumpenmotoren bestimmt, welche zugleich mit dem Generator angelassen werden. Beim Vorhandensein sehr großer, mehrtausendpferdiger Zentralen, wie sie sich neuerdings für die Kraftversorgung ganzer Gruben immer mehr einbürgern, verschiebt sich das Verhältnis der für die Wasserhaltung benötigten Energie zu der Leistung der Zentrale so, daß auch die Wasserhaltungsmotoren von dem Kraftverteilungsnetze aus betrieben werden können. Als Beispiel seien die je 450 PS leistenden Motoren der 4 Ehrhardt und Sehmerpumpen auf der Grube Karlingen der Saar- und Mosel-Bergwerks-A.-G. angeführt, welche an das Netz der 3600 PS leistenden Zentrale angeschlossen sind. Auch im gegenteiligen Falle, wenn der Pumpenmotor den größten Teil der von der Zentrale gelieferten Kraft verbraucht, kann man noch andere Motoren von derselben Stromquelle aus mit Energie versorgen. An die Primärmaschine der bisher als Einzelkraftübertragungsanlage betriebenen Wasserhaltung auf Zeche Mansfeld werden z. B. in nächster Zeit mehrere anderen Zwecken dienende Motoren angeschlossen. Die Schaltanlage der in der Zeitschrift „Glückauf“ schon eingehend beschriebenen Wasserhaltung auf Zeche Gneisenau*) läßt einen gemischten Betrieb von dem Verteilungsnetze entweder zweier je 625 KW leistender Dampfdynamos oder einer dieser Maschinen zu. Im ersteren Falle wird der etwa 500 KW verbrauchende Motor mit Hilfe eines in den Motorstromkreis gelegten Widerstandes, im zweiten mit der Primärmaschine angelassen. Als Antriebsmaschinen stehen bisher bei den großen Wasserhaltungen Dampfmaschinen in Verwendung, doch hat bereits der Wettbewerb der Dampfturbinen und Gasmotoren in aller Schärfe eingesetzt.

*) Bd. IV, S. 317.

*) Glückauf 1903, S. 199 ff.

Fig. 9. Die Primärstation der elektrischen Wasserhaltung des Selbecker Bergwerks-Vereins mit 2 stehenden Dreifachexpansionsmaschinen.

Die Dampfmaschinen der Primärstationen.

Während es in der zweiten Hälfte des vergangenen Jahrzehntes so schien, als ob die schnellaufende vertikale Zwei- oder Dreifachverbundmaschine die wagerechte Anordnung vollkommen aus den Zentralen verdrängen sollte, macht sich seit 1900 wieder eine große Vorliebe für Maschinen dieser letzteren Bauart geltend.

Der Grund ist wohl einfach darin zu suchen, daß die großen Generatoren, die heute auf den Bergwerken aufgestellt werden, viel geringere Tourenzahlen aufweisen als die in den neunziger Jahren zur Aufstellung gekommenen kleineren Dynamos, welche nur mit den im Torpedobootsbetriebe bewährten Schnelläufern direkt gekuppelt werden konnten. Nachdem aber das Erfordernis hoher Umdrehungsgeschwindigkeit gefallen ist, kehrte man in Anbetracht der übrigen Nachteile der senkrechten Zylinderanordnung wieder zu der liegenden Maschine zurück.

Von den neueren Wasserhaltungszentralen des niederrheinisch-westfälischen Bezirks sind u. a. die des Erzbergwerkes des Selbecker Bergwerks-Vereins und die der Zeche Franziska bei Witten (Gelsenkirchener Bergwerks-Aktiengesellschaft) mit stehenden Dampfmaschinen ausgerüstet.

Die beiden Dreifachexpansionsmaschinen der Primärstation des Selbecker Bergwerks-Vereins (Fig. 9) sind von der Vereinigten Maschinenfabrik Augsburg und Maschinenbaugesellschaft Nürnberg A.-G. gebaut und leisten bei 54—132 Umdrehungen in der Minute 650—900 PSe. Die Zylinder haben einen Durchmesser von 500/760/1210 mm und einen Hub von 750 mm. Wie die Figur 10 erkennen läßt,

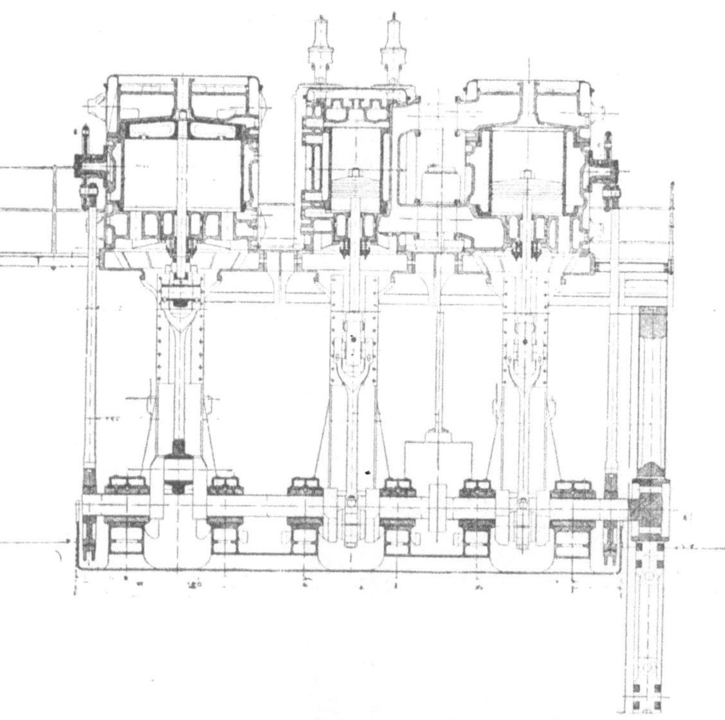

Fig. 10. Längsschnitt durch eine Dreifachexpansionsmaschine der Vereinigten Maschinenfabrik Augsburg und Maschinenbaugesellschaft Nürnberg A.-G.

ist der Hochdruckzylinder zwischen dem Mittel- und Niederdruckzylinder aufgestellt.

Gegen die Fundamentplatte, welche gleichzeitig zur Lagerung der hohlen Kurbelwelle dient, sind die Zylinder durch je 2 schmiedeeiserne Spannsäulen und je einen gußeisernen Gabelständer versteift, der mit einer kräftigen Krone versehen ist und zugleich die zu derselben Achse gehörigen Kreuzkopfgleitbahnen trägt. Während sämtliche Ständerkronen durch Paßschrauben und Zwischenstücke starr miteinander verbunden sind, gestattet die elastische Verbindung der einzelnen Zylinder unter sich jede spannungsfreie Wärmeausdehnung. Der hohle Kolben wird gegen die

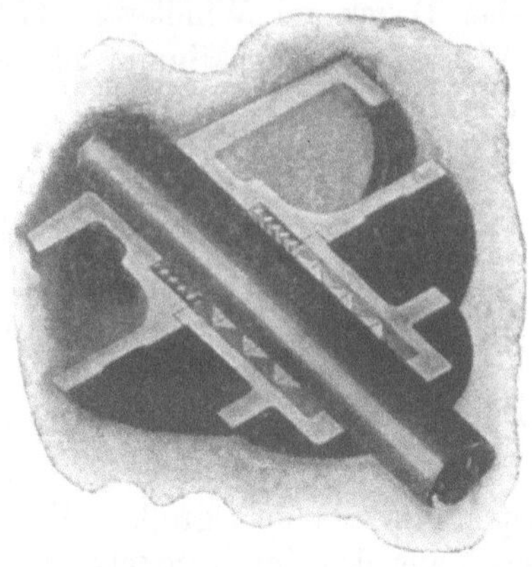

Fig. 11. Stopfbüchse mit Metallpackung.

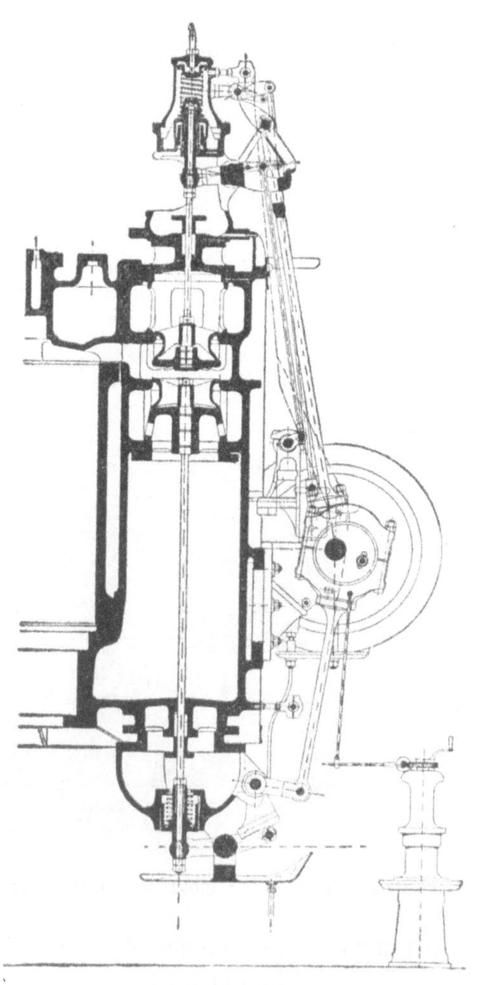

Fig. 12. Steuerung des Hochdruckzylinders der Nürnberg-Augsburger Maschine.

Zylinderwandungen durch selbstspannende Gußeisenringe abgedichtet. Die dreifache Metallpackung der Kolbenstangenstopfbüchsen (Fig. 11) wird durch eine Feder zusammengepreßt, sodaß ein Nachziehen der Packungen von außen her nicht erforderlich ist.

An der hohlen Flußstahlwelle greifen die Kurbeln in Winkelabständen von 120 ° an. Die Einlaßventile des Hochdruckzylinders werden durch die auslösende Ventilsteuerung D. R. P. Nr. 96 389 und einen auf der Steuerwelle sitzenden Exzenter betätigt. (Fig. 12.) Ein von dem letzteren angetriebener beweglicher Mitnehmer erteilt der Ventilspindel mittels eines zweiten Mitnehmers einen sehr geringen Überhub und läßt dann, durch einen vom Regulator verstellten Anschlag ausgeklinkt, das Ventil frei fallen. Luftpuffer und Federn sichern hierbei einen präzisen und leichten Ventilschluß. Die Auslaßventile werden zwangläufig durch einfache Exzenter gesteuert. Die an den Zylinder angegossenen Ventilkästen nehmen auch das Absperrventil der Dampfzuleitung auf.

Die Steuerungsexzenter sitzen auf einer gemeinsamen, unmittelbar am Zylinder gelagerten Steuerwelle, die von der Kurbelwelle mit Hilfe einer senkrechten Zwischenachse und zweier in Öl laufenden Schraubenräderpaare angetrieben wird. Ein auf der Steuerwelle angeordnetes Schwungrad gewährleistet trotz des in der Ventilsteuerung auftretenden Wechsels der Kräfte einen ruhigen Gang dieser Schraubenräder.

Mittel- und Niederdruckzylinder sind mit einer durch Exzenter und Steuerscheibe zwangläufig betätigten Corlisssteuerung ausgerüstet, deren Schieber im Deckel bezw. im Boden der Zylinder verlagert sind.

Die drei Drehstromgeneratoren der Wasserhaltung auf Zeche Franziska bei Witten werden durch stehende Verbundmaschinen der Firma Haniel u. Lueg angetrieben, von denen jede bei 125 Umdr./Min. 750 PS leistet. Die Abmessungen der Zylinder sind:

Durchmesser des Hochdruckzylinders . .	680 mm
„ „ Niederdruckzylinders . .	1100 mm
Hub	700 mm.

Die Anordnung der Maschinen wird durch den senkrechten Schnitt und die Seitenansicht in Fig. 1 und 2 der Tafel 2 veranschaulicht. Der Hochdruckzylinder ist mit einer Trickkolbenschiebersteuerung ausgerüstet. Der Auspuffdampf aller drei Maschinen wird in die Zentralkondensation geführt.

Von den liegenden Dampfmaschinen seien hier die der Wasserhaltungszentralen der Zechen Adolf von Hansemann, Victor und Mansfeld, welche bei den Versuchen geprüft wurden, näher beschrieben.

Die Maschine der Zeche Adolf von Hansemann ist von der Firma Schüchtermann und Kremer in Dortmund als Zwillingsverbundmaschine für eine Leistung von 850 PSe bei 83,5 minutl. Umdrehungen und 6 Atm. Spannung gebaut. Die Abmessungen der Zylinder und Kolbenstangen sind:

Durchmesser des Hochdruckzylinders . . .	750 mm
„ „ Niederdruckzylinders . .	1200 „
„ der beiden Kolbenstangen vorn	145 „
„ „ „ „ „ hinten	125 „
Hub	1200 „

Die Konstruktion der Maschine veranschaulichen die Fig. 1—3 der Tafel 3. Die Fig. 1 dieser Tafel gibt einen Längsschnitt durch den Niederdruckzylinder, Fig. 2 bringt den Grundriß und einen wagerechten Querschnitt durch den Hochdruckzylinder, Fig. 3 führt in einem senkrechten Querschnitt beider Zylinder die Anordnung der Ventilsteuerung des Hochdruckzylinders und der Corlisshahnsteuerung des Niederdruckzylinders vor.

Der bemerkenswerteste Teil der neuen Collmann-Ventilsteuerung des Hochdruckzylinders ist ein Flüssigkeitspuffer von eigenartiger Anordnung. (Fig. 13.)

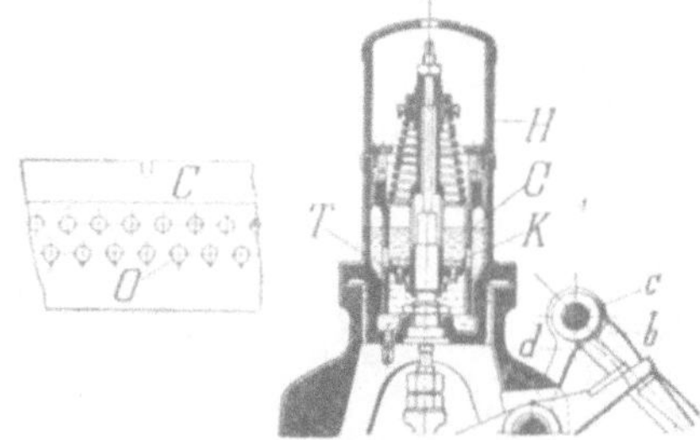

Fig. 13. Anordnung des Ölpuffers bei der neuen Collmann-Ventilsteuerung.

Der mit der Spindel des Einlaßventils fest verbundene Kolben K des Puffers bewegt sich allseits abgedichtet in dem mit Öl gefüllten Zylinder C, in dessen Wandung eine Reihe von Öffnungen der in Fig. 13 links dargestellten Form eingelassen sind. Der Kolben trägt das Tellerventil T. In der gezeichneten Stellung, d. h. bei geschlossenem Einlaßventil, schneidet die Kolbenkante gerade mit dem untersten Rand der Öffnungen in der Zylinderwand ab. Beim Anhub des Ventiles gelangt das über dem Kolben befindliche Öl rasch und ungehindert durch die Öffnungen des Zylinders und das Tellerventil unter den Kolben K, sodaß ein Vakuum dort nicht entstehen kann. Wird nun der Ventilhebel durch den äußeren Steuermechanismus freigegeben, so fällt das Ventil unter dem Druck der im Ventilkasten untergebrachten starken Feder F (Fig. 14) mit großer Geschwindigkeit auf seinen Sitz, da das Öl unter dem Pufferkolben fast widerstandslos durch die Öffnungen O (Fig. 13) entweichen kann. Kurz bevor das Ventil seinen Sitz erreicht hat, gelangt der Kolben mit seiner unteren Kante an jene Stelle der Öffnungen, an der sie sich verengen. Es tritt also knapp vor Ventilschluß eine Drosselung des Öles im Pufferzylinder und damit im letzten Augenblicke eine Verzögerung der Ventilbewegung ein. Die genaue Einstellung des Puffers kann in einfachster Weise während des Ganges der

Maschine durch Verdrehung der oberen Haube H (Fig. 13) erfolgen, und zwar so, daß das Ventil aufsitzt, wenn der Kolben die Öffnungen vollständig geschlossen hat.

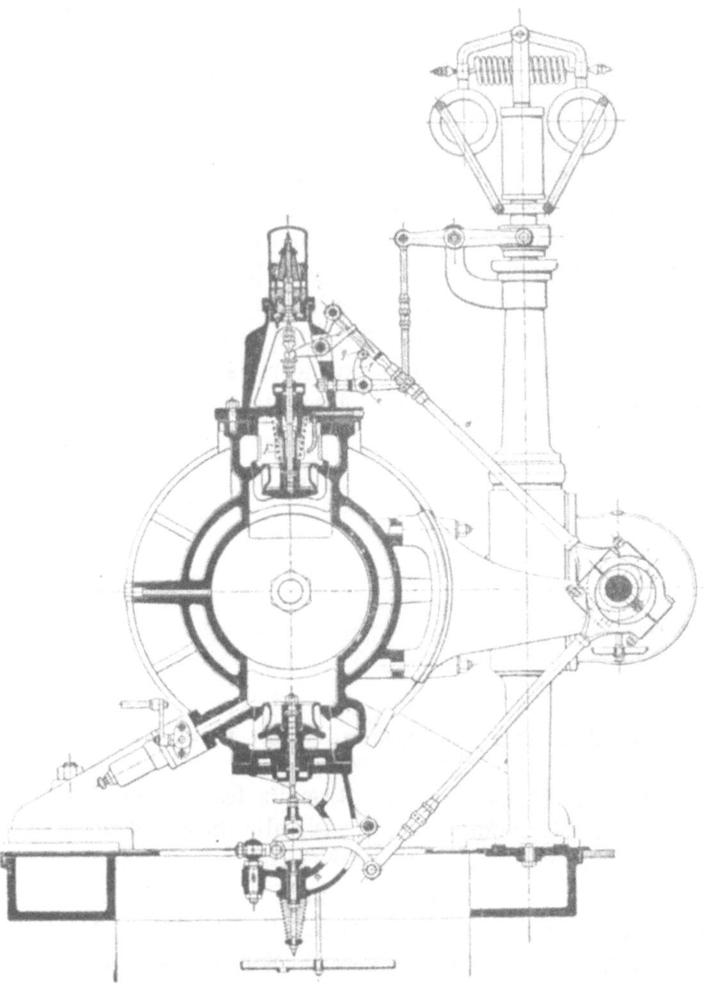

Fig. 14. Schnitt durch die Ventile des Hochdruckzylinders.

Die Anordnung des Steuermechanismus ist aus Fig. 13 bezw. 14 ersichtlich. Der auf der Steuerwelle sitzende Exzenter bewegt die Steuerstange a und damit den aktiven Mitnehmer b, der um Punkt c frei drehbar ist. c wird durch den Lenker d geführt.

Der Regulator wirkt auf eine horizontal angeordnete Welle e, auf welcher der Hebel f aufgekeilt ist. Dieser trägt an seinem Ende die Rolle g. Durch das Verdrehen der Welle und den dadurch bewirkten Ausschlag wird der aktive Mitnehmer früher oder später zum Ausklinken gebracht und das Einlaßventil ebenso der Belastung entsprechend geschlossen.

Das Überheben des aktiven Mitnehmers über die Schneide des Ventilhebels ist sehr gering, das Aufsetzen erfolgt unmittelbar nach der Totpunktlage des Steuerexzenters, also fast ohne Geschwindigkeit und deshalb ohne Stoß. Die Kanten der Ausklinkteile werden nur wenige Millimeter überschliffen, sodaß der Rückdruck auf den Regulator nur sehr gering ist.

Die Einlaßventile werden von Schüchtermann und Kremer neuerdings mit einer 7—8 mm hohen kolbenschieberartigen Überdeckung ausgeführt.

Die Maschine auf Zeche A. von Hansemann arbeitet fast geräuschlos und reguliert ausgezeichnet.

Die 1500 PS max. leistende Antriebsmaschine (Fig. 15) des Drehstromgenerators auf Zeche Victor ist ebenfalls eine liegende Zwillingsverbundmaschine und von der Firma Gebrüder Sulzer in Winterthur und Ludwigshafen gebaut.

Ihre Abmessungen sind:

Durchmesser des Hochdruckzylinders	760 mm
„ „ Nieder „	1250 „
Hub	1100 „
Umdrehungen in der Minute . . .	110—113.

Die Zylinderabmessungen sind also nur wenig größer als bei der Maschine auf Zeche A. von Hansemann, der Hub um 100 mm kleiner, die Umdrehungsgeschwindigkeit aber um etwa 26 Touren i. d. M. höher als dort. Die Maschine auf Victor ist für auf 250° C überhitzten Dampf von 7,5 Atm. Zutrittspannung ausgeführt, wird aber gegenwärtig mit gesättigtem Dampf von 7,5 Atm. im Anschluß an die Zentralkondensation betrieben. Für ein Vakuum von 65 pCt. und einen Druck von 7,5 Atm. ist ein Dampfverbrauch von 6,75 kg seitens der Lieferanten garantiert.

Die Fig. 15 gibt einen Aufriß der Maschine und einen Schnitt durch den hinteren Teil des Hochdruckzylinders. Die Zylinder sind mit dem Bajonettrahmen durch Schrauben verbunden und stützen sich an den Enden auf gußeiserne Fundamentplatten, auf denen sie so befestigt sind, daß sie sich unter dem Einfluß der Wärme ausdehnen können. Sie sind beide mit Dampfmänteln ausgerüstet, welche der in dem betreffenden Zylinder arbeitende Dampf durchströmt.

Die Kolbenstangen werden vor beiden Zylinderenden geführt, sodaß ihr Gewicht nicht auf die Lauffläche drückt. Ihre Abdichtung gegen die Zylinderdeckel erfolgt durch bewegliche Metallstopfbüchsen, die sich im Betriebe gut bewährt haben. Um ein Heißlaufen der Kreuzkopfführungen und der Lager zu verhindern, hat man sie mit Wasserkühlung ausgerüstet. Die in Hohlguß ausgeführten Führungsbalken sind mittels dreier Füße, von denen sich je einer am Kurbellager sowie an dem vorderen und hinteren Ende der Führung befindet, auf dem Fundament verlagert. Die Lager haben vierteilige Schalen und werden mit Hilfe einer Rotationspumpe, welche das ablaufende Öl wieder in die Lagerkammern zurückführt, selbsttätig geschmiert. Die Kurbeln der Pleuelstangen sind um 90° gegeneinander versetzt. Das Magnetrad des Generators sitzt direkt auf der Kurbelwelle und liefert das erforderliche Schwunggewicht.

Beide Zylinder werden durch viersitzige, entlastete Ventile gesteuert. Die von dem Regulator beeinflußte Steuerungseinrichtung des Hochdruckzylinders führt Fig. 16 vor.

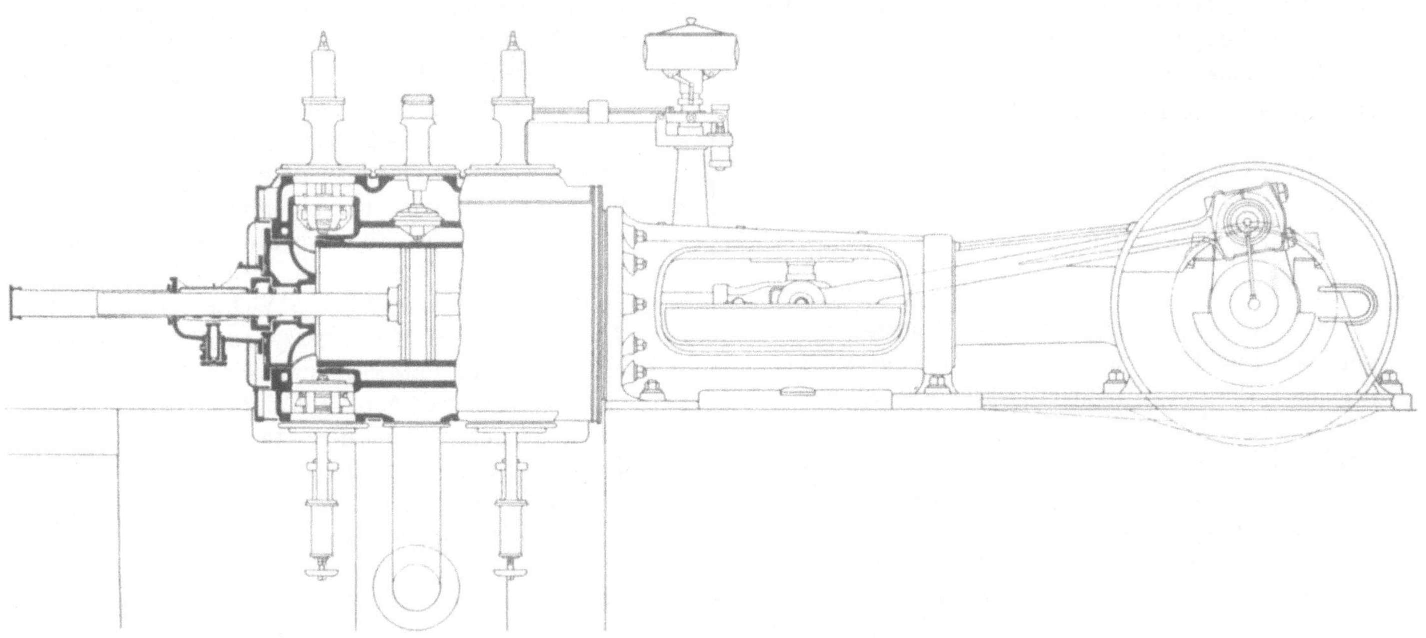

Fig. 15. Liegende Zwillings-Verbunddampfmaschine der Zeche Victor.

Die Steuerwelle wird durch ein Kegelrad von der Kurbelachse aus angetrieben. Sie betätigt die vom Regulator beeinflußte Auslösesteuerung der Einlaßventile,

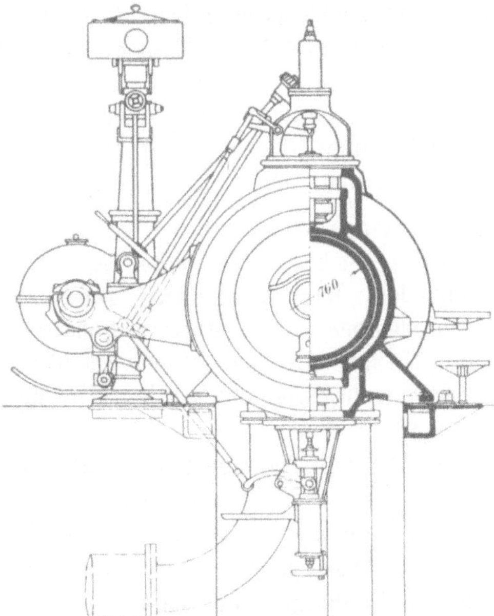

Fig. 16. Verbunddampfmaschine der Zeche Victor. Steuerungsvorrichtung des Hochdruckzylinders.

System Sulzer, durch ein Hebelgetriebe. Der Federregulator kann durch ein verschiebbares Gewicht für verschiedene Umdrehungszahlen eingestellt werden.

Die Auslaßventile des Hochdruckzylinders und die Ventile des Niederdruckzylinders (Fig. 17) werden von der Steuerwelle aus durch Exzenter und Wälzhebel bewegt.

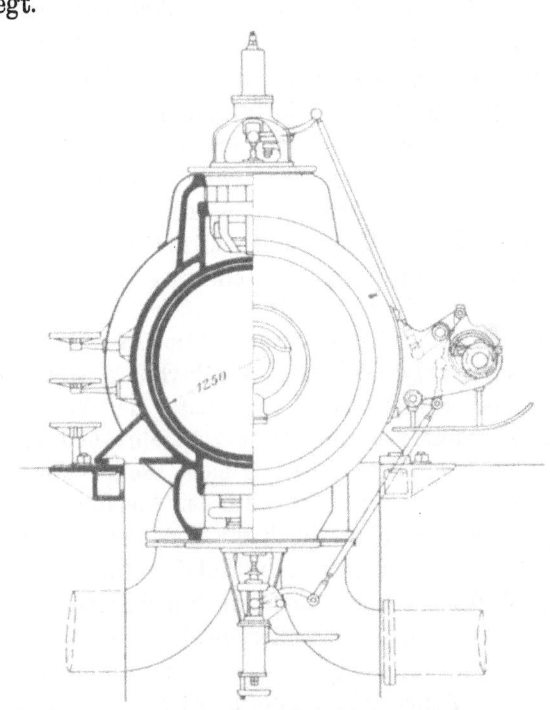

Fig. 17. Verbunddampfmaschine der Zeche Victor. Steuerungsvorrichtung des Niederdruckzylinders.

Das Anschlußdampfventil ist, wie Fig. 15 erkennen läßt, in den Mantel des Hochdruckzylinders verlegt und wird durch ein Kegelradvorgelege und Handrad betätigt.

Eine der imposantesten Zentralen des Ruhrbezirks, die der Zeche Mansfeld, ist mit 2 liegenden Dreifachverbundmaschinen völlig gleicher Bauart ausgerüstet, die ebenfalls von der Firma Gebrüder Sulzer in Winterthur und Ludwigshafen gebaut sind. Das Bild der Zentrale in Fig. 4 der Tafel 4 läßt in erster Linie die Dampfmaschinen erkennen.

Ihre Abmessungen sind:

Durchmesser des Hochdruckzylinders . .	610 mm
„ „ Mitteldruckzylinders . .	950 „
„ der Niederdruckzylinder . .	1100 „
Hub	1200 „
Umdrehungszahl/Min.	98
Leistung	1500 PS.

Die Maschinen sind als Zwillingstandemmaschinen ausgerüstet (Fig. 1 u. 2 der Tafel 4). Den nebeneinander liegenden Hoch- und Mitteldruckzylindern ist nach der Kurbelseite zu je einer der beiden parallel mit Dampf versorgten Zylinder vorgebaut, auf welche der Niederdruckraum verteilt ist. Sie sind durch Flanschverschraubungen an dem einen Ende mit dem Maschinenrahmen, an dem andern mit dem Verbindungsstück des Hoch- bezw. Mitteldruckzylinders verbunden. Das Zwischenstück ruht mit breiten Füßen auf dem Mauerfundament bezw. auf den gußeisernen Grundplatten. Die vorderen Enden der Hoch- und Mitteldruckzylinder sind an dem Zwischenstück ebenfalls durch Flanschverschraubung befestigt, während die hinteren sich mit Füßen auf Traversen stützen, welche über die Zylindergruben gelegt sind.

Die Querstücke sind mit den vorerwähnten Fundamentplatten zu einem Rahmen vereinigt, auf welchem die Füße des Zwischenstückes und der Zylinder so aufgesetzt sind, daß sie sich unter dem Einflusse der Längenausdehnung durch die Wärme entsprechend verschieben können. Während der Mittel- und die Niederdruckzylinder mit Dampfmänteln ausgerüstet sind, hat man dem Hochdruckzylinder mit Rücksicht auf die Verwendung hochüberhitzten Dampfes keinen Mantel gegeben. Am Hochdruckzylinder wird der überhitzte Kesseldampf den Einlaßventilen durch zwei unter der Verschalung liegende schmiedeeiserne Rohre zugeführt und von den Auslaßventilen durch zwei gleiche Rohre abgeleitet. Bei den übrigen Zylindern wird der Abdampf des vorhergehenden Zylinders durch ein Rohr in den Dampfmantel und aus diesem den Einlaßventilen zugeführt, während der Abdampf aus dem gemeinsamen Auslaßkanal durch ein Rohr weiter geleitet wird. Die Antriebsmechanismen zur Betätigung des Dampfabsperrventils, der Zylinder-Entwässerungshähne, der Einspritzhähne, sowie der Vorwärm- und Heizventile sind zu einem am Hochdruckzylinder angeordneten Ständer geführt, von wo die Bedienung aller dieser Vorrichtungen erfolgt.

Der Maschinenrahmen ist aus Hohlguß und in einem Stück hergestellt. Er ruht mit drei breiten Füßen, einem unter dem Kurbellager und je einem unter dem vorderen und hinteren Ende der Führung, auf dem Fundament. Die Kolbenstangen sind durch die beiden um 90° gegeneinander versetzten Stirnkurbeln mit der Welle verbunden, auf welche mitten zwischen den beiden Lagern das Magnetrad des Drehstromgenerators aufgesetzt ist. Die vierteiligen Lagerschalen sind aus Stahl gegossen und mit Weißmetall ausgefüttert. Ihre nach der Zylinderseite gelegenen Seitenbacken können durch Keile nachgestellt werden. Die Steuerung (Fig. 3, Tafel 4) weicht in ihrer Anordnung nur bezüglich des Regulators und des Antriebes der Einlaßventile des Hochdruckzylinders wesentlich von der ab, welche bei der vorbeschriebenen Maschine der Zeche Victor verwandt ist. Die Einlaßventile des Hochdruckzylinders werden hier abweichend von der letzteren durch eine Auslösesteuerung, System Riedler-Stumpf, betätigt, bei welcher die Füllung durch einen auf der Steuerwelle sitzenden Achsenregulator beeinflußt wird. Letzterer kann während des Ganges für Umdrehungszahlen innerhalb der Grenzen 90 bis 120 eingestellt werden. Alle übrigen Ventile werden, wie auf Victor, durch Wälzhebel und einen den beiden Ventilen jeder Zylinderseite gemeinsamen Exzenter bewegt. Die Steuerwelle wird auch hier durch ein Kegelradvorgelege von der Kurbelachse aus getrieben.

Die Schubstange besitzt die $5^1/_2$fache Länge des Kurbelarmes. Sie ist am Kurbelende mit einem offenen Schraubenkopf und am Kreuzkopfende mit einer Gabel versehen, in welche der Kreuzkopfzapfen konisch eingesetzt ist. Das Kreuzkopflager kann durch eine Mutter, deren Gewinde sich auf dem vorderen Ende der Kolbenstange befindet, nachgestellt werden. Der untere Gleitbacken ist allseitig beweglich mit dem Kreuzkopf verbunden, sodaß seine Fläche sich ganz der Führungsfläche anpassen kann.

Die Kolbenstange wird vor den Niederdruckzylindern und im Zwischenstück durch ein Traglager unterstützt; sie ist mit dem Kreuzkopf durch Keile verbunden, während die Kolben durch Muttern gehalten werden. Mittel- und Hochdruckkolben können nach hinten aus den Zylindern herausgenommen werden. Um die Niederdruckkolben zu entfernen, wird das mittlere Unterstützungslager der Kolbenstange entfernt und der hintere Zylinderdeckel sowie der Kolben unter die Öffnung des Zwischenstückes geschoben, worauf die Kolbenmutter gelöst und der Kolben von der Stange abgezogen wird. Die Kolbenstange kann dann nach vorn durch die Führung gezogen werden. Besonders konstruierte Schraubenschlüssel mit großer Übersetzung und Vorrichtungen zum Abziehen der Kolben, sowie zu ihrer Unterstützung während des Ein- und Ausbringens im Zwischenstück erleichtern diese Arbeit. Die zwei Luftpumpen, eine für jede Maschinenseite, liegen im Erdgeschoß. Sie sind horizontal angeordnet, doppelt wirkend und werden vom verlängerten Kurbelzapfen durch Schubstange und Winkelhebel angetrieben.

Die elektrische Ausrüstung der Primärstationen.

Die Generatoren.

Von den bei den Versuchen geprüften Generatoren sind die der Zechen Victor und Mansfeld von der Allgemeinen Elektrizitätsgesellschaft in Berlin geliefert, während der Generator auf Zeche A. von Hansemann der Fabrik der jetzt mit der A. E. G. vereinigten Union Elektrizitätsgesellschaft entstammt. Die Maschinen weisen in der Konstruktion nur wenig Abweichungen auf. Bei den Generatoren auf Mansfeld und A. von Hansemann ist der Statorring in massive Hohlgußgehäuse eingebaut, aus denen wenig mehr als die innere Ringkante hervorsteht; bei der Dynamo von Victor wird er durch zwei viel leichtere seitliche Ringe aus Gußeisen getragen, welche den Blechring nur wenig überdecken.

Die beiden im Bau vollkommen gleichen Generatoren der Zeche Mansfeld leisten bei 98 minutl. Umdrehungen je 830 KW bei 3000 V Spannung. Im Betriebe macht die Maschine gewöhnlich 100 Touren und liefert bei dem Vorhandensein von 48 Polen 40 Perioden. Bei einer Erhöhung der Tourenzahl auf 112,5, die bei stärkeren Wasserzuflüssen vorgenommen wird, steigt die Periodenzahl auf 45.

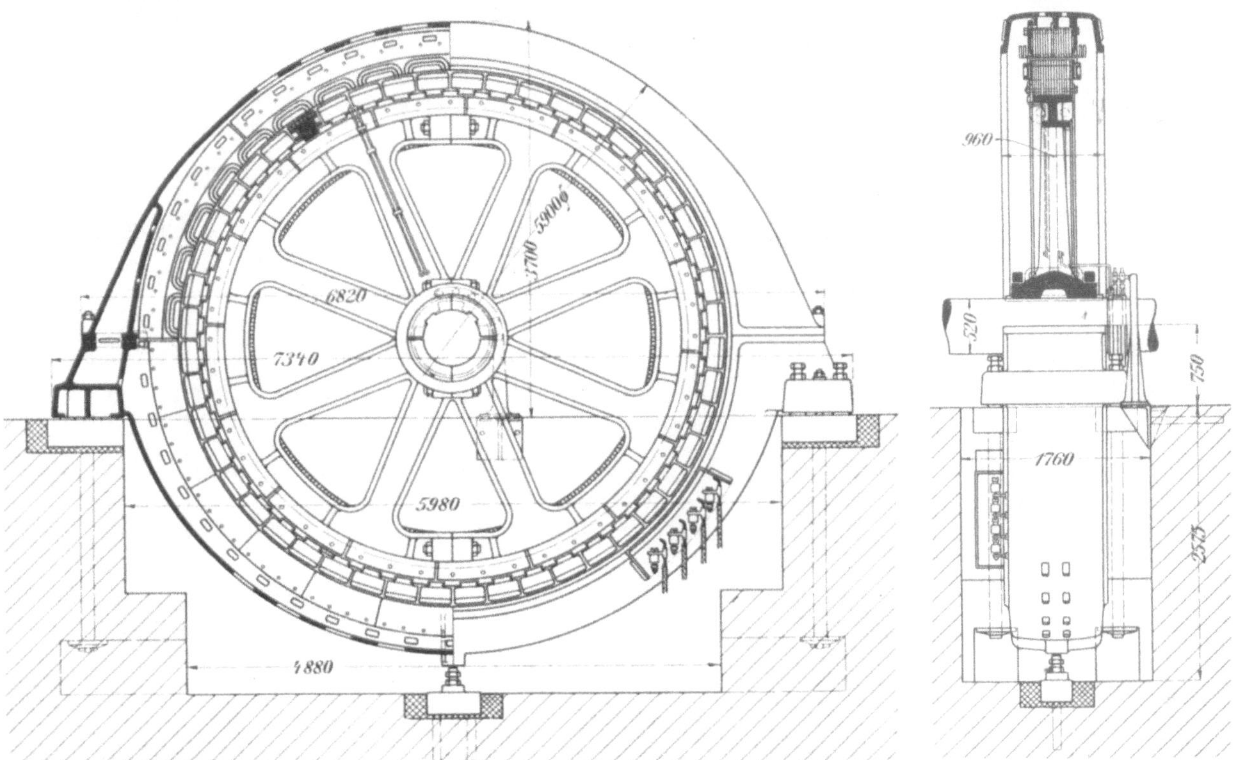

Fig. 18. Seitenansicht u. Schnitt. Fig. 19. Kopfansicht u. Schnitt.
Drehstrom-Generator der Zeche Mansfeld.

Das gußeiserne Polgehäuse, das in Fig. 18 teils im Längsschnitt, teils in der Ansicht wiedergegeben ist, besteht aus einem oberen und einem unteren Teil. Der letztere ruht mit zwei Lageransätzen auf den Fundamenten. Mit ihm ist der obere Teil des Gehäuses durch Schrauben verbunden. Die Verlagerung und Befestigung des Drehstromringes, den Schrauben zwischen einem festen Ansatz des Gehäuses und einem aufgelegten Kopfring halten, läßt der Querschnitt durch die Maschine in Fig. 19 erkennen.

Das Magnetrad setzt sich aus zwei an der Nabe und am Kranze miteinander verschraubten Teilen zusammen. Es wird durch einen Blechkranz verstärkt, in welchen die aus Blechplatten zusammengesetzten Pole schwalbenschwanzförmig eingesetzt und durch Keile befestigt sind. Die Pole besitzen Dämpferwicklung.

Die Abmessungen der Maschine sind:

Ankerbohrung	5000	mm
Ankerbreite	390	„
Zahl der Luftschlitze	1	
Nuten pro Pol und Phase	6	
Nuten halb geschlossen		
Stäbe pro Nute	1	
Stabquerschnitt	103	mm
Stablänge	570	„
Gabellänge	500	„
Gabelquerschnitt	70	„
Schaltung	Y	
Kranzstärke	250	mm
Nutentiefe	26,5	„
Nutenbreite	9,8	„

Luftzwischenraum	6,5 mm
Ankereisengewicht	13000 kg
Eisenverlust	28,6 KW
Polzahl	48
Polquerschnitt	150 × 390 mm
Windungen pro Pol	120
Drahtquerschnitt	44,5 mm
Mittlere Windungslänge	1,26 m

Schaltung in 2 parallelen Gruppen.

Der von der Union Elektrizitätsgesellschaft in Berlin gelieferte Generator Type A T N Klasse 72—750—83,5 der Zeche A. von Hansemann leistet mit 83,5 minutl. Umdrehungen 750 KW (3200 V und 135 A), die Periodenzahl beträgt dabei 50. Die Maschine (Fig. 20) weicht in ihrer Anordnung nur wenig von dem A. E. G.-Generator auf Zeche Mansfeld ab. Das gußeiserne Gehäuse besteht hier aus drei zusammengeschraubten Teilen, von denen die beiden unteren, auf dem Fundament ruhenden durch zwei Druckschrauben eingestellt werden können.

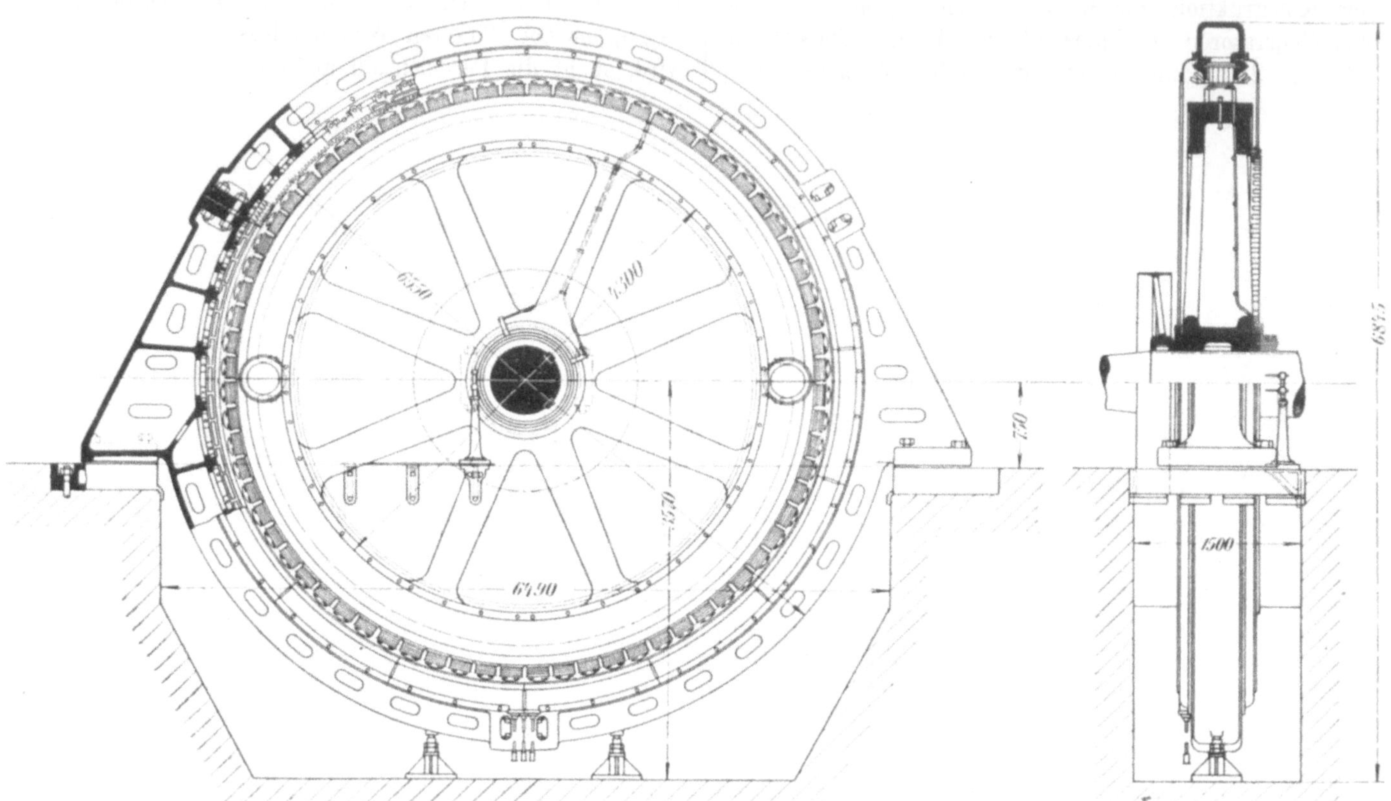

Fig. 20. Seitenansicht u. Schnitt. Generator der Zeche Adolf von Hansemann.

Fig. 21. Kopfansicht und Schnitt.

Wie der Schnitt durch die Dynamo in Fig. 21 zeigt, ist der gut ventilierte Ring in ähnlicher Weise wie bei der vorbeschriebenen A. E. G. Maschine mit dem Gestell verbunden.

Die Hauptabmessungen des Generators sind:

Ankerbohrung	5450 mm
Ankerbreite	225 „
Nuten pro Pol und Phase	2 „
Nuten halb geschlossen	
Drähte pro Nute	5
Schaltung	Y
Kranzstärke	150 mm
Nutentiefe	31,5 „
Nutenbreite	22 „
Luftzwischenraum Mitte der Polschuhe	8 „
Luftzwischenraum an den Seiten der Polschuhe	10 „
Polzahl	72
Windungen pro Pol	44
Querschnitt des Flachkupfers	2,5 × 40 mm
Polschuhaustrittfläche	158 × 225 „
Aktives Eisengewicht	3200 kg.

Der Generator der Hochdruckzentrifugalpumpenwasserhaltung auf Zeche Victor ist eine Spannwerksmaschine Type G S D 100/200 der Allgemeinen Elektrizitätsgesellschaft (Fig 22 u. 23). Sie leistet 127 A bei 5250 V. Da 56 Pole vorhanden sind, ist die Periodenzahl bei 113 Umdr./Min. 56. Bei dieser Umdrehungsgeschwindigkeit ist die Anlage zu stark belastet; man hält sie in dem während einer Woche nur einige Stunden unterbrochenen Dauerbetriebe gewöhnlich auf 110 Touren. Wie die Figuren erkennen lassen, wird der Blechkörper des feststehenden Teiles durch zwei seitliche Gußeisenkränze getragen, welche durch Schrauben so miteinander verbunden sind, daß der mittlere Teil des

Blechringes mit dem Lüftungsschlitz vollkommen freiliegt. Auch an den Seiten lassen die schmalen Kanten der Trageringe die kühlende Luft an den Blechkörper annähernd auf $^3/_4$ seiner Oberfläche herantreten. Die

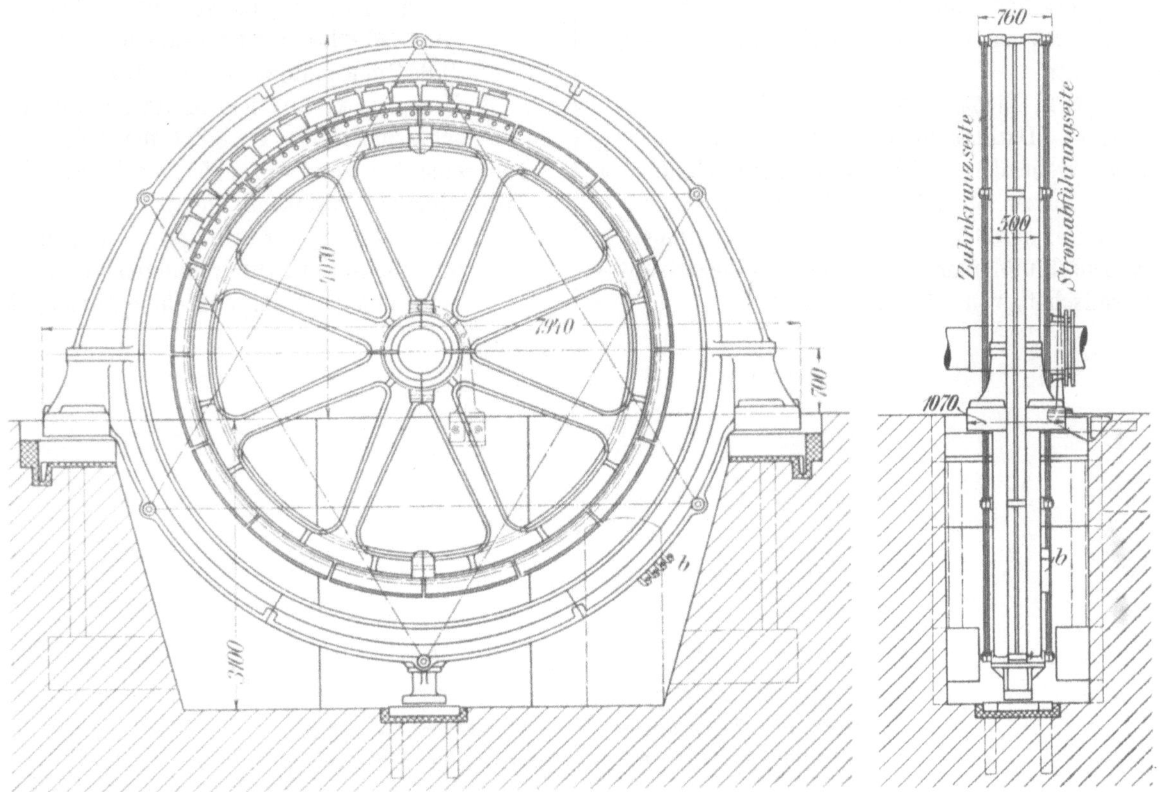

Fig. 22. **Seitenansicht.** Fig. 23. **Kopfansicht.**

Generator der Zeche Victor.

Stabilität des an sich sehr leichten Gestelles wird durch das Verspannen der Seitenringe mit schmiedeeisernen

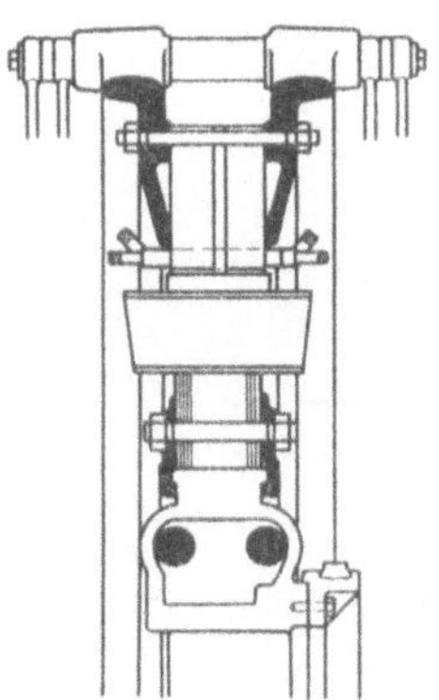

Fig. 24. **Schnitt durch den feststehenden und laufenden Kranz des Generators auf Zeche Victor.**

Zugstangen (Fig. 22 u. 23), welche zu zwei Dreiecken kombiniert und an den Verbindungsschrauben angehängt sind, sehr erhöht.

Die Konstruktionsdaten der Maschine sind:

Ankerbohrung	5800	mm
Ankerbreite	200	„
1 Luftschlitz	20	„
Nuten pro Pol und Phase	2	
Nuten halb geschlossen		
Drähte pro Nute	6	
Drahtdurchmesser blank	4,9	mm
Schaltung	Y	
Kranzstärke	260	mm
Nutentiefe	38	„
Nutenbreite	28,5	„
Luftzwischenraum	7,1	„
Polzahl	56	
Drahtwicklung		
Polschuhaustrittsfläche	215.190	mm
Polquerschnitt	183.120	„
Gewicht des feststehenden Teils . . .	16,5	t
Gewicht des rotierenden Teils . . .	21,4	t
G D²	430 000	kgm².

Die sonstige elektrische Einrichtung der Primärstationen.

Die Erregung für die Generatoren wird auf Zeche Mansfeld im Dauerbetriebe durch einen von dem Generator mit Strom versorgten Drehstromgleichstromumformer, auf Zeche A. von Hansemann durch eine von der Primärmaschinenachse aus angetriebene Erregermaschine und auf Zeche Victor von einer fremden

Stromquelle, einer Lichtanlage, geliefert. Auf Victor und Mansfeld sind außerdem für die Hilfserregung beim Anlassen Dampfdynamos vorhanden. Näheres über Leistung, Bemessung usw. der verschiedenen Erregerstromquellen gibt die nachstehende Zusammenstellung:

Zeche Victor:

Haupterreger: Lichtanlage.

Hilfserreger: Dampfdynamo, bestehend aus:

1. einer stehenden Zwillingsverbundmaschine von Gebr. Sulzer für 280 minutl. Umdrehungen;
2. einer mit der Dampfmaschine direkt gekuppelten Nebenschlußdynamo der Allgem. Elektrizitäts-Gesellschaft von 245 A bei 110 V.

Zeche Mansfeld:

Haupterreger: Drehstromgleichstromumformer, bestehend aus:

1. einem Kurzschlußankermotor Type KD der Allg. El.-Ges. für eine Leistung von 50 PS bei 450 Umdrehungen in der Minute;
2. einer direkt mit dem Motor gekuppelten Nebenschlußmaschine Type SG. der Allg. El.-Ges. für eine Leistung von 275 A bei 120 V.

Hilfserreger: bestehend aus:

1. einer stehenden Zwillingsverbunddampfmaschine mit 235 minutl. Umdrehungen von Gebr. Sulzer;
2. einer mit der Dampfmaschine direkt gekuppelten

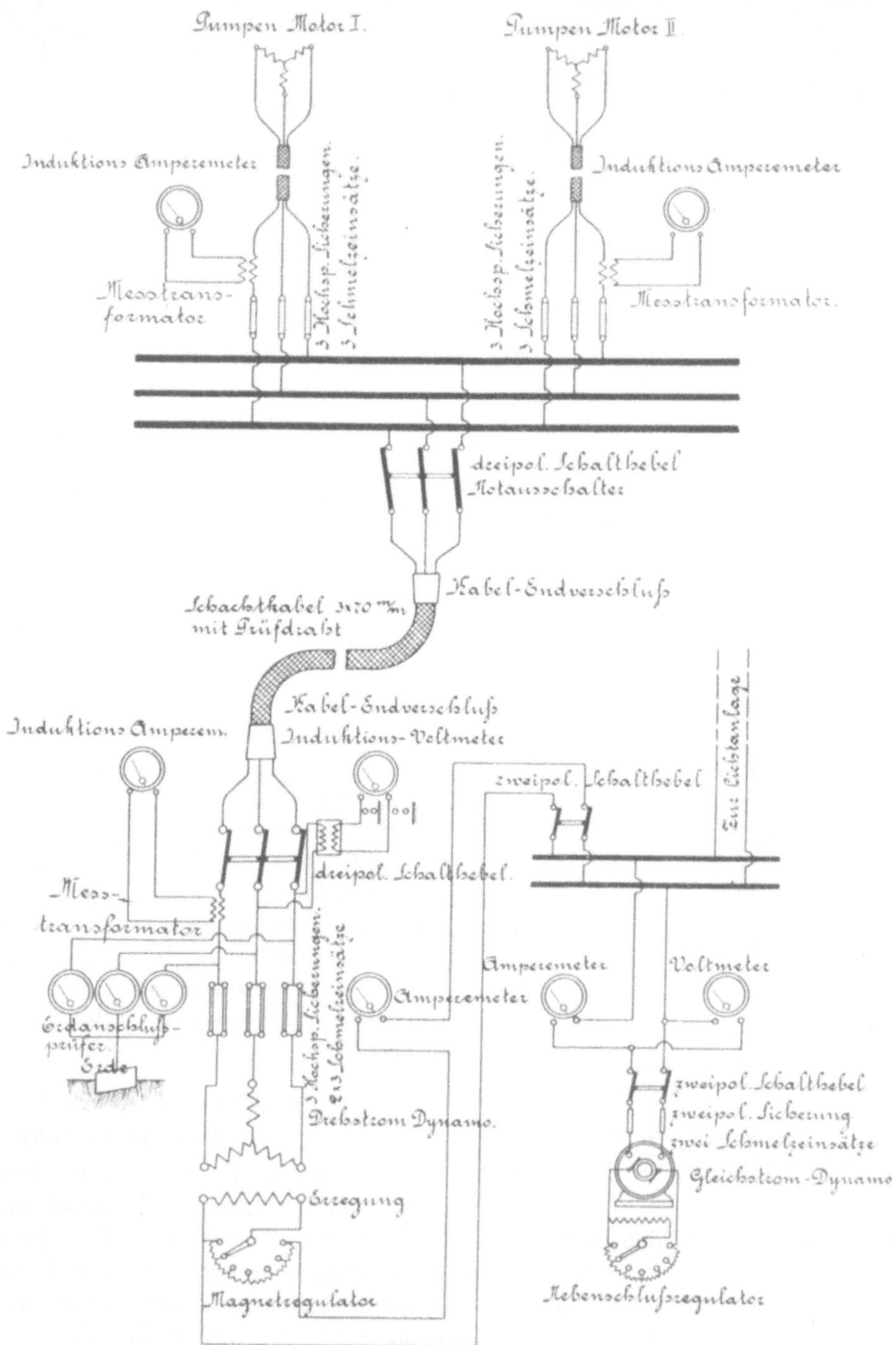

Fig. 25. Schaltungsschema der elektrischen Wasserhaltung der Zeche Victor.

Nebenschlußdynamo der Allg. El.-Ges. für eine Leistung von 300 A bei 120 V.

Die Erreger sind so aufgestellt, daß die Dynamo des Motorgenerators im Notfall auch von der Dampfmaschine des Hilfserregers mittels Riemen betätigt werden kann.

Zeche A. von Hansemann: Die Nebenschlußdynamo Type MP. Klasse 4—20—300 der Union El.-Ges. wird von einer auf der Generatorwelle sitzenden Scheibe mittels Riemen angetrieben und leistet bei 300 Umdrehungen 182 A bei 110 V.

An Apparaten umfaßt die Schaltanlage auf Zeche Victor (Fig. 25)

1. für den Generator
   drei Sicherungen,
   einen Strom- und Spannungsmesser mit vorgeschalteten Transformatoren, drei statische Voltmeter, welche als Erdschlußprüfer dienen, und einen dreipoligen Ausschalter;
2. für den Anschluß der Erregung:
   einen zweipoligen Schalter, einen Strommesser und einen Magnetregulator;
3. für die Erregermaschine:
   einen Nebenschlußregulator,
   einen zweipoligen Schalter,
   einen Strom- und einen Spannungsmesser.

Bei der Anlage auf Zeche Mansfeld, deren

Fig. 26. Zentrale der Wasserhaltung der Zeche Mansfeld.

Schaltungsschema die Tafel 5 wiedergibt, arbeiten die beiden Generatoren auf 2 getrennte Gruppen von Sammelschienen, die aber durch einen Schalter vereinigt werden können. Der Generator ist mit folgenden Apparaten ausgerüstet:

einem Spannungs-, einem Strom- und einem Leistungsmesser,
einem dreipoligen Schalter,
einer dreipoligen Sicherung,
einem Magnetregulator und den Einrichtungen zum Parallelschalten.

Fig. 27. Primäranlage der Zeche Victor.

Ferner ist ein Transformator von 30 KW für Kraft- und Lichtzwecke vorhanden, der mittels eines Umschalters an eine der beiden Sammelschienengruppen angeschlossen werden kann. Auch der Drehstromgleichstromumformer läßt sich durch einen Umschalter mit der einen oder anderen Maschine in Verbindung setzen. Von den Gleichstromsammelschienen ist außer den zum Magnetrad führenden Kabeln die Leitung für die Maschinenhausbeleuchtung abgezweigt.

Beide Erregermaschinen sind mit je einem Strom- und Spannungsmesser, einem doppelpoligen Ausschalter, einer doppelpoligen Sicherung und einem Nebenschlußregulator ausgerüstet.

Die Schaltanlage auf Zeche A. von Hansemann ist wesentlich einfacher, da nur eine Primär-, eine Erregermaschine und ein Motor vorhanden sind. Der Generator ist ausgerüstet mit:

den Meßinstrumenten (Watt-, Spannungs- und Strommessern, von denen die beiden letzteren durch einen Umschalter mit den Meßtransformatoren der drei verschiedenen Phasen verbunden werden können) und
einer dreipoligen Sicherung.

Die Schaltanlage der Erregermaschine umfaßt einen doppelpoligen Ausschalter, einen Nebenschlußregulator, einen Strom- und Spannungsmesser und einen Kurzschließer für die Erregerwicklung.

Die Gebäude der Zentralen.

Die Dampfdynamos mit den Erregermaschinen und Schaltvorrichtungen sind auf Zeche Mansfeld in eigenem massiven Gebäude aufgestellt (Fig. 26). Auf den Zechen Victor und A. von Hansemann hat man die Primäranlagen zusammen mit den Lichtmaschinen, Luftkompressoren, Kondensationspumpen, Ventilatoren usw. in Zentralmaschinenhäusern untergebracht. Ein Bild des luftigen Gebäudes der Zeche Victor, welches bereits für die Aufstellung weiterer Elektrizitätserzeuger bemessen ist, gibt die Fig. 27. Die Schaltanlage ist auf Victor und auf A. von Hansemann in einem besonderen Anbau untergebracht, den die Schaltwand gegen die Maschinenanlage abschließt. Während der Wärterstand sich bei den Anlagen auf Mansfeld und A. von Hansemann auf einem erhöhten Podium befindet, werden die Apparate auf Victor von der Sohle des Maschinenraumes aus bedient bezw. abgelesen.

Die Leitung.

Bei den neueren Kraftübertragungsanlagen kommen fast nur mehr verseilte Kabel zur Verwendung. Die Fortschritte der Kabeltechnik gestatten es, jetzt schon Kabel bis zu 10 000 V auch in nassen Schächten zu verwenden. Die Erfahrung hat gelehrt, daß bei den üblichen Spannungen von 2000—5000 V die Betriebssicherheit guter Kabelkonstruktionen so groß ist, daß man auf eine Kabelreserve verzichten kann. Auf den Zechen Victor und A. von Hansemann ist nur ein Kabel vorhanden. Auf Zeche Mansfeld hat man zwei Kabel eingebaut, um zwei nach Primäranlage, Kabel und Sekundärstation vollkommen voneinander unabhängige Übertragungssysteme zur Verfügung zu haben. Die Querschnitte und Belastungen der Kabel bei den geprüften Anlagen sind folgende:

Zeche	Spannung V	A	KW	Kupferquerschnitt qmm	Länge der Kabel m
Victor	5250	127	830	3 × 70	755
Mansfeld	3000	223	830	3 × 150	700
A. von Hansemann	3200	135	750	3 × 75	670

Der Einfluß, welchen die Erhöhung der Spannung auf die Verminderung des Leitungsquerschnittes hat, ist aus der Tabelle deutlich zu ersehen.

Die Pumpenstationen.

Die Motoren.

Im Sammelwerk sind die Vorteile, welche der elektrische Betrieb von Zentrifugalpumpen bietet, und die Schwierigkeiten, auf welche die direkte Kupplung der Elektromotoren mit Kolbenpumpen stößt, eingehend dargelegt.*)

Während um das Jahr 1900 die Bestrebungen der Elektrotechniker fast ausschließlich darauf gerichtet waren, langsam laufende Motoren für die direkte Kupplung mit den Kolbenpumpen zu schaffen, haben die gewaltigen Fortschritte, welche die Entwicklung der Hochdruckzentrifugalpumpen in den letzten 4 Jahren gemacht hat, den Konstrukteuren eine der vorigen direkt entgegengesetzte Aufgabe gestellt, nämlich die, große Motoren mit anormal hoher Geschwindigkeit zu bauen. Daß die deutsche Elektrotechnik dieser neuen Forderung an ihr Können so genügt hat, wie man es bei ihrem Hochstande erwarten konnte, dürften wohl am besten die weiter unten angeführten vorzüglichen Ergebnisse der Versuche an der Victoranlage beweisen.

Die Spezialkonstruktionen schnellaufender Motoren für den Antrieb von Hochdruckzentrifugalpumpen.

Dem direkten Antrieb kleinerer und mittlerer Zentrifugalpumpen durch Elektromotoren stehen keinerlei Hindernisse im Wege, weil die Tourenzahlen der entsprechenden Kraftmaschinen von denen der Kreiselpumpen nicht viel abweichen. Das trifft beispielsweise für die auf Zeche Holland in Betrieb stehende kleinere Hochdruckzentrifugalpumpe von Borsig zu, welche durch einen 40 PS-Lahmeyermotor normaler Bauart Type D. M. S. mit 1460 Umdr. pro Min. betrieben wird. Die Spannung beträgt 2000 V. Anders liegen die Verhältnisse bei Zentrifugalpumpen, welche große Wassermengen mit hohem Druck fördern sollen, wie beispielsweise die Wasserhaltung auf Zeche Victor, wo die beiden hintereinander geschaltenen Pumpen in der Minute 7 cbm Wasser auf eine Höhe von über 500 m

*) Bd. IV, S. 326 ff., 333, 336.

fördern. Ein 600 PS-Motor normaler Bauart würde in der Minute etwa 200—300 Umdrehungen machen und weit hinter der Geschwindigkeit der mit 1035 Touren umlaufenden Pumpe zurückbleiben. Bei der in Ausführung begriffenen Anlage der Zeche Friedlicher Nachbar wird die Tourenzahl der 520 PS Pumpe sogar 1500 Umdrehungen in der Minute erreichen. Da eine Herabsetzung der Pumpengeschwindigkeit mit einer Preisgabe wichtiger Vorteile des Zentrifugalsystems, auf die schon bei der Behandlung der Dampfturbinenwasserhaltungen hingewiesen ist, gleichbedeutend wäre, verblieb als einzige Lösung der Schwierigkeit der Bau anormal schnellaufender Motoren, welche viel kleiner und deshalb auch viel billiger werden, als die normal oder gar die langsam laufenden. Die gewaltigen Unterschiede in den Größenverhältnissen dürfte der nachstehende Vergleich der Abmessungen anormal schnell, langsam und ganz langsam laufender Motoren am besten darlegen.

Wasserhaltungsmotor der Zeche	Leistung PS	Tourenzahl in der Minute	Spannung V	Rotor Durchmesser mm	Rotor Breite mm	Periodenzahl
Victor	600	1035	5000	700	490	56
Mansfeld	535	140	3000	2640	700	39
A. von Hansemann	720	125	3200	3700	500	50
Rheinpreußen	650	60	2000	4700	450	25

Die Zusammenstellung ergibt, daß der Rotordurchmesser des schnellaufenden Motors, dem Gewicht und Raumverbrauch im großen und ganzen entsprechend, nur ein Bruchteil der Abmessungen eines langsamrotierenden Läufers ausmacht.

Daß die Länge des Rotors eines schnellaufenden Motors größer ist, als die des Sekundärankers eines langsamlaufenden, fällt nur sehr wenig ins Gewicht, da eine für die Aufstellung unbequeme Vergrößerung des Raumbedarfes dadurch nicht entsteht. Eine Analogie für den Unterschied in der Bemessung schnell- und langsamlaufender Motoren bietet ein Vergleich der für den Antrieb durch Kolbendampfmaschinen und Dampfturbinen bestimmten Dynamos. Da der Bau der schnelllaufenden Maschinen natürlich auch nur einen Bruchteil der Kupfer- und Eisenmassen erfordert, welche bei den langsamlaufenden zur Verwendung kommen, so sind erstere auch viel billiger als letztere, eine Tatsache, die sich in den Kosten der Anlage auf Zeche Victor deutlich bemerkbar macht.

Die erste größere Wasserhaltungsanlage mit Hochdruckzentrifugalpumpen zu Horcajo*) in Spanien arbeitet mit einer Spezialkonstruktion von Drehstrommotoren der Firma Brown, Boveri & Co. Die 250 pferdigen Motoren (Fig. 28—29) haben 6 Pole und machen 850 bis 900 Umdrehungen in der Minute. Bei einer Spannung

*) Z. d. Ver. d. Ing. Bd. XXXXV, S. 1549.

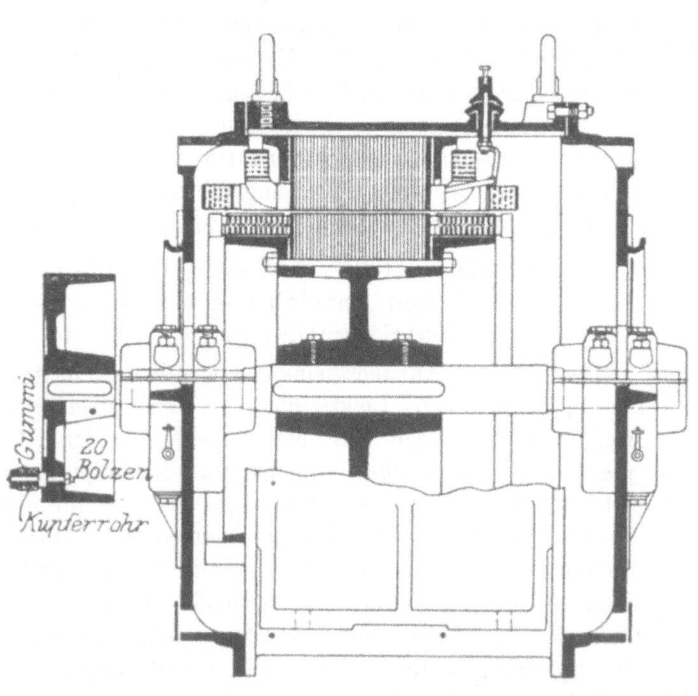

Fig. 28. Längsschnitt. Fig. 29. Seitenansicht.

Die Drehstrommotoren System Brown, Boveri & Cie. der Wasserhaltung Horcajo.

von 1000 V und einer Leistung von 250 PS soll der Nutzeffekt n = 0,94 sein. Jede der 9 Statorspulen hat 42 Windungen; je 7 Drähte sind in einem Loch untergebracht. Die 3 Spulen jedes Zweiges sind hintereinander in Dreieckschaltung verbunden. Der Rotor hat 180 Löcher, jedes Loch führt 2 Stäbe aus Flachkupfer. An den Stirnseiten ist je ein Stab der oberen mit einem der unteren Schicht so verbunden, daß je 6 Stäbe hintereinander geschaltet und in sich zurücklaufend kurz geschlossen sind. 60 derartige Stromkreise umspannen demnach den ganzen Anker.

Die beiden in den Figuren 30 u. 31 veranschaulichten 600 PS-Motoren Type D 1000/601 der Allg. Elektr.-Gesellschaft auf Zeche Victor machen bei einer Spannung von 5000 V 1035 Umdrehungen in der Minute und verbrauchen 58,5 A. Die mechanische

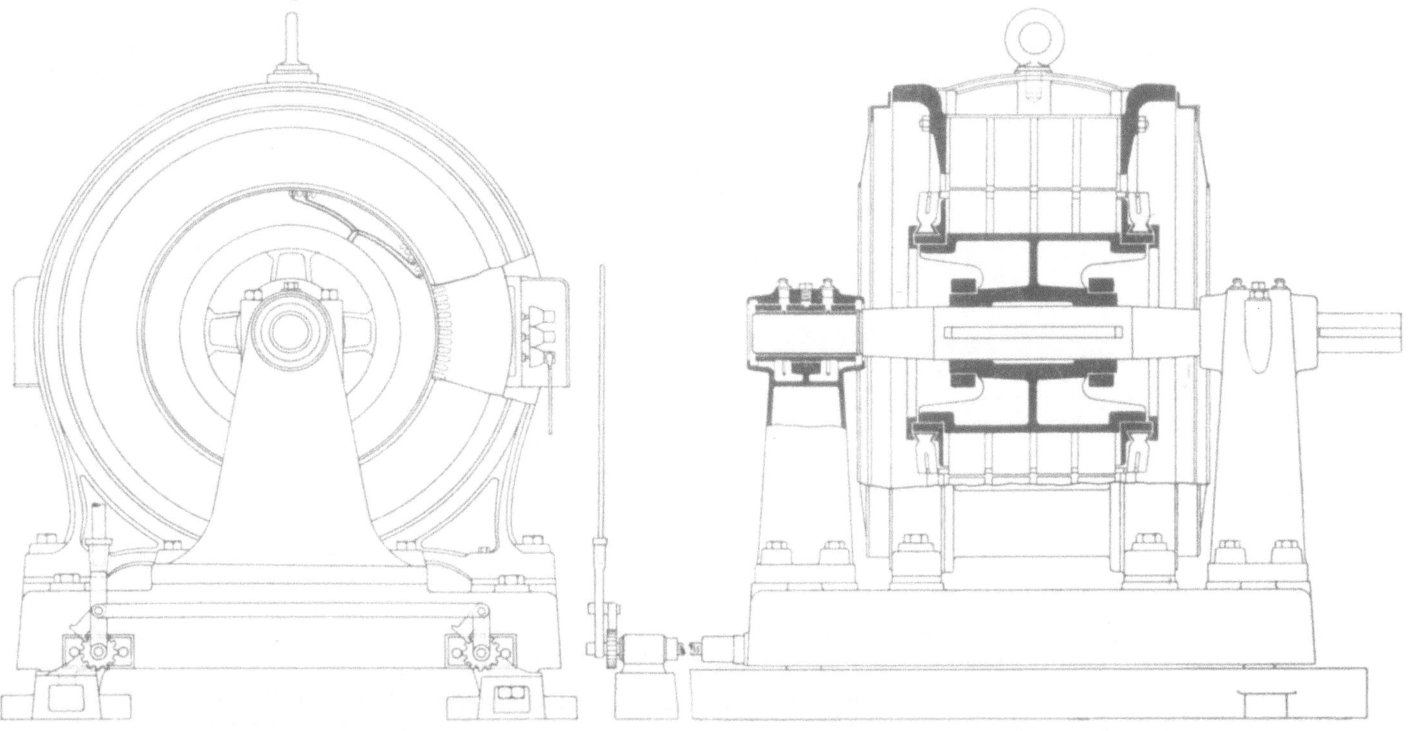

Fig. 30. Seitenansicht. Fig. 31. Längsschnitt.

Drehstrommotor der Zeche Victor.

Ausführung des Gestells und insbesondere des Rotorträgers ist, wie die Fig. 31 erkennen läßt, äußerst kräftig. Der Stator ist mit Draht-, der Rotor mit Stabwicklung versehen, welche bei beiden in halbgeschlossenen Nuten liegen. Um die Gabelverbindungen gegen die bei 46 m Umfangsgeschwindigkeit recht beträchtlichen Zentrifugalkräfte zu schützen, werden die Enden der unteren Gabeln in einem sog. falschen Kollektor von sehr kräftiger Bemessung festgehalten. Die Hauptabmessungen der vollkommen gleich gebauten Motoren sind:

Bohrung	850	mm
Eisenbreite	490	„
3 Luftschlitze	20	„
Polzahl	6	
Kranzstärke Stator	170	mm
„ Rotor	105	„
Nutentiefe Stator	38	„
„ Rotor	19	„
Nutenbreite Stator	28	„
„ Rotor.	8,4	„
Nuten pro Pol und Phase, Stator .	5	
Drähte pro Nute	7	
Schaltung	Y	
Nuten im Rotor	126	
Stäbe pro Nut.	1	
Stabquerschnitt	185	mm^2
Luftzwischenraum, Motor I. . . .	1,85	mm
„ „ „ II. . . .	1,80	„

Das Statorgehäuse besteht aus zwei äußeren, unter sich durch Zwischenstücke verbundenen gußeisernen Ständern, welche die Blechaußenfläche des Statorringes nur sehr wenig überdecken. Da zudem der letztere durch vier Lüftungsnuten unterteilt ist, ist die Erwärmung der Motoren trotz des in der Woche nur auf wenige Stunden unterbrochenen Betriebes der Motoren sehr gering. Die Kraftmaschinen und Pumpen sind durch eine isolierende elastische Kupplung verbunden. Die Zugänglichkeit der Pumpen wird dadurch sehr gefördert, daß die Motoren mit der auf ihrer Achse sitzenden Kupplungshälfte auf zwei Schlittenschienen von der Pumpe abgerückt werden können. Die Bewegung und Verschiebung erfolgt von Hand mittels eines Windewerkes (Fig. 31).

Die beiden je 520 PS leistenden Motoren der auf der Zeche Friedlicher Nachbar in Ausführung stehenden Zentrifugalpumpen-Wasserhaltungsanlage (Fig. 32 u. 33) werden von der Elektrizitäts-Aktiengesellschaft vorm. W. Lahmeyer & Cie. in Frankfurt a. M. geliefert. Sie machen 1500 Umdr./Min. und arbeiten mit 5000 V

Spannung, bei dem Vorhandensein von 4 Polen also mit 50 Perioden. Im Gegensatz zu den beiden vorbeschriebenen Systemen, welche beide mit Kurzschlußankern ausgerüstet sind, weist hier der Rotor Schleifringe (Fig. 32) zum Anschlusse eines Anlaßwiderstandes auf, der während des eigentlichen Betriebes durch eine Kurzschlußvorrichtung außer Tätigkeit gesetzt wird. Um die Umfangsgeschwindigkeit des Rotors möglichst zu beschränken, hat man ihm, ebenso wie bei dem A. E. G.-Motor auf Victor, bei einer ver-

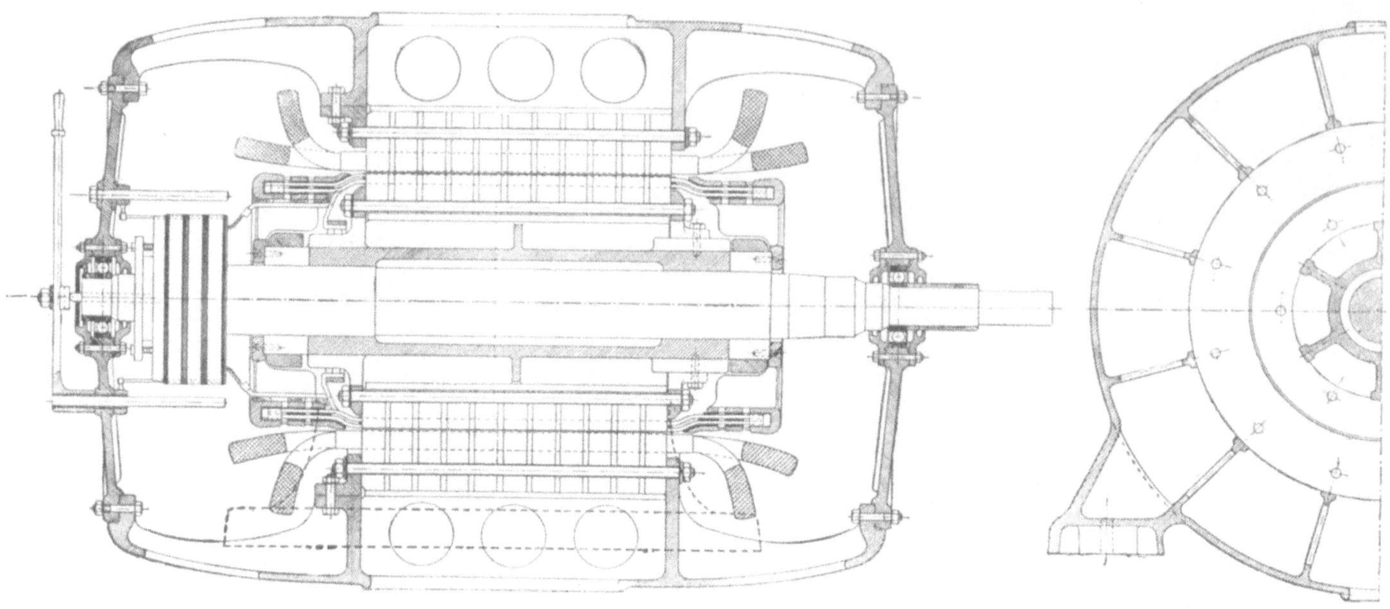

Fig. 32. Längsschnitt. Fig. 33. Querschnitt.
Motor für die Wasserhaltung der Zeche Friedlicher Nachbar.

hältnismäßig großen Eisenbreite von 800 mm nur einen kleinen Durchmesser (674 mm) gegeben.

In dem Stator- und Rotorkörper sind 10 Lüftungsschlitze angeordnet.

Die Hauptabmessungen des Motors sind:

Stator	Bohrung	680 mm
	Nutenzahl	60
	Draht	5,0 × 5,0 mm
	Widerstand pro Phase . .	0,69 Ohm
	cos φ	0,94
Rotor	Bohrung	450 mm
	Zahl der Phasen	3
	„ „ Nuten	84
	Drahtquerschnitt	1 × 11 mm²
	Widerstand pro Phase . .	0,0192 Ohm.

Die Schlüpfung soll 1,25 pCt., der Wirkungsgrad 95,1 betragen.

In der mechanischen Ausführung weichen die Motoren von denen der Victorwasserhaltung hauptsächlich darin ab, daß die Lager, deren Büchsen auf Kugeln laufen, in die an dem Motorgehäuse angeschraubten Schilder eingebaut sind.

Die Motoren für den Betrieb von Kolbenpumpen.

Die neueren größeren Kolbenpumpenwasserhaltungen werden fast ausschießlich mit den Motoren direkt gekuppelt. Die Einschaltung von Vorgelegen, mit denen z. B. die älteren Pumpen auf den Zechen Maria Anna und Steinbank, Deutscher Kaiser und Trappe*) ausgerüstet sind, ist auf kleine Hilfs-Zubringer- usw. Pumpen beschränkt.

Anderseits ist man von dem Schnellbetrieb größerer Pumpen mit 180 und mehr Umdr./Min. in den letzten Jahren auf Grund mancher unliebsamen Erfahrungen wieder abgekommen. Immerhin haben die auf die Erhöhung der Umlaufsgeschwindigkeit gerichteten Bestrebungen der Pumpenkonstrukteure den Erfolg gehabt, zu zeigen, daß für große Pumpen Tourenzahlen bis zu 120, für mittlere bis 140 und für kleine bis etwa 180 unbedenklich erscheinen. Diese Geschwindigkeiten verlangen nicht mehr so anormal große und entsprechend teure Motorkonstruktionen, wie sie für direkte Kupplung mit langsam laufenden Wasserhaltungen erforderlich werden. Ein großer Vorteil der Verwendung schnelllaufender Motoren besteht auch darin, daß konstruktive Gründe bei ihnen nicht zu der Wahl so anormal niedriger Periodenzahlen drängen, die bei langsamlaufenden den Anschluß an ein Verteilungsnetz praktisch unmöglich machten. Daß aber bei den großen Zechenzentralen, wie sie heute gang und gäbe werden, Wert darauf gelegt wird, auch die Wasserhaltung von der gemeinsamen Kraftstation zu betreiben, ist ohne weiteres erklärlich, weil dann statt der Kosten einer besonderen Primärstation für die Wasserhaltung nur der billigere Anteil an der Zentrale in Rechnung zu stellen ist.

*) Sammelwerk Bd. IV, S. 337 ff.

Motoren für Kolbenpumpen mit niederer Tourenzahl. Mit einem langsam laufenden Motor, einer Spezialität der El.-A.-Ges. vorm. W. Lahmeyer & Cie in Frankfurt a. M. ist die seit 1903 in Betrieb stehende Wasserhaltung der Zeche Rheinpreußen ausgerüstet. Die Anlage, eine Einzelkraftübertragung, wurde auf der Düsseldorfer Ausstellung 1902 vorgeführt und ist zum großen Teile bereits im „Glückauf"*) beschrieben. Als Ergänzung sei hier nur eine Beschreibung des Motors gegeben, dessen Anordnung typisch für eine ganze Reihe anderer Maschinen auf den Zechen Franziska, Centrum, Freie Vogel und Unverhofft, Tremonia usw. ist. Der 650 PS-Kurzschlußankermotor ist für 2000 V Spannung gebaut, liefert mit 48 Polen 25 Perioden und macht 62,5 Umdrehungen pro Min. Der Stator hat einen Durchmesser von nicht weniger als 5000 mm und ist in ein vierteiliges Gehäuse mit einem größten Durchmesser von 5800 mm eingebaut (Fig. 34 u. 35).

*) Glückauf 1902, S. 499.

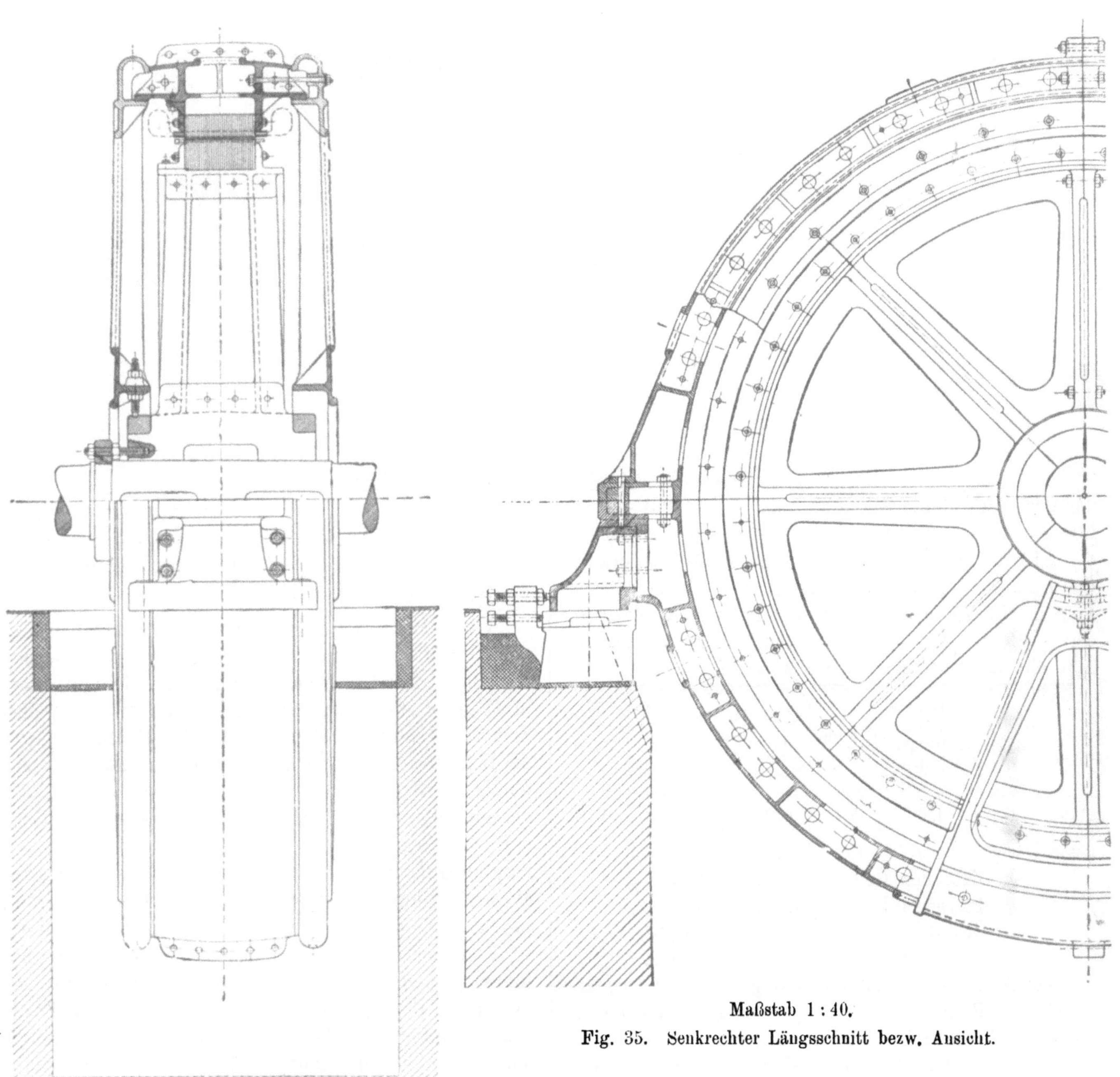

Maßstab 1 : 40.

Fig. 35. Senkrechter Längsschnitt bezw. Ansicht.

Fig. 34. Senkrechter Querschnitt.

650 PS-Kurzschlußankermotor der Wasserhaltung auf Zeche Rheinpreußen.

Das Gehäuse wird beiderseitig durch eine Armversteifung gestützt. Diese mußte, ebenso wie der Rotor-Schlußanker, achtteilig ausgeführt werden, um in den Schacht eingehängt werden zu können, während für den Stator, der nur mit der Bogenhöhe des Kreisabschnittes sperrt, eine Vierteilung genügte. Die Hochspannungswicklung liegt in halbgeschlossenen Nuten und ist in vollständig geschlossene Mikanitrohre eingezogen. Das Gehäuse kann, wie in Fig. 34 zu erkennen ist, mittels Druckschrauben an der Nabe des rotierenden Teiles festgeklemmt und mit der Welle gedreht werden. Diese der El.-A.-G. vorm. W. Lahmeyer & Cie. patentierte Einrichtung gestattet, das Gehäuse beliebig zu drehen und durch Einstellen der Bolzen bequem zu zentrieren. Bei der Drehung werden die abschraubbaren Füße entfernt. Das erleichtert Reparaturen, besonders in engen Wasserhaltungsräumen. Die Bewegung erfolgt durch ein Klinkwerk, welches in zwei dem Stator- und Rotorgehäuse angegossene Zahnkränze eingreift. Die einzelnen Sektoren des achtteiligen Rotorkörpers werden durch ein gußeisernes Doppelarmsystem (Fig. 36) getragen. Sie sind untereinander an

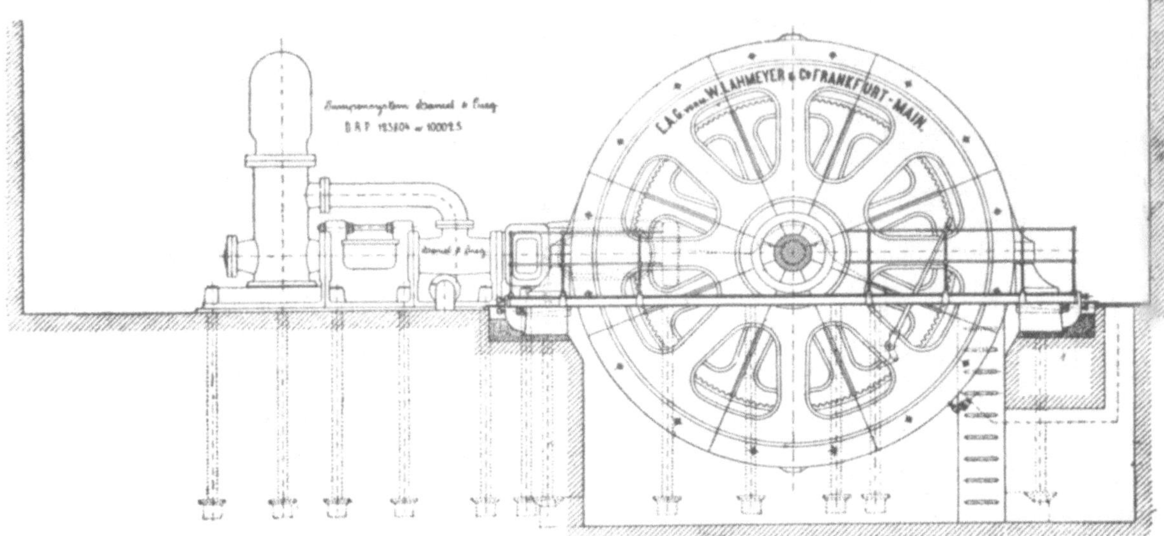

Fig. 36. Wasserhaltung der Zeche Rheinpreußen.

der Peripherie durch Schrauben und an der Nabe durch übergossene Schrumpfringe verbunden. Das Aufziehen des Ankers auf die schwach konische Welle erfolgt durch Zugschrauben, die einerseits in die Nabe, anderseits in einen Ring eingreifen der in einer Ausdrehung der Welle festsitzt. Über die Abmessungen des Motors gibt die nachstehende Tabelle Auskunft:

	Durchmesser	Breite einschl. Lüftungsschlitze	Bohrung	Zahl der Nuten	Drahtquerschnitt	Widerstand der Phase	cos φ
	mm	mm	mm		mm	Ohm	
Stator	5000	450	4700	432	5,4	0,15	0,75
Rotor	4693	456	4500	528	6,5 16×18	0,0053	—

Zahl der Pole 50
Phasenzahl des Rotors . . 11
Schlüpfung . . . . . 3 pCt.
Wirkungsgrad . . . . 91 pCt.

Das Anlassen des Motors erfolgt mit der Primärmaschine. Pumpe und Motor werden dabei nach dem im Sammelwerk*) beschriebenen, der Firma Haniel & Lueg patentierten Verfahren durch das Wasser der Steigrohrleitung in Bewegung gesetzt.

Langsamlaufende Motoren der Firmen Maschinenfabrik Oerlikon bezw. der Elektrizitäts-Akt.-Ges. Helios stehen in Verbindung mit anderen Pumpensystemen bei den in der Zeitschrift „Glückauf" schon beschriebenen Wasserhaltungsanlagen auf den Zechen Kaiserstuhl II*) und Gneisenau**) im Betrieb.

Wenn auch die langsamlaufenden Motoren im Betriebe sich sehr gut bewährt haben, so erscheint ihre ausgedehntere Verwendung in Zukunft doch in Frage gestellt, da der Hauptgrund, welcher seiner Zeit ihre Einführung begünstigte, das Bedenken gegen die Betriebssicherheit der mittelschnellaufenden Pumpen, durch die Erfahrungen einer Reihe von Jahren sich als hinfällig erwiesen hat. Der beste Beweis dafür ist, daß die Firma Haniel u. Lueg, die Vertreterin der langsamlaufenden Motorpumpen, eine ihrer neuesten Wasserhaltungen auf Zeche Centrum für 100 Umdr. pro Min. eingerichtet hat. Der langsamlaufende Motor wird sich in Zukunft nur mehr auf den Anlagen einführen, wo die Verhältnisse seine Verwendung erheischen. Ein derartiger seltener Fall ist der Ersatz von Dampfmotoren bei vorhandenen Wasserhaltungsanlagen durch Elektromotoren, wie er auf drei Schächten der österreichischen Staatseisenbahngesellschaft in Kladno erfolgt ist. Da die drei vorhandenen, mit 68 Touren

*) Bd. IV, S. 351 ff.

*) Glückauf 1901, S. 626 ff.
**) Glückauf 1903, S. 199 ff.

i. d. M. umlaufenden Pumpen nach der Bestimmung der Grubenverwaltung direkt mit den Motoren gekuppelt werden mußten, blieb der ausführenden Firma, der El. A.-G. vorm. E. Kolben u. Cie. in Prag, nichts

Fig. 37. Schleifringmotor der Wasserhaltungen des Theodor-, Ronna- und Engertschachtes zu Kladno.

anderes übrig, als zu der in Fig. 37 abgebildeten, abnormen Motorkonstruktion zu greifen, welche bei einer Leistung von 150 PS nur die vorgeschriebenen 68 Umdr. pro Min. macht. Die Motoren haben bei 36 Polen einen Rotordurchmesser von 2950 mm und, wie aus der Abbildung hervorgeht, eine sehr geringe Eisenbreite. Die Ausführung in diesen Abmessungen wurde dadurch ermöglicht, daß die Primärstation Strom von nur 21 Perioden liefert. Da der Luftraum zwischen Stator und Rotor nur 1,75 mm beträgt, mußte die Stabilität des Statorgehäuses durch die sternförmige Ausbildung der seitlichen Lagerschilder erhöht werden. Die Schleifringe sitzen auf der verlängerten Rotorwelle außerhalb des Gehäuses. Trotz der niedrigen Tourenzahl waren die in den Schaulinien der Fig. 38 wiedergegebenen Resultate einer Prüfung des Leistungsfaktors, des Wirkungsgrades und der Überlastungsfähigkeit der Motoren recht günstig. Bei der großen Ausstrahlungsfläche erwärmen sich die Motoren im Betriebe natürlich nur sehr wenig. *)

*) Zeitschrift für Elektrotechnik 1903, Heft 21.

Die Schwierigkeiten, welche der Bau besonders langsamlaufender Motoren für die gebräuchlichen Periodenzahlen (40—60) bietet, erhellen aus folgender Darlegung:

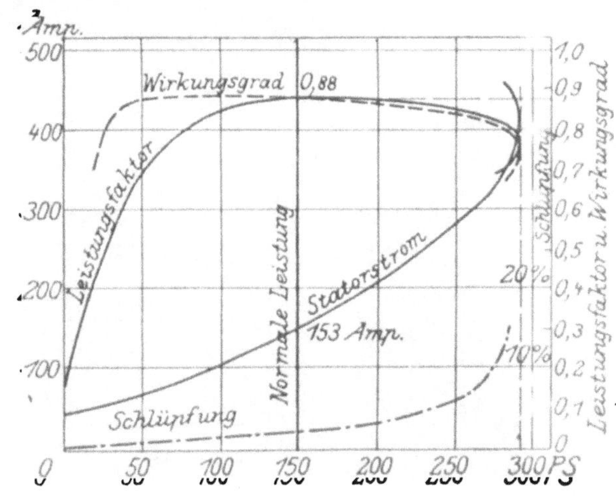

Fig. 38. Diagramm der Versuchsergebnisse.

Bei dem asynchronen Wechselstrommotor ist das Produkt: Polzahl × Umdrehungen/Min. gleich der Periodenzahl/Min.

Setzen wir

p = Polzahl des Motors,
V = Periodenzahl des Wechselstroms p. Sekunde,
n = Umdrehungszahl p. M.,

so ist

$$p = \frac{2 \cdot V \cdot 60}{n}$$

Wird daher eine besonders kleine Umdrehungszahl verlangt, etwa 80 bis 120 Umdrehungen, so muß bei gegebener Periodenzahl die erforderliche Polzahl eines Drehstrommotors der normalen Bauart sehr groß werden. Da man bei der Polbreite bezw. Polteilung praktisch nicht unter eine gewisse Grenze gehen kann, so fällt der durch das Produkt Polteilung × Polzahl bestimmte Umfang, also auch der Durchmesser des Magnetkörpers und des Rotors außerordentlich groß

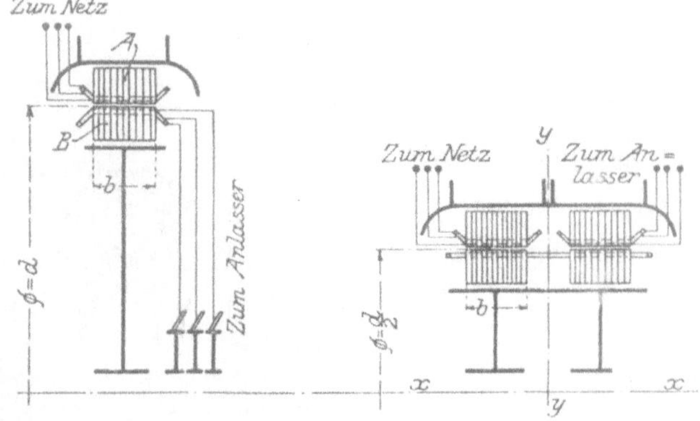

Fig. 39. Normale Bauart Fig. 40. Neue Bauart der Motoren.

aus. Ist dazu die verlangte Leistung des Motors klein, so kommt man auf so schmale und große Maschinen,

Fig. 41. Stator des Wasserhaltungs-Motors der Zeche Hibernia.

d. h. auf Verhältnisse, bei denen die Ausführung entweder praktisch unmöglich oder durch den hohen Materialaufwand außerordentlich verteuert wird.

Eine Forderung der Betriebswirtschaftlichkeit will, daß der Luftabstand zwischen der Bohrung des Stators und dem Umfange des Rotors so klein als nur möglich ist, weil andernfalls der Leerlaufs- oder Magnetisierungsstrom zu groß wird. Es ist nun klar, daß dieser Übelstand bei Maschinen von großem Durchmesser umsomehr ins Gewicht fällt, als es mit Zunahme des letzteren immer schwieriger wird, nicht nur einen kleinen Luftabstand zu erzielen, sondern ihn auch rings um den Rotor herum gleichmäßig zu erhalten. Wenn es nun auch, wie die vorstehend beschriebenen Beispiele beweisen, durch Spannwerksanordnungen, kräftige Lagerkappen usw. gelang, Konstruktionen zu schaffen, welche den mechanischen Ansprüchen genügen, so fallen doch, wie erwähnt, diese Maschinen sehr teuer aus.

Um diese Konstruktionsschwierigkeiten zu umgehen, hat die Berliner Maschinenbau A.-G. vorm. L. Schwartzkopff eine neue Motortype geschaffen. Bei ihr ist ein großer Rotordurchmesser vermieden und das Eisenvolumen so verteilt, daß der Durchmesser ungefähr halb so groß, die Breite dafür mehr als doppelt so groß wird, wie bei den älteren Konstruktionen.

Wie die Fig. 39 u. 40 der Nebeneinanderstellung der normalen und der neuen Bauart zeigen, wird das erforderliche Eisenvolumen des Stators A und des Rotors B in zwei Teile geteilt und nebeneinander angeordnet. Der ganze Motor besteht also aus zwei im Gestell gelagerten Ständern und aus zwei Rotoren, die durch einen gemeinschaftlichen Ankerkörper mit der Welle verbunden sind (Fig. 41 u. 42). Da an der Tourenzahl des neuen Motors nichts geändert werden soll, so darf jeder Stator und Rotor nur die Hälfte der normalen Wicklung enthalten, und da das Produkt: Polzahl × Umdrehungen = Periodenzahl sein muß, so bekommt jeder Stator und Rotor nur die halbe Polzahl. Diese Anordnung gewährt auch noch einen weiteren Vorteil. Anstatt die gesamte primäre Wicklung auf beiden Statoren unterzubringen, vertauscht man die elektrische Funktion eines Stators mit dem eines Rotors. Die eine Hälfte der primären Wicklung befindet sich dann z. B. auf dem linken Stator, die andere Hälfte auf dem rechten Rotor. Die letztere ist unabhängig von der primären Wicklung bezw. Klemmenspannung und wird direkt mit der linken Sekundärwicklung hintereinander geschaltet. Da beide daher eine kurz geschlossene Wicklung ohne Klemmen und Schleifringe bilden, so können sie gleich und von der einfachsten Art, beispielsweise Kurzschluß- oder Käfigwicklungen sein, deren geringe Spannungen eine Isolationsgefahr ausschließen.

Die 2. Hälfte der Sekundärwicklung befindet sich auf dem rechten Stator und steht fest, wodurch erreicht ist, daß die Enden dieser Wicklungen zu festen Klemmen geführt werden können. Wird demnach, wie beim einfachen Motor, zum Anlauf mit großem Drehmoment ein 2- oder 3-phasiger Anlaßwiderstand erforderlich, so fallen die beim einfachen Motor notwendigen Schleifringe, Bürsten und der Bürstenapparat beim neuen Motor fort und die Wartung vereinfacht sich außerordentlich.

Fig. 42. Rotor des Wasserhaltungs-Motors der Zeche Hibernia.

Dem Erfordernis, den Luftabstand klein zu gestalten und ringsherum gleich zu erhalten, kann bei dem neuen Motor leicht Genüge geschehen.

Die Abbildungen (Fig. 41 u. 42) geben den für die Zeche Hibernia gelieferten Motor dieses Systems wieder, der bei 960 V und 40 Perioden 84 Umdr./Min. macht. Er betätigt eine direkt gekuppelte Zwillingspumpe, welche bei einem Plungerdurchmesser von 125 mm und einem Hub von 400 mm das Wasser auf 660 m maxim. Höhe drückt. Eine zweite gleichartige Motorpumpe mit 96 Umdr./Min. wird vorläufig in derselben Teufe Aufstellung finden, später aber auf eine 100 m tiefere Sohle versetzt werden.

Die Motoren der Kolbenpumpen mit hohen Umdrehungszahlen. Von den Motoren der außer der Victoranlage bei den Versuchen geprüften Wasserhaltungen sind die Motoren auf Zeche Mansfeld mit Kurzschlußankern ausgerüstet, während der Motor auf Zeche A. von Hansemann einen Schleifringanker besitzt.

Die Motoren der Zeche Mansfeld, Type KD 197/650 der Allg. Elektr. Gesellschaft, leisten bei einer Spannung von 2950 V, einem Stromverbrauch von 104 A und 143 Umdr. pro Min. 535 PS. Sie sind direkt mit 4 Riedlerexpreßpumpen gekuppelt, von denen 2 dauernd in Reserve stehen.

Wie Schnitt und Ansicht eines Motors in den Fig. 43 u. 44 zeigen, sind Stator und Rotor mit Rücksicht auf das Einhängen auf der Förderschale aus zwei Teilen zusammengesetzt. Der Stator trägt Drahtwicklung, der Rotor eine Wicklung von Kupferstäben,

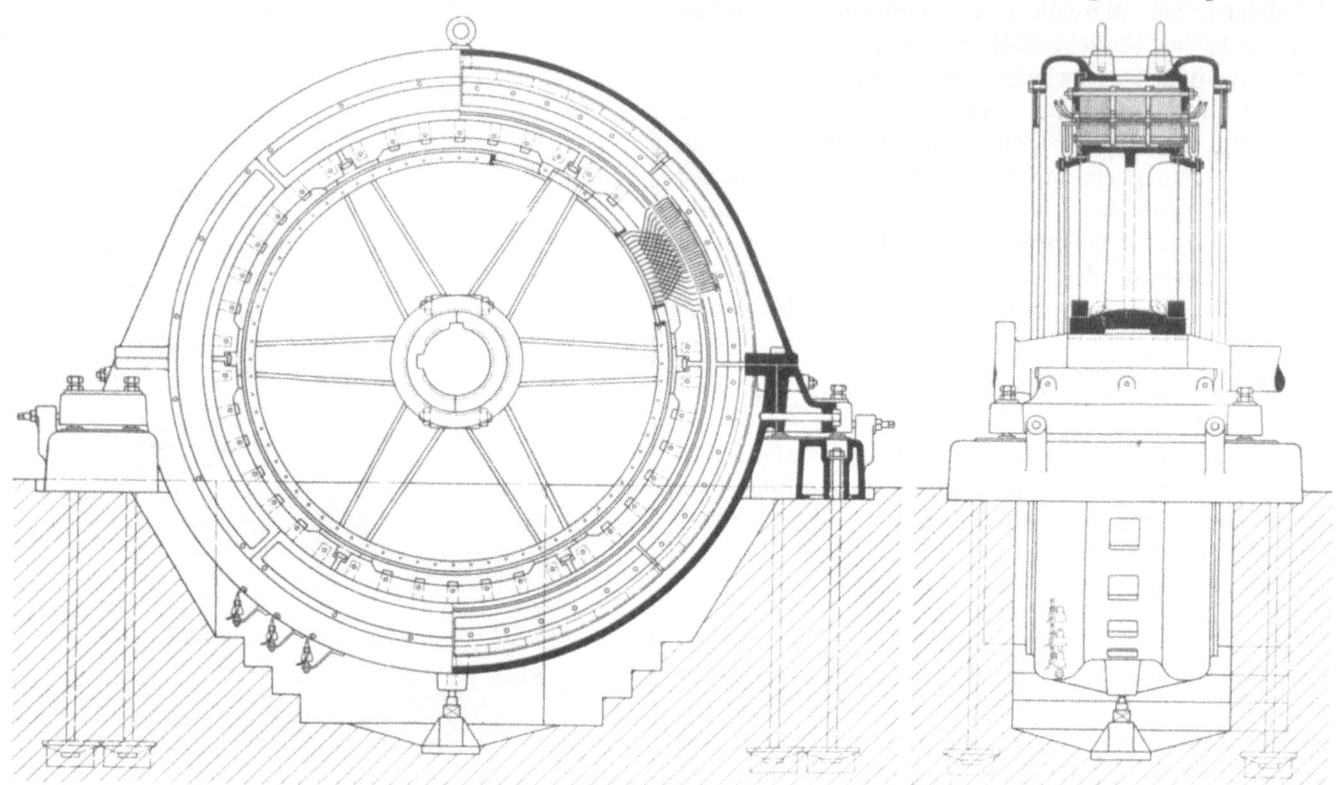

Fig. 43. Seitenansicht, bezw. Längsschnitt. Fig. 44. Kopfansicht, bezw. Querschnitt.
Drehstrommotor auf Schacht Colonia der Zeche Mansfeld.

die an den Stirnenden durch Messinggabeln verbunden sind. Ein „falscher Kollektor“ schützt die Rotorwicklung gegen die Wirkungen der Zentrifugalkraft. Die Zentrierung des Stators erfolgt in bekannter Weise durch Stellschrauben.

Die Hauptabmessungen der Motoren sind:

Bohrung	2640 mm
Eisenbreite	520 „
2 Luftschlitze zu	20 „
Polzahl	32

Stator.

Kranzstärke	140 mm
Nuten pro Pol und Phase . .	5
Nutentiefe	35,5 „
Drähte pro Nute	6
Drahtquerschnit	15,9 mm²
Länge einer Windung . . .	2050 m
Schaltung	Y
In jeder Phase 2 parallele Gruppen	
Eisengewicht	4200 kg
Eisenverluste	9,25 KW

Rotor.

Kranzstärke	100 mm
Nuten insgesamt	546
Nutentiefe	14,7 mm
Stäbe pro Nute	1
Stabquerschnitt	90 mm²
Stablänge	660 mm
Gabelquerschnitt	70 mm²
Gabellänge	0,47 m
Spannung pro Windung . .	8,3 V
Strom pro Windung bei normaler Last	228 Amp
Sekundäre Stromwärme . . .	15,5 KW
Luftzwischenraum bei Motor I	1,7 mm
zwischen Stator und Rotor bei Motor III	1,95 mm

Die Außenansicht eines Motors gibt die weiter unten folgende Abbildung des Pumpenraumes (S. 55).

Der Schleifringmotor der Zeche A. von Hansemann, Type JN. Kl. 48–720–125 der

Fig. 45. Ansicht.

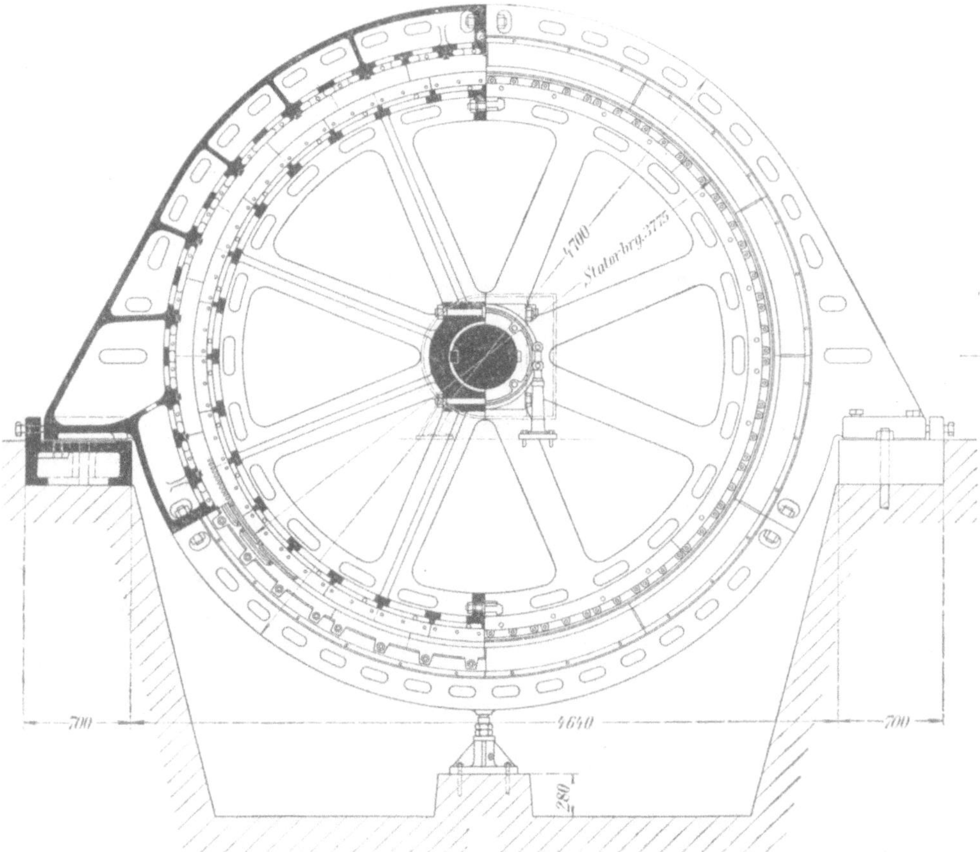

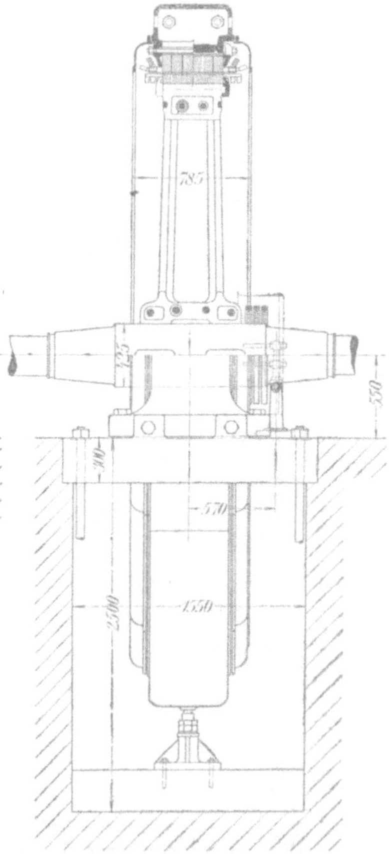

Fig. 46. Seitenansicht bezw. Längsschnitt. **Fig. 47. Kopfansicht bezw. Querschnitt.**

Drehstrommmotor der Wasserhaltung auf Zeche A. von Hansemann.

Union El. Gesellschaft, den die Fig. 45 bis 47 im Bilde vorführen, hat im Gegensatz zu der gedrungenen und breiten Ausführung der Sekundärmaschinen auf Mansfeld eine hohe, schmale Form. Der Durchmesser der Bohrung ist hier 3775, dort nur 2640 mm. Bei einer Spannung von 3000 V und 125 Umdr. pro Min. leistet der Motor 720 PS; Stator und Rotor sind auch hier aus zwei Teilen zusammengesetzt. Die Wicklung des ersteren ist aus flacher Litze ausgeführt und nach dem verketteten Zweiphasensystem geschaltet. Der Rotor trägt eine Stabwicklung, welche in den Schleifringen ausläuft. Die Hauptabmessungen der Maschine sind:

	Polzahl	48
Stator:	Bohrung Durchm. . . .	3975 mm
	Eisenbreite	400 „
	Kranzstärke	90 „
	Luftschlitze	2 zu 10 „
	Nuten pro Pol und Phase	3
	Breite der Nuten . . .	20,5 mm
	Tiefe „ „ . . .	33,5 „
	Drähte pro Nute . . .	5
	Schaltung	Y
	Aktives Eisen	4250 kg
	Kranzstärke	58 mm
Rotor:	Luftschlitze	3 zu 8 „
	Breite der Nuten . . .	8 „
	Tiefe „ „ . . .	16,5 „
	Zahl der Nuten pro Pol und Phase	10
	Stäbe pro Nute	1
Luftzwischenraum zwischen Stator und Rotor		4 mm

Die Schaltanlage des Motors umfaßt einen dreipoligen Ölschalter und einen Strommesser. Das Kabel versorgt außer ihm einen kleinen Motor, welcher den zum Auffüllen der Windkessel dienenden Luftkompressor antreibt, und eine Lichtleitung mit Strom.

Ein schnellaufender Schleifringmotor der Elektrizitäts-Aktien-Gesellschaft, vormals W. Lahmeyer & Cie., (Fig. 48 u. 49) treibt auf der Charlottengrube bei Czernitz in Oberschlesien eine Zwillingsdoppel-

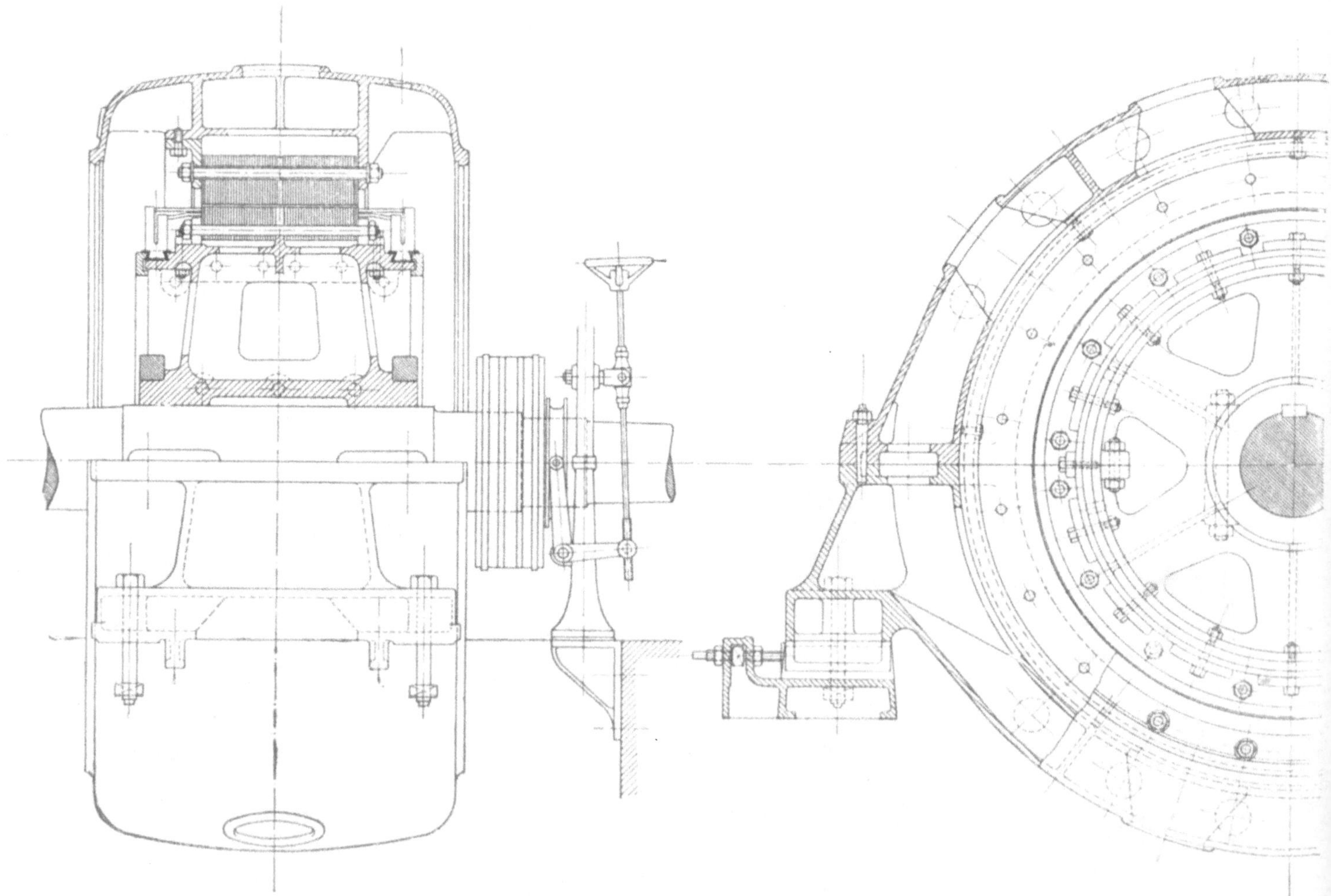

Maßstab 1 : 20.

Fig. 48. Senkrechter Querschnitt bezw. Kopfansicht. Fig. 49. Senkrechter Längsschnitt bezw. Seitenansicht.

260 PS Schleifringmotor der Charlottengrube in Czernitz O.-S.

plungerpumpe, welche 3,5 cbm auf 262 m fördert, mit 175 Umdr. pro Min. an. Er ist von normaler Bauart, Type HS 260/175 der erwähnten Firma, und leistet bei 750 V und 15 Perioden (10 Polen) 260 PS. Stator und Rotor sind wieder zweiteilig, ihre Abmessungen sind folgende:

	Durchmesser mm	Breite inkl. Lüftungsschlitze mm	Bohrung mm	Nutenzahl	Draht	Widerstand der Phase in Ohm	cos φ
Stator . .	1800	450	1500	120	5,4 × 6,4	0,068	0,93
Rotor . . .	1496	450	1300	150	15 × 10	0,0167	—

Zahl der Phasen des Rotors 3
Schlüpfung 2,75
Wirkungsgrad . . . . 91,4.

Die Statorwicklung besteht aus Kupferstäben und ist an 3 Schleifringe gelegt, welche die Verbindung mit einem weiter unten näher beschriebenen Flüssigkeitswiderstand vermitteln. Der Motor ist mit einer Kurzschluß- und Bürstenabhebevorrichtung versehen, welche die Abnutzung der Schleifringe und Bürsten während des Betriebes und die Gefahr einer Funkenbildung beim Abheben der stromführenden Bürsten beseitigen soll. Eine zwangläufige Verbindung der kurzschließenden und abhebenden Organe verhindert ein Abheben der Bürsten vor dem Kurzschließen der Schleifringe.

Die Pumpen.

Die Hochdruckzentrifugalpumpen.

Nach den ersten Erfolgen, welche die Hochdruckzentrifugalpumpen, besonders die Sulzerschen Systeme, seit wenigen Jahren aufzuweisen haben, ist ihre Entwicklung so überraschend schnell fortgeschritten, daß Firmen, welche bisher zu den überzeugtesten Vertretern des Kolbenpumpensystems gehörten, an die Konstruktion von Hochdruckkreiselpumpen herangetreten sind. Bei den kleinen Abmessungen, der geringen Wartung und der einfachen Konstruktion ist dieses System das Ideal einer Bergwerkspumpe. Daß die Praxis diese Vorzüge anerkennt, beweist die rasche Einführung der Zentrifugalpumpe in den Bergbau.

Bei der ersten größeren Wasserhaltungsanlage, welche die Firma Gebrüder Sulzer für die Bergwerks- und Hüttengesellschaft in Horcajo in Spanien lieferte, fand eine Unterteilung der Wasserhebung insofern statt, als auf den Wasserhaltungssohlen Pumpen von verhältnismäßig geringer Druckleistung aufgestellt wurden, von denen immer eine der anderen zuhebt. (Fig. 50.) Die verschiedenen Pumpen arbeiten vollkommen gleichartig, da ihre Motoren von derselben Stromquelle gespeist werden und die Pumpen durch die gleiche sie nacheinander passierende Wassersäule belastet sind. Bei dem Fortschreiten des Abbaues in die Teufe behalf man sich eine Zeit lang mit einer Zubringerpumpe und stellte, wenn die nächste Wasserhaltungssohle erreicht war, wieder eine Hauptpumpe auf. Die Möglichkeit einer derartigen Verteilung der Wasserhaltung auf verschiedene Sohlen ist ein gemeinsamer Vorteil des in Wartung und Raumverbrauch so anspruchslosen, in der Anschaffung so billigen Pumpensystems und der großen Verteilungsfähigkeit der elektrischen Energie. Bei der Verwendung mit Dampf, Druckwasser oder Elektrizität angetriebener Kolbenpumpen

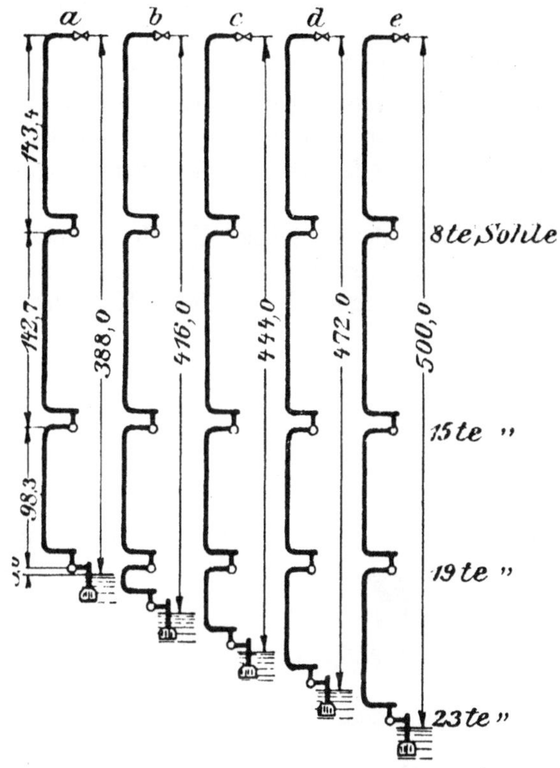

Fig. 50. Schematische Anordnung der Wasserhaltung in Horcajo*).

verbieten die Anlage- und Betriebskosten eine derartige Unterteilung der Wasserhebung und drängen zu einer auf der tiefsten Sohle aufzustellenden Zentralwasserhaltung hin. Die großen Wassermengen, welche oft auf den obersten Sohlen zusitzen, läßt man vielfach noch wegen der praktischen Unmöglichkeit, sie dort mit einfachen Mitteln zu heben, nach der Wasserhaltungssohle fallen und sieht schon einen großen Erfolg darin, wenn man einen geringen Bruchteil der in dem Gefälle vergeudeten Kraft in einem Peltonrädchen usw. ausnutzen kann. Diesem Kraftgewinn von einigen hundert Pferden in einem Bergwerksbezirk, wie dem Ruhrrevier, steht auf der anderen Seite der Bilanz ein Mehr von vielen tausend PS gegenüber, welche die Zentralwasserhaltung für die Wältigung der ihr aus den oberen Teufen zufallenden Wasser aufzuwenden hat. Dazu kommt, daß das Wasser aus dem Deckgebirge meist klar in die Baue tritt und erst beim Durchgang durch sie all die Unreinigkeiten aufnimmt,

*) Z. d. Ver. d. Ing. Bd. XXXXV, S. 1550.

die seine Verwendung in der Grube und über Tage erschweren. Reines, möglichst an der Einbruchstelle abgefangenes und zu Tage gefördertes Wasser würde durch seinen höheren Wert und die Entlastung der Hauptwasserhaltuug die ganze Pumpenanlage bezahlt machen. Für die Wasserförderung in solchen Fällen könnte beim heutigen Stand der Technik nur mehr die Hochdruckzentrifugalpumpe empfohlen werden. Jedenfalls sollte man bei der Ausarbeitung von Wasserhaltungsprojekten für neue Bergwerke die durch die Einführung der Zentrifugalpumpen geschaffene Möglichkeit, die Wasser von den Sohlen, auf denen sie zufließen, direkt zu Tage zu fördern, nicht außer acht lassen. Da die Wasser meistens aus Klüften usw. zusitzen, wird die Fassung bergtechnisch nur selten auf Schwierigkeiten stoßen.

Die gute Aufnahme, welche die Hochdruckzentrifugalpumpe in der Praxis findet, hat den Eifer der Pumpen-, besonders auch der Turbinen-Konstrukteure, denen ja dieses ganz nach Wasserräderart arbeitende Pumpensystem näher stand als jenen, lebhaft angeregt und in kurzer Zeit eine Reihe von Konstruktionen hervorgebracht.

Die Pumpe der Maschinenfabrik Gebr. Sulzer. Von den verschiedenen Systemen verdient die „Sulzerpumpe“ wegen der Zahl und Größe der Ausführungen an erster Stelle genannt zu werden. Ihre Konstruktion ist im Sammelwerk*) schon beschrieben. In Ergänzung der dortigen Ausführungen seien hier einige neuere Zeichnungen und Photographien wiedergegeben, welche die Anordnung und Wirkungsweise der Pumpen besser erkennen lassen, als die im Sammelwerk gebrachten. Einen Schnitt durch das Pumpengehäuse verbildlicht die Fig. 51.

Das Wasser tritt an dem linken Saugstutzen ein, wird von der konzentrischen Saugöffnung des ersten auf der Welle festgekeilten Schleuderrades (schraffiert)

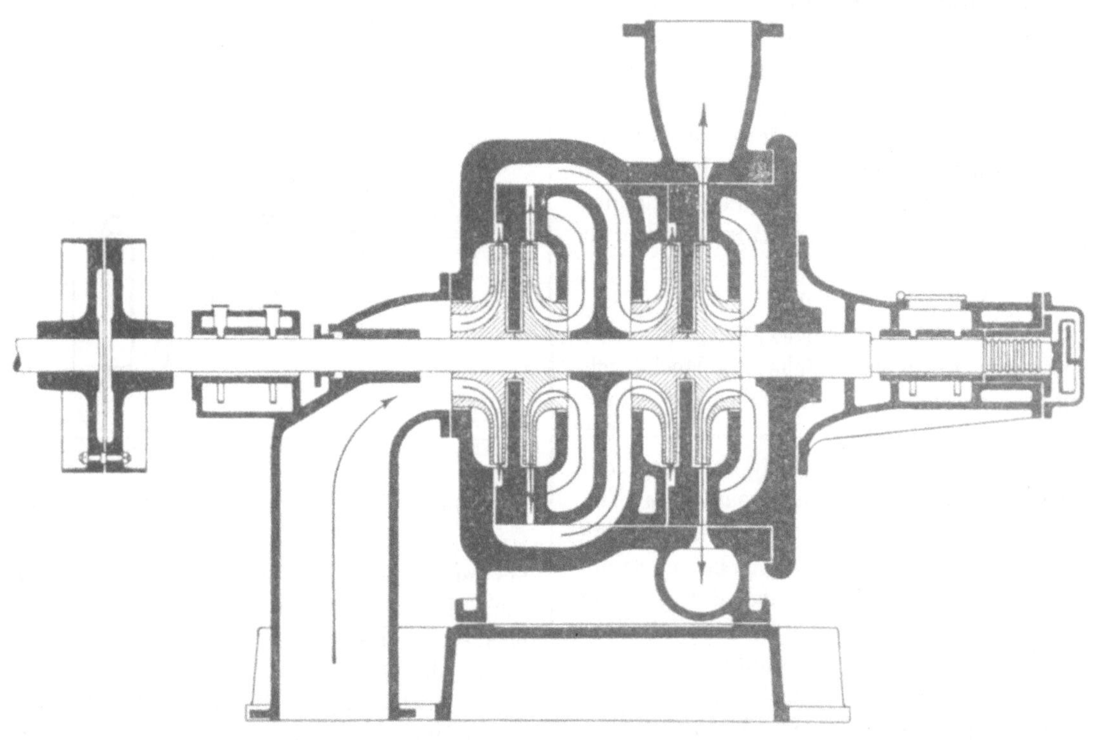

Fig. 51. Schnitt durch das Gehäuse der Hochdruckzentrifugalpumpe von Gebr. Sulzer.

aufgenommen und mittels der bogenförmigen Flügel, die zwischen den beiden Seitenwänden des Rades sitzen und mit ihnen in einem Stück aus Bronze gegossen sind, gegen den übergreifenden Rand des feststehenden Leitkörpers geschleudert. Die Form der Laufräder und der auf beiden Seiten mit Leitelementen versehenen Führungskörper wird durch die Wiedergabe von Photographien auf Tafel 6 veranschaulicht.

In den schräg durchbrochenen Leitkanälen (Fig. 1 der Tafel 6) geht die Flüssigkeit auf die andere Seite des Rades und tritt dort in den mittleren Richtungskörper (Fig. 1 der Tafel, Mitte) über, der sie durch 6 flachbogenförmige Kanäle dem zweiten Schleuderrad zuführt (Fig. 2). Die Führung des ausgeworfenen Wassers in den ringförmigen Druckraum, der zwischen dem Gehäuse und den Leiträdern verbleibt, übernehmen die Öffnungen, welche in die Leiträder an der Peripherie eingeschnitten sind. Aus dem Druckraum drängt das Wasser in einem nach innen führenden doppelgekrümmten Kanal der Ansaugeöffnung des dritten Schleuderrades zu. In dem zweiten Lauf- und Leiträdersystem wird auf dieselbe Weise der Druck auf die doppelte Höhe gebracht. In-

*) Bd. IV, S. 333.

folge des von der Eintrittsöffnung sich allmählich erweiternden Querschnittes der Leitkanäle setzt sich die Geschwindigkeit der Flüssigkeit allmählich in Druck um. Die Druckleistung der einzelnen Schleuderräder hängt natürlich von der Umlaufzahl ab. Bei den vorhandenen Anlagen entfällt auf ein Rad eine Drucksteigerung bis zu 6,5 Atm. = 65 m manometrische Druckhöhe. Mit einer vierräderigen Pumpe läßt sich also ein Druck von 26 Atm. = 260 m Widerstandshöhe erreichen. Bei größeren Teufen werden mehrere Pumpen hintereinander geschaltet und entweder einzeln (Zechen Victor und Friedlicher Nachbar) oder zu zweien, dann gewöhnlich durch einen zwischen den Pumpen aufgestellten Elektromotor (Fig. 52), angetrieben.

Die hier abgebildete Anlage steht bei der Nordböhmischen Kohlenwerks-Gesellschaft in Brüx im Betriebe. Die Pumpen fördern bei 1440 Umdr. pro Min. 1,3 cbm auf 212 m Förderhöhe. Der 90 PS-Drehstrommotor ist von der El.-A.-G. vorm. Kolben & Cie. in Prag geliefert.

Fig. 52. **Zwei hintereinander geschaltete Sulzerpumpen, direkt gekuppelt mit einem 90 PS.-Drehstrom-Motor.**

Die äußerst geschickte Anordnung der Leitkörper sichert der Sulzerschen Konstruktion einen äußerst geringen Kraftverbrauch und eine stoßfreie Führung des Wassers. Die Welle ist an den Ausführungsstellen durch Stopfbüchsen abgedichtet. Sie wird durch zwei Ringschmierlager getragen, von denen das eine (Fig. 2, Tafel 6) mit dem Saughals in einem Stück hergestellt ist, während der Körper des andern mit dem Deckel des Pumpengehäuses verschraubt ist. Einer seitlichen Verschiebung des Laufrädersystems wird durch ein Kammlager und einen Gegendruckkolben vorgebeugt. Da die Konstruktion des letzteren von der Firma Sulzer noch geheim gehalten wird, entspricht das in Fig. 2 der Tafel 6 gegebene Bild bezüglich der Druckausgleichung nicht der Wirklichkeit. Die Pumpen werden mit den weiter oben schon beschriebenen Motoren durch elastische Kupplungen verbunden.

Der Zusammenbau der Pumpe vollzieht sich in der einfachsten Weise. In das Gehäuse wird die Welle mit dem ersten Laufrad und dann das erste Leitrad eingebaut, darauf folgen hintereinander das zweite Laufrad und der Zwischenkörper, das dritte Laufrad, das zweite Leitrad, das vierte Laufrad und der Deckel, der den Umrichtungskanal für das zweite Radsystem aufnimmt. Die Räder werden durch Schrauben zusammengehalten. Die Lauf- und Leiträder sind aus einer Spezialbronze, die Welle aus Nickelstahl gefertigt. Sämtliche Innenteile lassen sich auch bei größeren Pumpen in der Zeit von etwa zwei Stunden durch Reservestücke ersetzen. Darin liegt ein weiterer großer Vorteil der Zentrifugalpumpen. Während man bei den Kolbenpumpen durch den zeitraubenden Ausbau der Kolben usw. gezwungen war, ganze Maschinensätze in Reserve zu halten, gewährt bei der Kreiselpumpe eine zweite Garnitur der Innenteile, welche sich bei großen Anlagen auf höchstens 4—5000 ℳ stellen dürfte, eine praktisch genügende Sicherheit.

Das Verdienst, zuerst, unbeirrt durch all die Bedenken, welche die Vertreter der Kolbenpumpensysteme gegen die Hochdruckkreiselpumpen geltend machten, Zentrifugalpumpen für große Wassermengen (7 bis 8 cbm/Min.) und Druckhöhen (über 500 m manometr. Druck) in Dienst gestellt zu haben, gebührt der westfälischen Zeche Victor. Der Erfolg hat, wie die Ergebnisse der Versuche deutlich vor Augen führen, das Wagnis gekrönt und auch viele der einstigen Gegner des Systems so von seiner Brauchbarkeit überzeugt, daß sie selbst sich mit größtem Eifer der Konstruktion von Hochdruckzentrifugalpumpen zugewandt haben.

Die Anlage auf Zeche Victor (Fig. 53)*) umfaßt zwei hintereinander geschaltete Pumpen gleicher Bauart, von denen jede mit vier Laufrädern ausgerüstet ist. Die erste Pumpe saugt das Wasser auf etwa 4 m Höhe an und

Fig. 53. Die Wasserhaltungsanlage der Zeche Victor mit Sulzer-Hochdruckzentrifugalpumpen.

gibt es durch ein Verbindungsrohr mit etwa 25 Atm. Druck an die zweite ab, welche es auf etwa 52 Atm. bringt und zu Tage fördert. Man ist also hier von der in Horcajo üblichen Anordnung, die Pumpen der einzelnen Druckstufen auf verschiedenen Sohlen aufzustellen, abgegangen und hat sie nebeneinander gesetzt. Dieselbe Anordnung wird die Wasserhaltung der Zeche Friedlicher Nachbar (Fig. 54 u. 55) erhalten. Auf Victor ist in die Saugleitung ein Sicherheits- und ein Fußventil, in die Druckleitung hinter der zweiten Pumpe ein Absperrschieber und ein Rückschlagventil eingebaut. Das letztere soll verhindern, daß bei einem plötzlichen Stillstand die Wassersäule der Steigleitung in die erste Pumpe und gegen das Fußventil der Saugleitung drängt. Tritt in der Saugleitung eine unzulässige Drucksteigerung ein, so öffnet sich auch das Sicherheitsventil.

Die beiden durch eine Lederbandkupplung mit den Pumpen direkt gekuppelten Motoren sind, wie bereits erwähnt, verschiebbar aufgestellt, sodaß auch von der Motorseite aus die Pumpe leicht zugänglich gemacht werden kann. Die Statorwicklungen beider sind, wie das Schema Fig. 25 zeigt, parallel geschaltet. Da die In- und Außerbetriebsetzung der Pumpen von der Zentrale aus erfolgt, weist die Schalttafel der Pumpenkammer nur zwei Ampèremeter und einen Notausschalter auf, welcher im normalen Betriebe auch beim Stillstand der Anlage eingeschaltet bleibt. Von der Schalttafel führen zwei in allen Polen gesicherte Kabel zu

*) Die Angaben über die Anlage auf Victor entstammen teilweise einem von Oberingenieur Mirbach in Dortmund gelieferten Beitrage.

den Motoren. Nach den Angaben der Fabrikanten sollte bei der Annahme eines

Wirkungsgrades der Dampfmaschine . . . η_1 : 90 pCt.
„ des Generators ohne Erregung η_2 : 94 „
„ des Kabels . . . . . . η_3 : 99 „
„ der Motoren . . . . . . η_4 : 93 „
„ der Pumpen . . . . . . η_5 : 74 „

ein Gesamtwirkungsgrad von 57,64 pCt. erreicht werden. Die Versuche ergaben, daß der tatsächliche Wirkungsgrad den garantierten sogar noch überschritt. Wie gering der Raumverbrauch der Hochdruckzentrifugalpumpen ist, geht am besten aus dem Grundriß des Maschinenraumes auf Victor (Fig. 56) hervor.

Neben der Zentrifugalpumpenanlage liegt die weiter

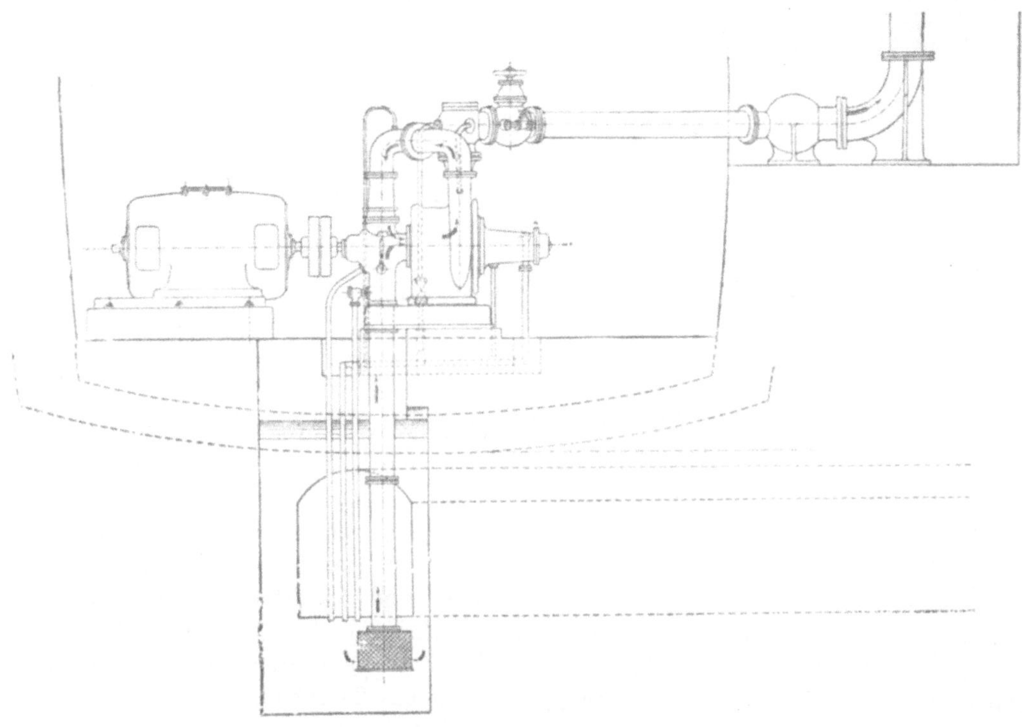

Fig. 54. Aufriß.

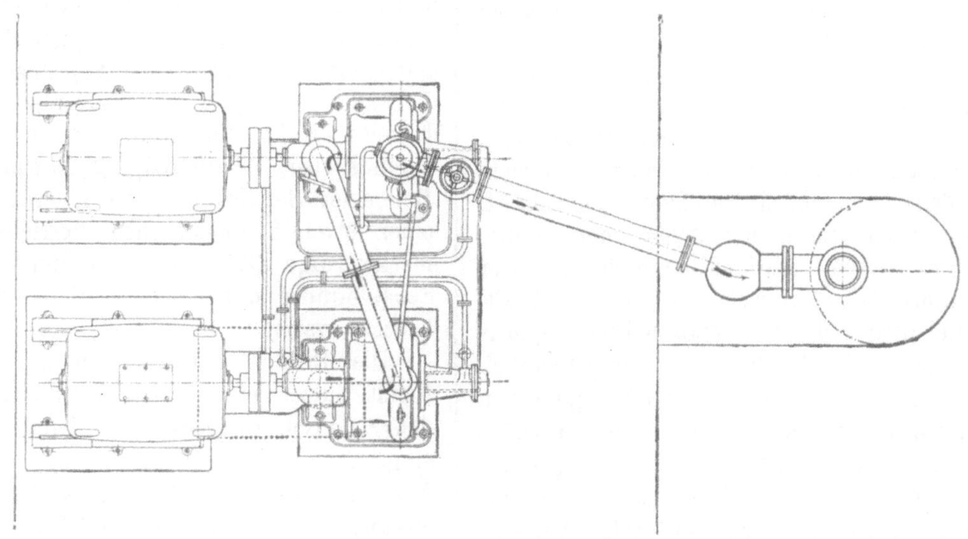

Fig. 55. Grundriß.

Anordnung der Sulzerpumpen auf Zeche Friedlicher Nachbar.

oben bereits beschriebene Dampfwasserhaltung. Die letztere verbraucht bei einer Leistung von 13 cbm/Min. auf dieselbe Förderhöhe 143 qm Raum, während die erstere bei 7 cbm/Min. nur 46 qm beansprucht. Da die elektrische Wasserhaltung weit weniger Wärme entwickelt, als die mit Dampf betriebene, könnte der ursprünglich für eine zweite Dampfwasserhaltung bestimmte, bei dem Einbau der elektrischen bereits vorhandene Raum auch weit niedriger sein. Hätte man die Zentrifugalpumpen hintereinander angeordnet, so hätten sie bequem in einem 4 m hohen doppelspurigen Querschlag Platz gefunden, eine Wasserhaltung von 1200 PS!

Ein weiterer Vorzug der Hochdruckzentrifugalpumpen liegt in der äußerst geringen Fläche und Stärke der erforderlichen Fundamente. Ganz abgesehen von den

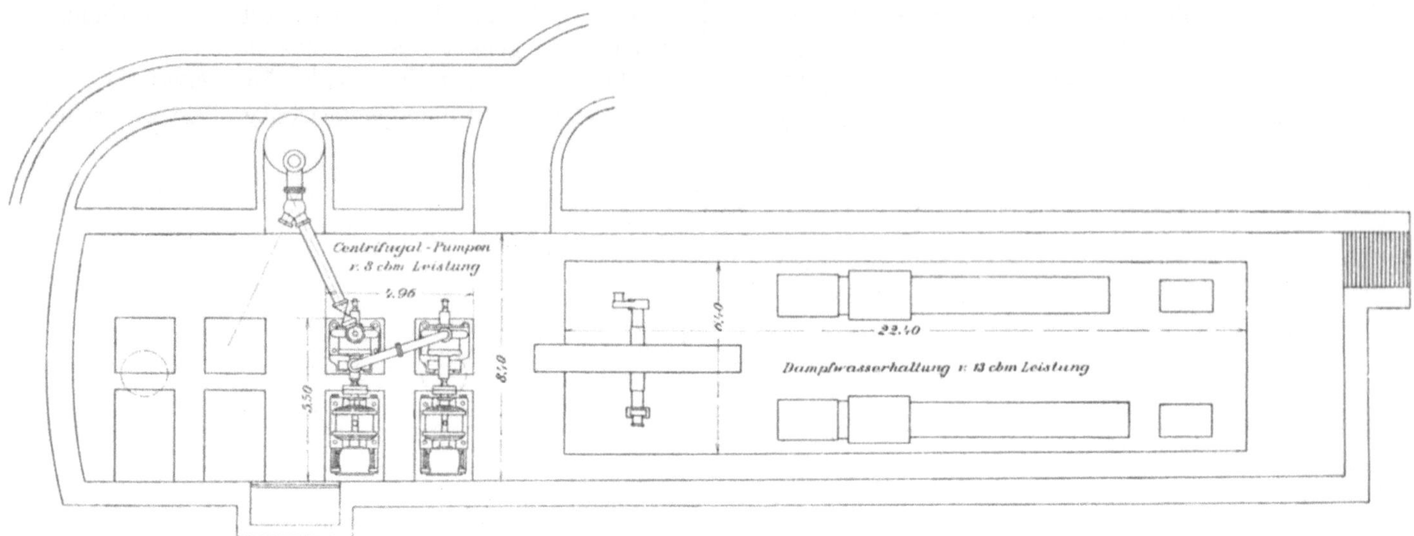

Fig. 56. **Grundriß des Maschinenraumes auf Zeche Victor.**

großen Kosten, bereitet die Fundamentierung der langgestreckten Dampfwasserhaltungen, deren Betrieb oft schon durch geringe Senkungen des Mauerwerkes gestört wird, in unruhigem Gebirge noch größere Schwierigkeiten als die Anlage der Maschinenräume.

Die Inbetriebsetzung der Pumpen spielt sich folgendermaßen ab. Die Pumpen werden bei geschlossenem Hauptabsperrschieber aus der Steigrohrleitung gefüllt und die ins Pumpeninnere eingedrungene Luft abgelassen; darauf setzt man den Generator in Betrieb, wobei seine Erregung allmählich verstärkt wird. Da der Stromkreis ja immer geschlossen ist, laufen dann auch die Motoren an. Haben die Pumpen Wasser gefaßt und es auf einen Druck gebracht, der etwa 12 Atm. über die Wasserpressung in der Steigrohrleitung liegt, so wird der Hauptschieber geöffnet. Dabei setzt sich, entsprechend dem wachsenden Durchgangsquerschnitt, der Überdruck von 12 Atm. in eine Mehrförderung um, und die Steigrohrleitung beginnt auszugießen. Der Generator ist während des Anlassens nur mit 30—35 pCt. seiner Normalleistung belastet. Während des Öffnens des Schiebers steigt die Maschinenleistung allmählich auf die normale Höhe. Der ganze Anlaßvorgang von dem Öffnen des Zuströmungsventils der Dampfmaschine bis zum Erscheinen des Wassers an dem Ausgußrohr nimmt unter normalen Verhältnissen kaum mehr als eine Minute in Anspruch. Doch muß beim Anlassen die Tourenzahl des Generators und der darangehängten Motoren so geregelt werden, daß sie der Förderhöhe und der Pumpenleistung genau entspricht. Dann fassen die Pumpen sofort Wasser. Wartet man bei dem Anlaufen der Pumpen mit dem Öffnen des Hauptschiebers zu lang, so erhitzt sich das in den Pumpen herumgeschleuderte Wasser, und man ist gezwungen, die Pumpen nach einigen Minuten stillzusetzen und neu aufzufüllen. Das Abstellen der Pumpen geht in umgekehrter Reihenfolge vor sich. Man schließt zuerst den Schieber bei vollem Betriebe, was vollkommen gefahrlos geschehen kann, und entlastet den Generator durch allmähliche Ausschaltung der Erregung. Das Personal verständigt sich über die beabsichtigte In- und Außerbetriebsetzung durch das Telephon.

Die Anlage auf Zeche Victor läuft jetzt seit mehr denn einem Jahr mit Ausnahme einer mehrstündigen Betriebspause an den Sonntagen ununterbrochen und hat sich nach dem Zeugnis der Zechenverwaltung ausgezeichnet bewährt. Ein Verschleiß der Lauf- oder Leiträder ist, wie der unveränderte Wirkungsgrad beweist, nicht eingetreten, obwohl das Wasser oft Fremdkörper, Torfstreu, Holzspäne usw. mitführt. Bei einer Besichtigung der inneren Pumpenteile nach einer etwa 8 monatlichen Betriebsdauer wurde die merkwürdige Tatsache festgestellt, daß Leit- und Schaufelräder mit einem millimeterstarken Kalkabsatz bedeckt waren.

Die Erfolge der Pumpen auf Victor haben der Firma Sulzer eine große Anzahl von Aufträgen aus dem rheinisch-westfälischen und anderen Bergbaurevieren eingetragen. Die Wasserhaltung der Zeche Friedlicher Nachbar, welche ebenso angeordnet ist, wie die auf Viktor, soll bei 1500 Umdr./Min. der Pumpen 5 cbm auf 620 m Höhe heben.

Die Hochdruckzentrifugalpumpe von Rateau. Die Rateausche Vielzellenpumpe (pompe multicellulaire) kann zugleich als Type für eine ganze Anzahl anderer gebauter Systeme gelten. Sie weicht von der Sulzer-Pumpe wesentlich ab insofern, als die Wasserführung nicht in einer schleifen-, sondern in einer wellenförmigen Richtung erfolgt. Während bei der Sulzer-Pumpe das Wasser zunächst durch das Laufrad achsial angesaugt und radial ausgeworfen wird, dann in dem Umrichtungskörper und dem 2. Laufrad eine Richtungsveränderung von 360 ⁰ erfährt und endlich nach einem weiteren Richtungswechsel von 90 ⁰ aus dem 2. Laufrad in das 3. Laufrad tritt, wird bei der Rateaupumpe (Fig. 57)*) und den ihr ähnlichen Anordnungen das Wasser abwechselnd von dem 1. Schleuderrad bei 4 angesogen und gegen den Innenrand der zellenartigen Kammer geschleudert, worauf das gepreßte Wasser wieder in achsialer Richtung der Ansaugöffnung des 2. Schleuderrades zufließt.

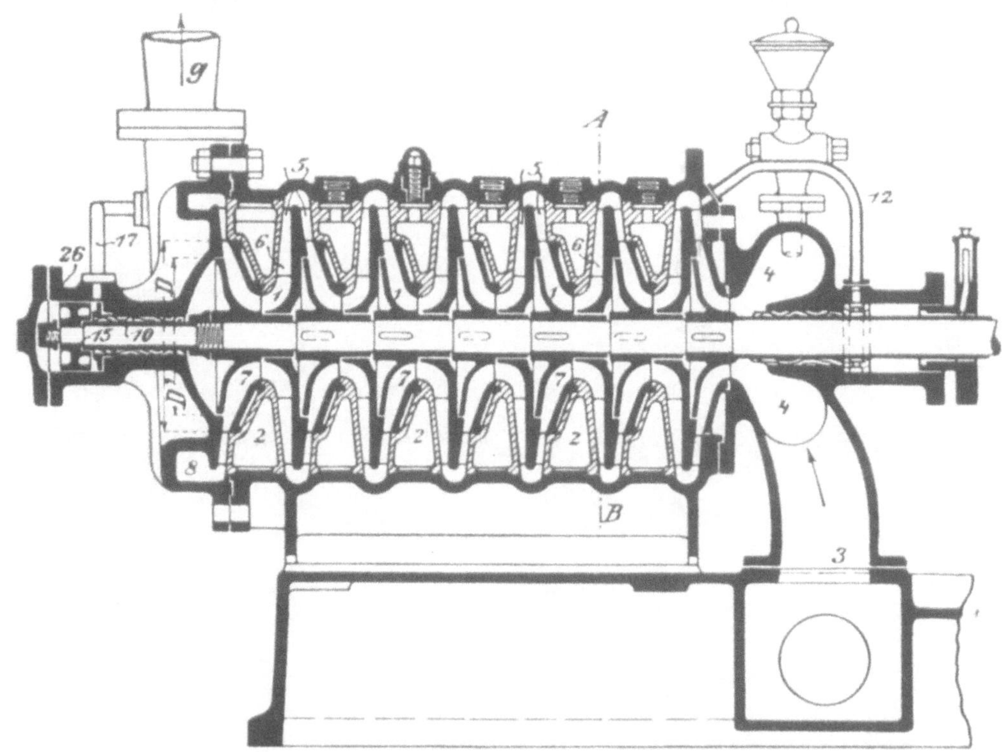

Fig. 57. Senkrechter Längsschnitt durch eine Turbopumpe, System Rateau.

Fig. 58. Leitschaufelanordnung der Diaphragmen der Rateaupumpe.

Jedes Rad läuft in einer besonderen Zelle, welche durch ein sog. „Diaphragma“ von der nächsten geschieden wird. In diese Scheidewände sind ∩-förmige Kanäle eingelassen, deren einer Schenkel als Diffusor wirkt, während der andere das Wasser von der Peripherie zur Achse führt. Da der Wasserstrahl aus dem Schleuderrade sich bereits in einer drehenden Bewegung befindet, nähme er beim Durchströmen des Leitkanals eine um so größere Winkelgeschwindigkeit an, je mehr er sich der Achse näherte. Dadurch würde sich die Pressung im Kanal ebenso stark verringern, als sie in dem Schleuderrade und dem Diffusor zugenommen hat. Um das zu verhindern, ordnet Rateau in dem Leitrad (Fig. 58) Flügel an, welche den Wasserstrahl dem Flügelrad in einer für die Aufnahme sehr günstigen Form zuführen. Die Scheidewände greifen am Rande in Rillen des Gehäuses ein. Das Pumpengehäuse setzt sich aus zwei in einer horizontalen Schnittlinie aufeinandergepaßten Gehäuseteilen zusammen. (Fig. 59.) In den an der Niederdruckseite liegenden Gehäusedeckel (links) mündet das Saugrohr, während die Hochdruckseite in einer spiralig eingedrehten Rinne das Wasser nach seinem Austritt aus dem letzten Schleuderrad aufnimmt und dem Druckstutzen zuführt.

Um einer seitlichen Verschiebung der Welle entgegenzuarbeiten, bemißt Rateau die dem Wasserdruck ausgesetzten beiden Flächen der Laufräder so, daß die niedere Wasserpressung auf eine größere, die höhere

*) Oesterr. Zeitschr. f. d. Berg- u. Hüttenw., 1904, S. 351.

auf eine kleinere Laufradseitenfläche wirkt. Zudem ordnet er an dem der Druckwirkung entgegengesetzten Achsenende einen Gegendruckkolben an, dessen Zylinderraum auf der einen Seite mit dem Steigrohranschluß, auf der anderen mit einer Zelle des Pumpengehäuses in Verbindung steht. Da bei einigen Anlagen sich der mit der Welle umlaufende Gegendruckkolben und sein Zylinder sehr schnell abnutzten, ordnet die Firma Sautter, Harlé & Cie. in Paris, welche bisher die Mehrzahl der Rateaupumpen ausgeführt hat, für den Gegen-

Fig. 59. Hochdruckzentrifugalpumpe, System Rateau, in der Ausführung der Skodawerke zu Pilsen.

druckkolben eine eigens konstruierte Schmiervorrichtung an. (Fig. 60.) Sie besteht in einem Preßzylinder E, der

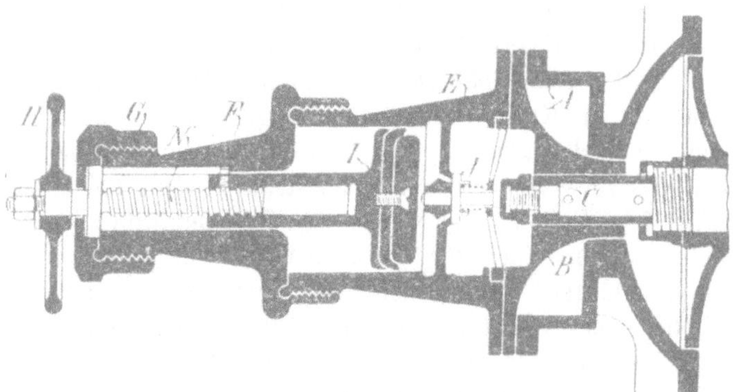

Fig. 60. Schmiervorrichtung des Gegendruckkolbens der Rateaupumpe.

auf einen Flansch des Pumpengehäuses aufgesetzt wird. In dem Zylinder befindet sich die Schmiere, welche durch den Kolben I gegen den Druck eines kleinen federbelasteten Ventils J in die vor dem Gegendruckkolben liegende Kammer geführt wird. Der Schmierkolben wird vermittels des Handrades H und der Schraube N nach Bedarf eingestellt.

Die Druckleistung der einzelnen Räder ist bei der Rateaupumpe viel geringer als bei der von Sulzer. Bei der ersteren entfällt auf ein Laufrad eine Drucksteigerung von nur 1,5—2, bei der letzteren von 6,5 Atm. Die Folge davon ist, daß die Pumpen recht lang werden und viele Räder, bei 200 m Druckhöhe beispielsweise 8—10 Schleuderräder, von verhältnismäßig kleinem Durchmesser besitzen, während die Sulzerpumpen sich weit kürzer bauen und mit wenigen, beispielsweise 4, Laufrädern von größerem Durchmesser Drucksteigerungen von 26 Atm erzielen.

Die Skodawerke in Pilsen haben eine Reihe kleiner Rateaupumpen folgender Bemessung auf österreichischen Bergwerken aufgestellt.

Schachtanlage	Ort	Pumpe		
		Leistung cbm/Min.	Förderhöhe m	Tourenzahl der Pumpe i. d. Min.
Giselaschacht . .	Haan, Böhmen	0,7	160	1450
Humboldtschacht II	Niedergeorgenthal, Böhmen	1,0	159	1450
Adolf- u. Sofienschacht	Buckwa, Böhmen	0,8	24	2900
Simsonschacht .	Mähren	0,5	154	2900

Mit der Pumpe auf dem Humboldtschacht II, welche gegen eine manometrische Widerstandshöhe von 162,5 m fördert, wurden im April d. J. Versuche angestellt, die nach Angabe der Skodawerke folgende Ergebnisse hatten.

Ergebnisse der Versuche mit einer Rateaupumpe.

(12 Schaufelräder von 229 mm Durchmesser.)

	Versuch Nr.		
	I	II	III
Stromstärke . . . . Amp	17,2	20	21,6
Spannung V	1900	1900	1900
cos φ	0,865	0,865	0,865
Energieaufnahme des Motors . . KW	49,02	57	61,56
„ . . . . . . PS	66,6	77,44	83,66
Tourenzahl i. d. Min.	1463	1467	1463
Leistung . . . . l/Min.	865	1144	1300
Ablesung am Manometer . . . . Atm.	18,4	17,5	17
Manometer über Pumpenmitte . . . m	1,07	1,07	1,07
Saughöhe bis Pumpenmitte einschl. der Widerstände . . . . m	1,43	1,43	1,43
Gesamte manometrische Förderhöhe mm	186,5	177,5	172,5
Nutzarbeit der Pumpe . . . . . KW	35,85	45,12	49,83
Mechanischer Wirkungsgrad gesamt pCt.	53,8	58,3	59,6
„ „ des Motors „	90	90	90
„ „ der Pumpe „	59,8	64,7	66,2

Nach einer Mitteilung der Brüxer Kohlenbergbau-Gesellschaft soll der dynamische Wirkungsgrad der 40 PS-Pumpe auf Giselaschacht 0,63 bis 0,655 betragen. Die Firma Sautter, Harlé & Cie. hat eine Anzahl Anlagen ausgeführt, von denen bisher die drei Pumpen der Huanchucagrube in Bolivien die größten zu sein scheinen. Von ihnen heben je zwei 4,1 cbm/Min. auf 180 m, die dritte dasselbe Quantum auf 120 m. Bemerkenswert wegen der geringen Wassermenge und großen Druckhöhe ist die für die Mines de Carmaux (Tarn) im Bau begriffene Pumpe, welche mit 2900 Umdr./Min. 0,41 cbm auf 400 m Höhe werfen soll.

Die Hochdruckzentrifugalpumpe der Maschinenfabrik A. Borsig in Tegel. Hinsichtlich der Form und Anordnung der Schaufelräder besitzt die Borsigpumpe (Fig. 61) viel Ähnlichkeit mit der Sulzerschen Konstruktion. Jene laufen innerhalb der Leiträder, welche eine von der Sulzerschen gänzlich abweichende Anordnung aufweisen.

Fig. 61. Die Teile der Hochdruckzentrifugalpumpe von Borsig.

Bei der neuesten Type G der Borsigpumpe nehmen die Zwischenwände die Umführungskanäle für die Überleitung der Flüssigkeit von einer Stufe in die andere auf. Das Gehäuse hat die Form eines vollkommen glatten Zylinders, aus dem nach der Abnahme des hinteren Deckels der ganze Lauf- und Leiträdersatz samt der Welle herausgezogen werden kann. Es ist aber auch möglich, die Welle an ihrem Platze zu belassen und Räder und Zwischenwände einzeln herauszunehmen. Die Laufräder sind durch auswechselbare Ringe abgedichtet, welche beim Verschleiß leicht erneuert werden können. Die Befestigung der Räder auf der Welle erfolgt mit Hilfe eines Nut- und Federeingriffs, welcher die Abnahme der Laufräder von der Welle erleichtert. Zwischen den Rädern sind Abstandsringe auf die Welle aufgeschoben. Räder und Ringe werden durch das letzte Laufrad, das mit einem Gewinde auf die Welle aufgeschraubt ist, zusammengehalten. Zur Beseitigung des achsialen Schubes sind an einem oder mehreren Rädern der Einlaufseite Ent-

Fig. 62. Ansicht der Hochdruckzentrifugalpumpe von Borsig.

lastungsscheiben angebracht, welche vor den offenen Leiträdern als Begrenzung umlaufen. Durch diese Anordnung wird erreicht, daß der Eintrittspalt an einer Stelle der Laufradseite liegt, wo die Wasservorbeschleunigung schon größtenteils in Druck umgesetzt ist. Der auf die Einlaufseite des Rades wirkende Druck wird dadurch auf Kosten des gegen die Rückseite gerichteten verstärkt. Der Durchmesser, bezw. die Zahl der Entlastungsscheiben, entspricht den vorhandenen Druckstufen. Einer seitlichen Verschiebung

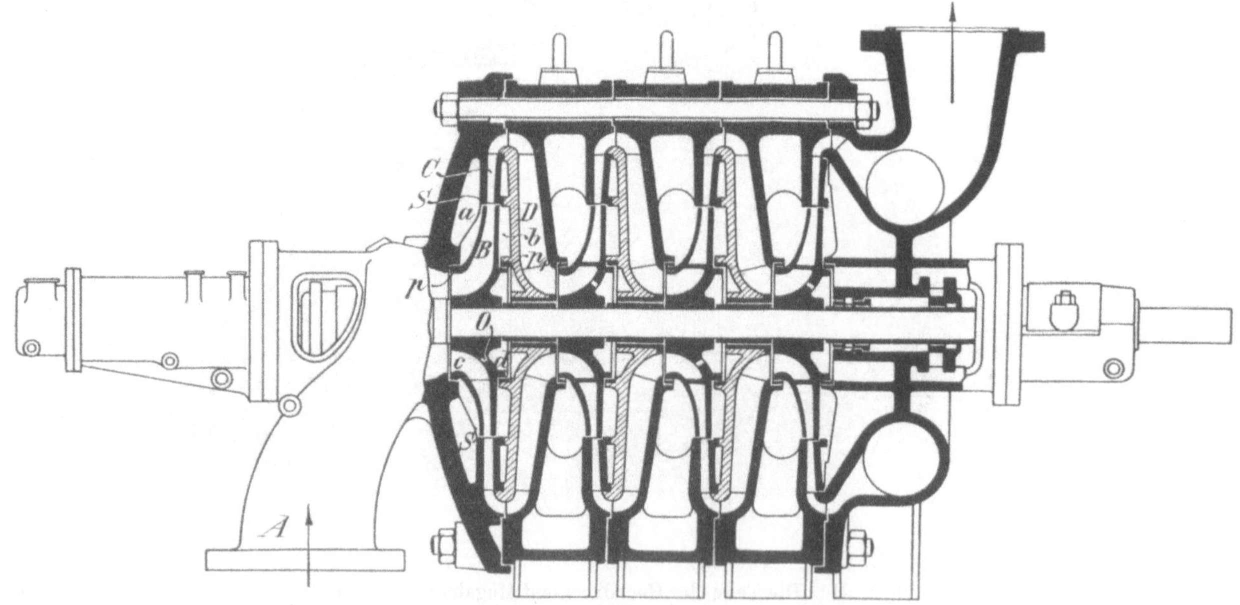

Fig. 63. Senkrechter Längsschnitt durch die Jägerpumpe.

der Welle wird außerdem durch die Anordnung von Kugelspurlagern an beiden Wänden vorgebeugt. In Fällen, wo zwei Pumpen in Hintereinanderschaltung arbeiten, wählt die Firma Borsig eine der in Fig. 52

abgebildeten Aufstellung ähnliche Anordnung, bei welcher die Stellung der Saugseiten beider Pumpen so gewählt ist, daß die entstehenden Seitendrücke einander entgegenwirken und sich aufheben. Entlastungsscheiben sind hier also entbehrlich.

An der Saugseite wird die Welle, um ein Ansaugen von Luft zu verhindern, durch eine mit Druckwasser gefüllte Kammer abgedichtet. Für die Druckseite verwendet man bis zu Förderhöhen von 100 m Hanfpackung oder Ledermanschetten, darüber hinaus eine Labyrinthdichtung.

In der letzteren wird das Wasser durch eine große Anzahl von Richtungsveränderungen so gedrosselt, daß nur etwas Sickerwasser ausfließt, das in einer mit Baumwollpackung gedichteten Kammer aufgefangen wird.

Auf der dem Antriebsmotor zugewandten Seite (Fig. 62) wird die Welle durch ein Ringschmierlager getragen. Auf der anderen ruht sie in einer langen, nach außen abgeschlossenen Stopfbüchse, welche durch eine Schmierpresse mit Öl versorgt wird. Das aus der Lagerbüchse nach innen austretende Öl sammelt sich in einer ringförmigen Kammer, aus deren oberem Teile es von Zeit zu Zeit abgelassen wird.

Die Ausrüstung der Borsigpumpen mit hydraulischen Nebenapparaten ist der bei den Sulzerpumpen eingeführten im großen und ganzen gleich. Auf dem Druckstutzen sitzt ein Rückschlagventil, welches mit einer Skala und einem Handrad zum Einstellen der geförderten Wassermenge versehen ist und ein Umführungsventil zum Anfüllen der Pumpe besitzt. Am Saugkrümmer befindet sich ein Sicherheitsventil, welches beim Undichtwerden des Rückschlagventils verhindert, daß der volle Druck in der Saugleitung auftritt. An dem Pumpengehäuse sind ferner Manometer, Vakuummeter und Entlüftungshähne angebracht. Zum Abschluß der Saugleitung wird ein Fußventil mit Saugkorb mitgeliefert.

Eine kleine Borsigpumpe steht seit etwa einem halben Jahre auf der Zeche Holland bei Wattenscheid zur vollen Zufriedenheit der Verwaltung in Betrieb.

Die Hochdruckzentrifugalpumpe, System Jäger. Die von der Maschinenfabrik Jäger in Leipzig gebaute Pumpe wird durch die Figur 63 im Längsschnitt veranschaulicht, während die Fig. 64 das Schaufelungsschema zeigt. Fig. 65 läßt die Gestaltung der Lauf- und Leiträder einer auseinander genommenen Pumpe erkennen. Das Wasser tritt wie bei der Rateaupumpe

Fig. 64. Schema der Schaufelung.

aus dem Saugstutzen A in das erste Schleuderrad B ein und wird mit Hilfe von Leit- und Schaufelrädern, die der Rateauschen Konstruktion sehr ähneln, allmählich auf Druck gebracht. Doch ist der Durchmesser des zweiten Rades geringer als der des ersten. Die Leitrippen liegen wie bei der Borsigpumpe frei. Den bemerkens-

Fig. 65. Ansicht einer auseinandergenommenen Pumpe, System Jäger.

wertesten Unterschied der Jägerpumpen von anderen Systemen weist die Vorrichtung zur Beseitigung des achsialen Schubes auf.

An der Außenseite eines jeden Laufrades sind zwei Liderungsringe p p_1 (Fig. 63) angebracht, welche gegen entsprechend geformte Ringflächen des Gehäuses abdichten. Durch den Spalt S an der Peripherie des Gehäuses wird der Druck des Wassers in den Räumen a und b gleichmäßig verteilt. Ebenso wird in den innerhalb der Dichtungsringe gelegenen Räumen c und d durch die kommunizierenden Bohrungen O der Radwand gleicher Druck erzeugt und ein Ausweichen des Rades nach einer Seite verhindert. Angenommen selbst, daſs die Ringe p p_1 nicht vollkommen dichten, so wird doch der Druck auf beiden Seiten gleich bleiben, weil die Öffnung O eine Druckdifferenz nicht aufkommen läſst.

Wie die Abbildung in Fig. 66 erkennen läſst, wird

Fig. 66. Ansicht der Hochdruckzentrifugalpumpe von Jäger.

das Gehäuse aus einzelnen Lamellen zusammengesetzt, welche durch kräftige Zugschrauben aneinander gehalten werden.

Die Jägerpumpe hat sich seit etwa einem Jahre im oberschlesischen Reviere gut eingeführt. Es stehen dort annähernd 20 Pumpen im Betriebe. Gröſsere Anlagen sind für folgende Gruben in Auftrag gegeben:

Grube		Leistung				
		Pumpe		Motor		
		cbm/Min.	Druckhöhe m	Umdr.-Min.	PS	
Neuhofgrube	O.-S.	8,0	120	970	300	In Betrieb
Cons. Wenzeslaus- u. Ferdinand-Grube	Kattowitz O.-S.	2,5	140	1460	110	
Cleophas-Grube	Zalenze, O.-S.	1,5	195	1470	115	
Radzionkau-Grube	Buchholz O.-S.	2,0	230	1455	200	
Heinitzgrube	O.-S.	2 Pumpen von je 5,0	315	1470	525	In Ausführung

Zwei 140-pferdige Pumpen wird die Mansfelder Gewerkschaft in Eisleben aufstellen. Bei großen Druckhöhen werden wie üblich zwei Pumpen hintereinander geschaltet. Eine Pumpe dieser Anordnung (Fig. 67) steht auf dem rheinischen Bleibergwerk Bliesenbach in Betrieb. Sie hebt mit 1485 Umdr./Min. 1 cbm auf 336 m.

Die Hochdruckzentrifugalpumpe der Maschinenfabrik Gans & Cie., Berlin-Reinickendorf. Diese Konstruktion weist, soweit sich aus den vorhandenen Unterlagen ersehen läſst, bezüglich der Lauf- und Leiträderkonstruktion keine bemerkenswerten Unterschiede auf. Das Gehäuse ist bei der in Fig. 68 dargestellten Ausführung wie bei den Rateaupumpen aus zwei Teilen nach einem horizontalen Schnitte zusammengesetzt. Die Firma hat aber die Erfahrung gemacht, daſs eine Unterteilung des Gehäuses in einzelne vertikale Kammern wie bei der Jägerpumpe die Zugänglichkeit bei der Revision und Reinigung auſserordentlich erleichtert, und führt deshalb ihre neuesten Pumpen in dieser Art aus. Kleinere Pumpen des Systems Gans befinden sich bereits in groſser Anzahl in Betrieb. Von gröſseren Anlagen ist eine 180-pferdige auf Schacht Grillo der Zeche Monopol und eine 600-pferdige auf Myslowitzgrube in O.-Schl.

Fig. 67. Ansicht der Doppelpumpe, System Jäger, des Bleibergwerks Bliesenbach.

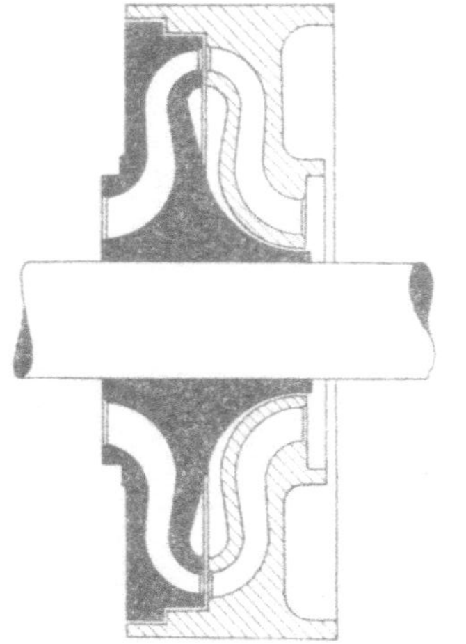

Fig. 69. Schnitt durch ein Schaufel- und Leitrad der Hochdruckzentrifugalpumpe, Syst. Kugel-Gelpke.

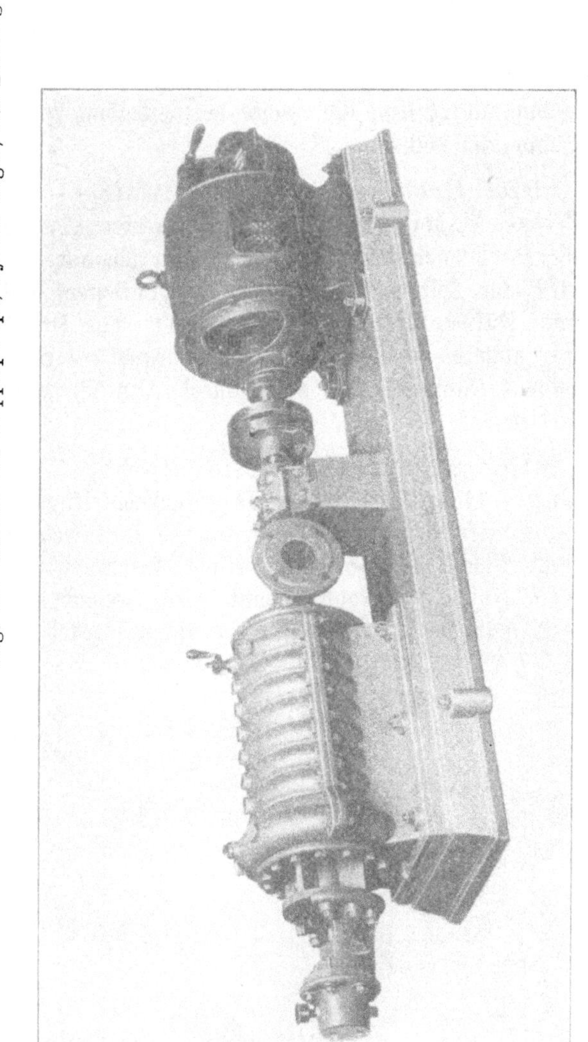

Fig. 68. Neunstufige Hochdruckzentrifugalpumpe der Maschinenfabrik Gans & Cie.

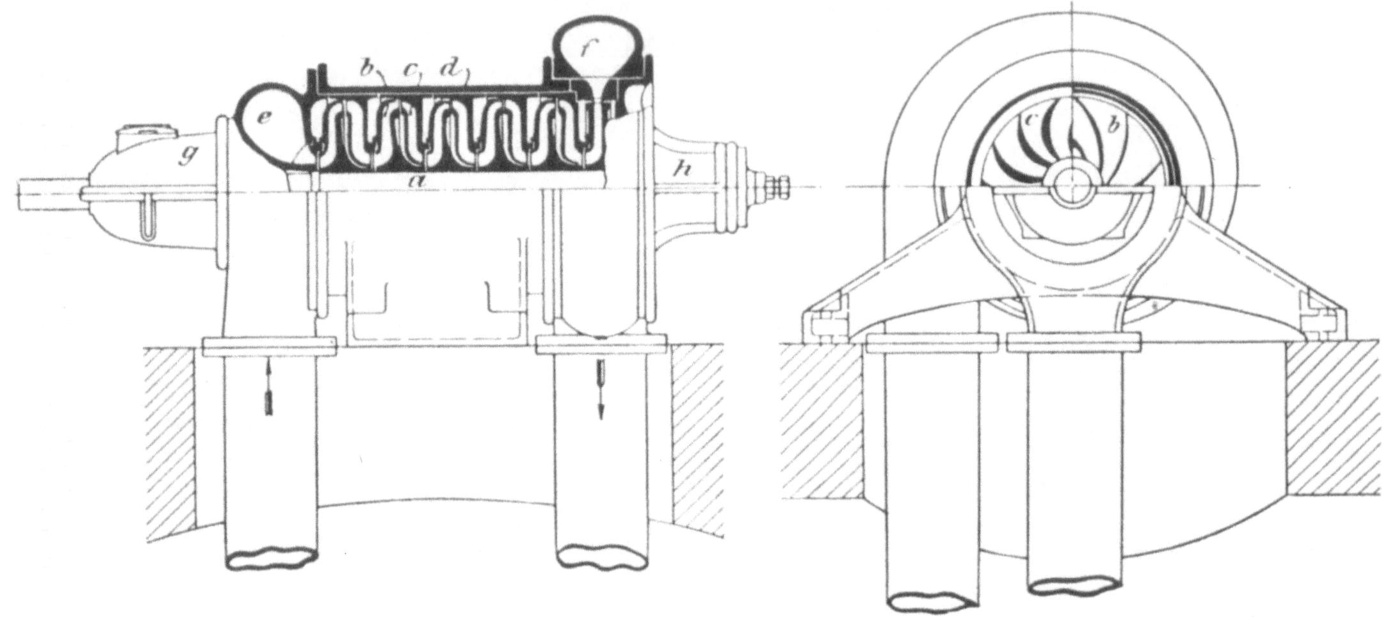

Fig. 70. Längsschnitt und untere Ansicht. Fig. 71. Querschnitt und untere Ansicht.
Hochdruckzentrifugalpumpe, Pat. Kugel-Gelpke. In der Ausführung von Escher, Wyſs & Cie., Zürich.

zu erwähnen. Die erstere wirft bei 960 Umdr./Min. 4 cbm auf 130 m, die zweite bei derselben Tourenzahl 7 cbm auf 260 m.

Die Hochdruckzentrifugalpumpe System Weise & Monski. Bei der neuesten Ausführung der Hochdruckzentrifugalpumpe der genannten Firma wird der Seitenschub dadurch ausgeglichen, daß die eine Hälfte der Druckstufen links vom Druckrohr, die andere rechts davon angeordnet wird. Die beiden Pumpenseiten sind durch Umführungskanäle verbunden.

Die Hochdruckzentrifugalpumpe, Patent Kugel-Gelpke. Diese Hochdruckzentrifugalpumpe, die von der Firma Escher, Wyſs & Cie. in Zürich und für Deutschland auch von der Berliner Maschinenbau-A.-G. vorm. L. Schwarzkopff gebaut wird, weicht von den oben behandelten Systemen vor allem hinsichtlich der

Fig. 72. Eintrittleitapparat der Hochdruckzentrifugalpumpe, Pat. Kugel-Gelpke. In der Ausführung der Berliner Maschinenbau-A.-G. vorm. L. Schwarzkopff.

Fig. 73. Leit- und Schaufelräder der Hochdruckzentrifugalpumpe, Patent Kugel-Gelpke. In der Ausführung von Escher, Wyſs & Co. in Zürich.

Wasserführung und der Abdichtung der Laufräder gegen die Leiträder ab. (Fig. 69.)

Im übrigen ist sie eine vielzellige Pumpe des Rateautyps. Auf der Welle sitzen die Laufräder b (Fig. 70 u. 71), welche in den durch die Leiträder c geschiedenen Kammern des Gehäuses umlaufen. e ist der ringförmige Eintritts-, f der spiralförmige Austrittsraum. Sowohl der Lauf- als auch der Leitradkanal ist S-förmig gewunden. Das Wasser wird in beide achsial eingeführt und tritt aus ihnen nach einer Umlenkung von 2×90^0 achsial aus. Abweichend von den anderen Pumpensystemen wird das Wasser schon dem ersten Schleuderrad durch einen in der Fig. 72 abgebildeten Eintrittleitapparat zugeführt, der nach senkrechtem Schnitt S-förmig, nach wagerechtem schraubenförmig gewundene Kanäle aufweist und dem Wasserstrahl eine für die Aufnahme durch das Laufrad günstige Richtung gibt. Eine Wirbelbildung beim Durchgang des Wassers durch die Pumpe wird durch die ununterbrochene Schaufelführung verhindert. Die einzelnen Lauf- und Leiträder veranschaulicht die Fig. 73. Ein Endleitapparat (Fig. 74) führt das Wasser dem Austrittstutzen in einer günstigen Richtung zu. Der Spaltverlust, d. i. der Verlust von Druckwasser in

Fig. 74. Endleitapparat der Hochdruckzentrifugalpumpe, Patent Kugel-Gelpke. In der Ausführung der Berliner Maschinenbau-A.-G. vorm. L. Schwarzkopff.

Fig. 75. Ansicht einer Motorpumpe, System Kugel-Gelpke.

dem Zwischenraum zwischen Lauf- und Leitrad, wird durch die in beiden treppenförmig eingedrehten Abdichtungsflächen (Fig. 72), welche ähnlich wie eine Labyrinthdichtung wirken, auf ein Minimum verringert.

Einfache Pumpen dieses Systems werden für Druckhöhen bis zu 700 m ausgeführt. Die Saughöhe kann bis zu 7 m betragen, als Mindestwasserquantum gelten 200 l/Min.

Die Fig. 75 gibt die Ansicht einer Pumpe dieses Systems wieder, die durch einen Schleifringmotor oder einen mit Flüssigkeitsanlasser ausgerüsteten Motor betrieben wird.

Der Nutzeffekt soll zwischen 67 und 77 pCt. liegen. Bei Versuchen, welche in dem Maschinenlaboratorium des Eidgenössischen Polytechnikums in Zürich ausgeführt wurden, ergab eine 23 PS-Pumpe einen Nutzeffekt von 71 pCt. Die Versuchsergebnisse sind in dem Diagramm (Fig. 76) wiedergegeben.

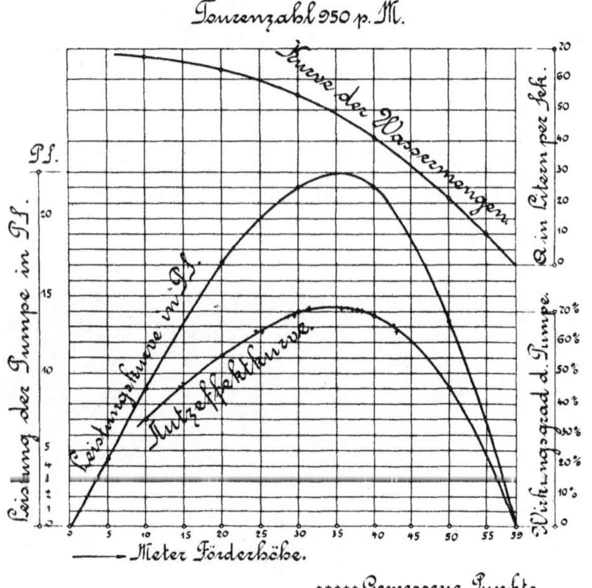

Fig. 76. Ergebnisse von Versuchen mit einer Hochdruckzentrifugalpumpe, Pat. Kugel-Gelpke, am 3. u. 4. August 1903 im Eidgen. Polytechnikum in Zürich. Tourenzahl 950 p. M.

Kleinere Anlagen mit Pumpen dieses Systems stehen in der Montanindustrie schon einige Zeit in Betrieb, so eine 45 PS-Pumpe auf der Grube Alwine der Aktiengesellschaft Lauchhammer in Sachsen. Zwei weitere wird die Schachtanlage Montois bei Rombach in Lothringen erhalten. Eine 560 PS-Pumpe, welche mit 1450 Umdr./Min. 5,1 cbm auf 364 m heben soll, wird auf Zeche General zur Aufstellung kommen.

Die Kolbenpumpen.

Die langsamlaufenden Kolbenpumpen von Haniel & Lueg. Wie aus der eingangs gegebenen Übersicht hervorgeht, fanden die langsamlaufenden Pumpen dieses Systems, für welche die seit dem Jahre 1896 laufende Wasserhaltungsmaschine auf Zeche Zollverein typisch ist, bei der Einführung des elektrischen Wasserhaltungbetriebes eine größere Aufnahme im Bergbau, weil man nicht ohne Grund der Betriebsicherheit der damals von einigen Konstrukteuren vorgeschlagenen sehr schnelllaufenden Pumpen*) mißtraute.

Nachdem aber die Bestrebungen der Pumpentechniker auf Erhöhung der Umlaufzahlen von Erfolg gekrönt sind, gibt man mit Recht Pumpen mit größerer Geschwindigkeit den Vorzug. Mit langsamlaufenden Pumpen sind von neueren Anlagen die Wasserhaltungen der Zechen Rheinpreußen und Franziska, deren Primäranlagen und Motoren in diesem Aufsatze schon beschrieben sind, ausgestattet.

Die Wasserhaltungsanlage auf Franziska umfaßt 2 Pumpen, von denen jede bei 80 Umdr./Min. 5 cbm auf 382 m hebt, und eine Pumpe gleicher Konstruktion, die 3,8 cbm/Min. auf 507 m fördert. Nach dem Verhiebe der oberen Sohle werden auch die beiden ersteren in 507 m Teufe aufgestellt. Einen Längs- und Queraufriß, sowie einen Grundriß der Anlage auf der oberen Sohle gibt die Tafel 7.

Jede Pumpe setzt sich aus zwei unter 90° gekuppelten Differentialpumpen von 800 mm Hub zusammen. Die Plunger der oberen Pumpen haben Durchmesser von 228/162 mm, die der tieferstehenden solche von 200/142 mm. Die aus Phosphorbronze hergestellten Ventile weisen je 3 mit Leder gedichtete Ringe auf, die auf konischen Sitzen liegen. Die Anker der je 520 PS leistenden Drehstrommotoren sitzen auf der Kurbelwelle der Pumpen. Die Motoren werden mit den Primärmaschinen angelassen, und die Pumpen mit der im Sammelwerk**) beschriebenen hydraulischen Anlaßvorrichtung von Haniel & Lueg in Drehung versetzt.

Die schnellaufenden Pumpen. Um die Kosten der Elektromotoren zu verringern, die bei den anormal langsam laufenden Maschinen, wie bereits weiter oben dargelegt ist, sehr groß waren, hat auch die Firma Haniel & Lueg die neuesten von ihr gelieferten Wasserhaltungen auf den Zechen Centrum und Westende für einen schnellen Betrieb, 100 bezw. 111 Umdr./Min. eingerichtet.

Die Wasserhaltung auf Centrum (Fig. 77) setzt sich aus zwei unter 90° gekuppelten Doppelplungerpumpen zusammen, die bei 100 Umdr./Min. 7 cbm auf 480 m heben. Der Plungerdurchmesser beträgt 172 mm, der Hub 800 mm, die mittlere Plungergeschwindigkeit 2,66 m/Sek. Die Ventile weisen 2 lederarmierte und durch Blattfedern belastete Ringe auf, welche auf konischen Sitzen ruhen. Abweichend von den älteren Konstruktionen, bei denen die Plunger durch eine durchgehende Stange gekuppelt waren, sind

*) Die Bezeichnung schnellaufend gilt in diesem Sinne für Pumpen mit mehr als 150 Umdr./Min., die Bezeichnung langsamlaufend für solche mit 80 und weniger Umdr./Min.

**) Bd. IV, S. 350 f.

Fig. 77. Die Wasserhaltungsanlage der Zeche Centrum bei Wattenscheid.

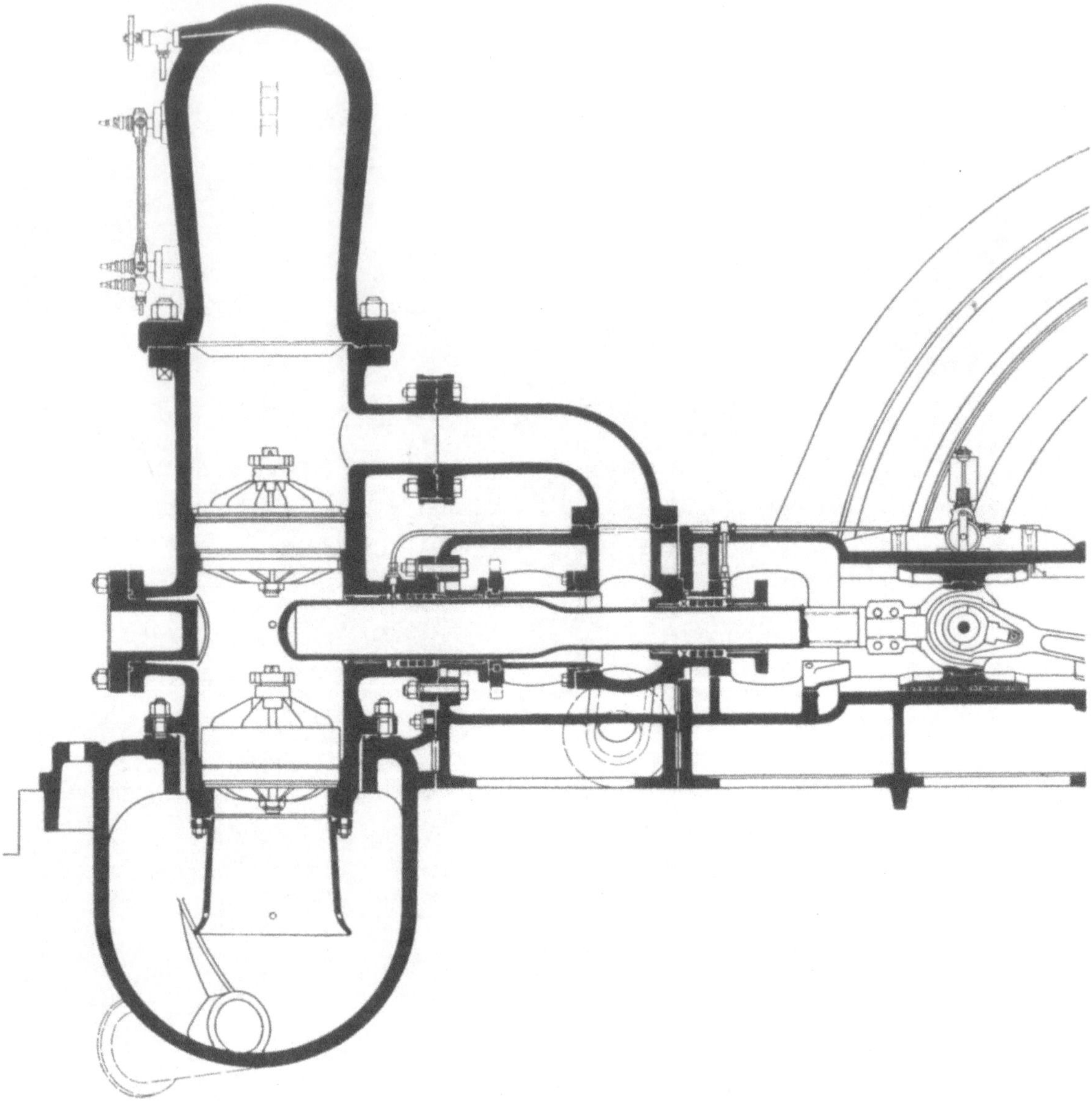

Fig. 78. Differentialpumpe von Haniel u. Lueg.

Fig. 79. Zwillingsdifferentialplungerpumpe der Zeche Westende.

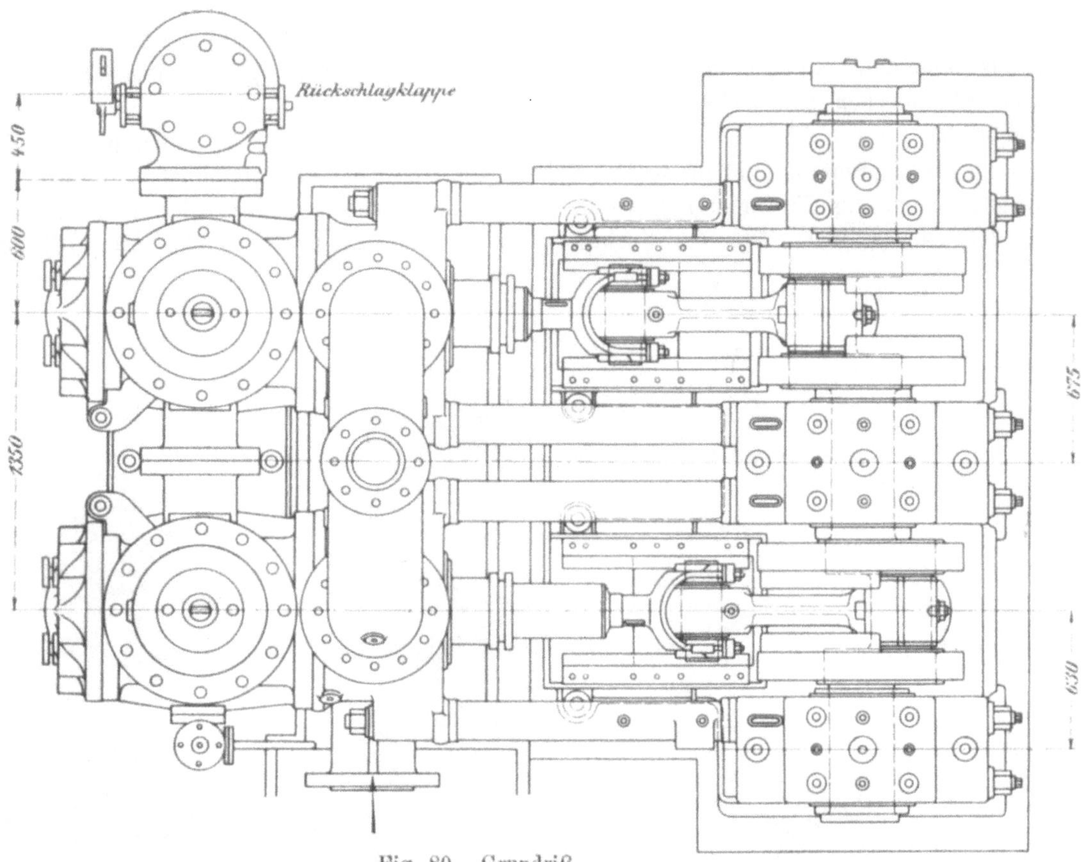

Fig. 80. Grundriß.

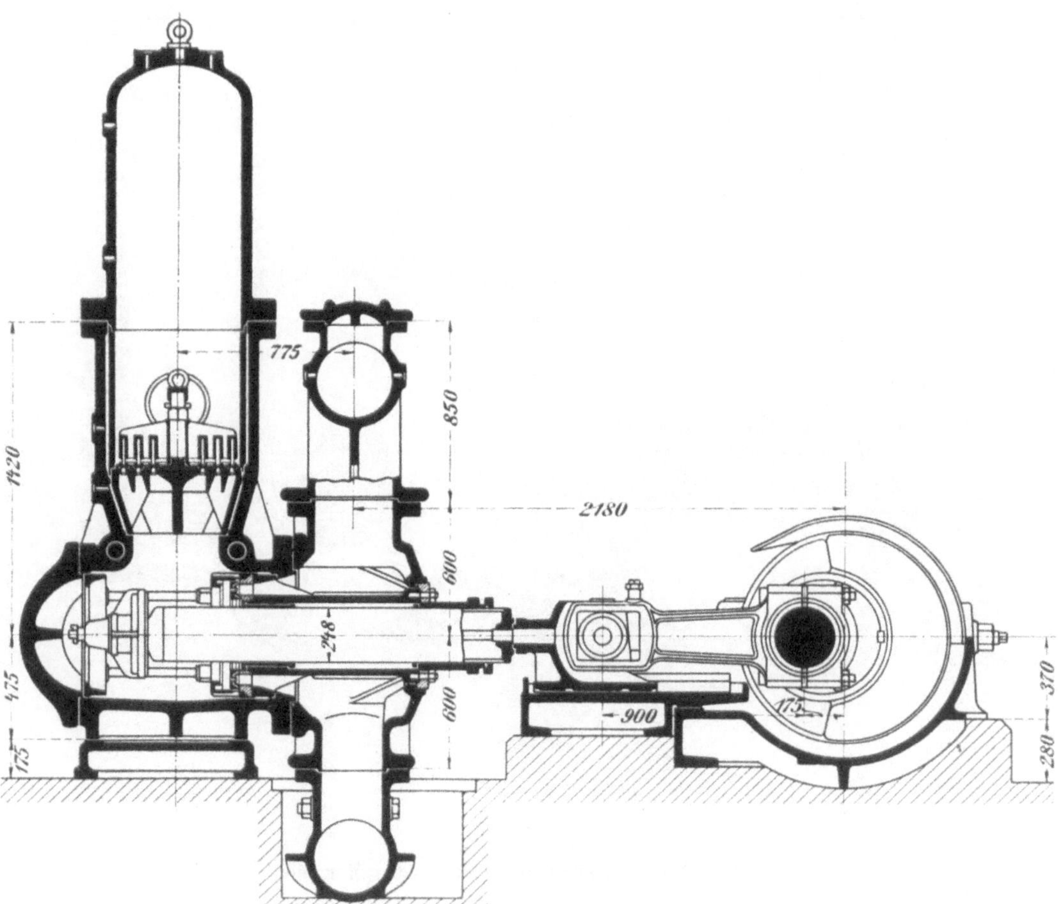

Fig. 81. Senkrechter Längsschnitt.
Riedler-Expreßpumpe des Colonia-Schachtes der Zeche Mansfeld.

bei dieser Ausführung die Pumpenkolben durch ein Umführungsgestänge verbunden. (Fig. 77.) Der Anker des 910 PS-Drehstrommotors, welcher mit 2400 V Spannung arbeitet, ist zwischen beiden Pumpenseiten auf die Welle aufgesetzt.

Für eine noch höhere Tourenzahl (111 in der Min.) haben Haniel & Lueg den in Fig. 78 veranschaulichten Typ geschaffen, dem die Pumpen für die Zechen Westende und Minister Achenbach, sowie für das Salzbergwerk Neu-Staßfurt angehören.

Die Saug- und Druckventile liegen ähnlich wie bei den Ehrhardt und Sehmerpumpen übereinander. Zwischen den Ventilen arbeitet ein Differentialplunger, dessen verjüngter Teil sich in einer mit dem Druckraum kommunizierenden Kammer hin und her bewegt. Die Pumpe der Zeche Westende (Fig. 79) besteht aus

Fig. 82. Riedler-Expreßpumpe der Zeche Mansfeld.

zwei Zylindern, deren Kurbeln um 90° gegeneinander versetzt sind. Die beiden verhälnismäßsig kleinen Pumpen von Westende haben Plungerdurchmesser von 130/185 mm bei 400 mm Hub und heben je 2,5 cbm/Min. auf 400 m. Die Drehstrommotoren arbeiten mit 3100 V Spannung und leisten bei 111 Umdr./Min. 250 PS.

Das System läßt bei mittleren Pumpen Tourenzahlen bis 125, bei kleineren bis 140 i. d. Min. zu. Für hohe Leistungen und Tourenzahlen verwenden Haniel und Lueg Doppelplungerpumpen des Centrumtyps, der den Vorteil kleiner Ventile gewährt.

Die schnellaufenden Pumpen System Riedler. Das System dieser Pumpen ist ebenfalls bereits im Sammelwerk eingehend behandelt.*) Ergänzend seien hier einige neuere Ausführungen und insbesondere die große Riedlerpumpenanlage auf Schacht Colonia der Zeche Mansfeld beschrieben, die bei den Versuchen geprüft wurde.

*) Bd. IV, S. 354 ff.

Die Pumpen (Fig. 80—83 und Tafel 8) auf Coloniaschacht arbeiten mit 2 einfach wirkenden Plungern, die von der Welle durch 2 um 180° versetzte Kurbelkröpfungen, Lenkstangen und Kreuzköpfe angetrieben werden. Zur Kupplung mit den weiter oben beschriebenen Motoren ist die Welle seitlich verlängert und mit einem Kuppelflansch versehen. Die Saugventile bestehen aus mit Leder gedichteten Bronzeringen. Sie sind konzentrisch um die Plunger gelegt und werden durch die an den Plungerenden federnd aufgesetzten Steuerköpfe zwangläufig geschlossen. Die Ringe der vertikal angeordneten federbelasteten Druckventile sind ebenfalls mit Leder gedichtet. Die Saugventile sind nach Öffnung der hinteren Zylinderdeckel (Fig. 82), die Druckventile nach Entfernung der Windkessel zugänglich.

Wie der Lageplan der Anlage auf Tafel 8 erkennen läßt, sind die 4 im Bau vollkommen gleichen Pumpen hintereinander in dem Maschinenraum angeordnet. Auf der einen Seite läuft an den Pumpen die

Fig. 83. Riedler-Expreßpumpe der Zeche Mansfeld. (Von der linken Seite gesehen.)

Saugleitung, auf der anderen die doppelte Steigleitung vorbei, von welcher der eine Zweig das Wasser einer Pumpe an der Rasenhängebank in 413 m Höhe ausgießt, der andere das von der zweiten gelieferte einem in 432 m Höhe gelegenen Hochbassin zuführt. Die beiden Zweige der Steigleitung können mittels der in Tafel 8 bezeichneten Schieber miteinander verbunden werden.

Die unterirdische Schaltanlage (s. Schema, Tafel 5) gestattet es, zwei beliebige Pumpen zusammen zu betreiben. Die Druckluft zum Auffüllen der Windkessel

Fig. 84. Riedler-Expreßpumpe der Wasserhaltung des Selbecker Bergwerks-Vereins.

Fig. 85. Riedler-Expreßpumpe der Zeche Engelsburg.

wird in einer Luftschleusenanlage erzeugt, die in einem besonderen Raum in der Nähe des Schachtes untergebracht ist. (Tafel 8.) Um die Aufstellung von Pumpen auf einer oberen Sohle mit ziemlich großen Wasserzuflüssen zu umgehen, hat man von ihr eine Abfalleitung nach der Zentralwasserhaltung geführt. Bei dieser Betriebsart ist die Förderhöhe der an die Abfalleitung angeschlossenen Pumpe wenig höher als die Teufe der oberen Sohle.

Die von der Friedrich-Wilhelmshütte in Mülheim a. d. Ruhr gelieferten Riedler-Expreſspumpen der Wasserhaltung des Selbecker Bergwerks-Vereins (Fig. 84) weisen dieselbe Ventilanordnung wie die Pumpen der Zeche Mansfeld auf.

Die 3 durch je 690 PS-Drehstrommotoren angetriebenen Pumpen fördern mit 190 Umdr./Min. je 7 cbm auf 370 m Höhe.

Auch bei der in Fig. 85 wiedergegebenen, von der Gutehoffnungshütte für die Zeche Engelsburg gelieferten Pumpe ist das Druckventil wagerecht verlagert und durch die abnehmbar aufgesetzte Windkesselhaube zugänglich gemacht.

Auf Engelsburg stehen zwei gleichgebaute Pumpen dieser Anordnung in Betrieb. Sie werden durch 2 je 400 PS leistende Drehstrommotoren angetrieben und heben bei 200 Umdr./Min. je 2,5 cbm auf 580 m Förderhöhe.

Eine Reihe anderer Riedlerpumpen auf den Zechen Ewald, Schleswig, Neu-Iserlohn*) weisen eine andere Ventilanordnung auf wie die vorbeschriebenen. Das

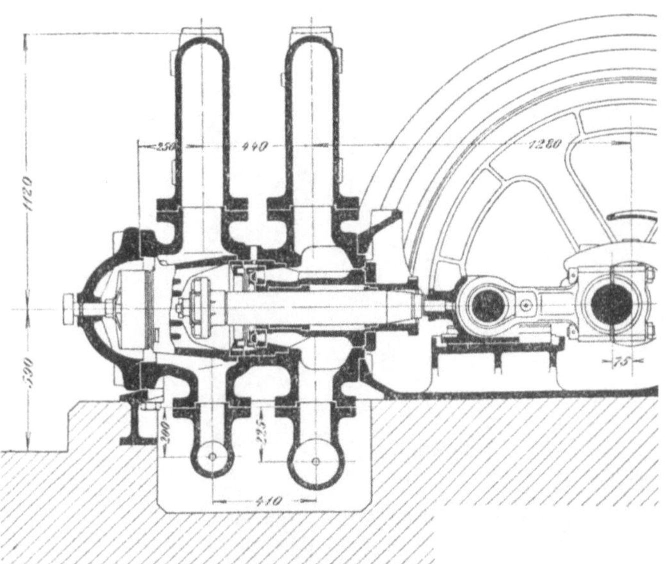

Fig. 86. Riedler-Expreßpumpe mit senkrecht angeordneten Druck- und Saugventilen.

Druckventil ist hier nicht wagerecht gestellt, sondern in gleicher Achsenrichtung und mit geringem Zwischenabstande vor das senkrechte Saugventil gelegt. (Fig. 86.) Dieser Zusammenbau der Ventile, der durch den Schnitt, Fig. 87, deutlich veranschaulicht

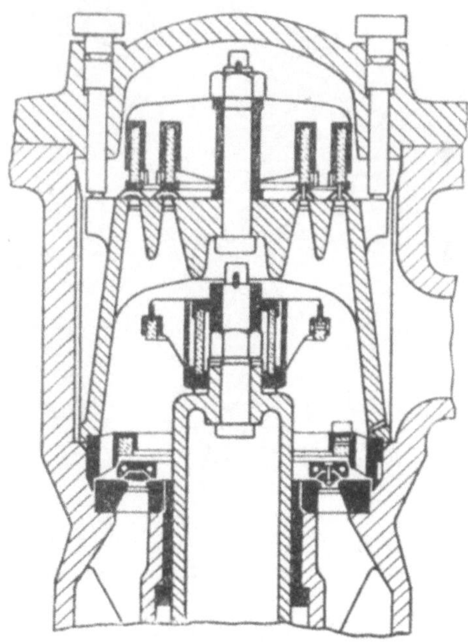

Fig. 87. Längsschnitt der Ventile einer Riedler-Expreßpumpe mit konachsialen Ventilen; in der Ausführung der Maschinenfabrik Humboldt.

wird, gewährt den Vorteil, daß eine Umrichtung der Wassersäule zwischen Saug- und Druckraum unterbleibt, und daß ferner die Saughöhe etwas vermindert wird. Der Ventilsitz hat bei der Ausführung von Humboldt Kegelform. Die gemeinsamen Windkessel fallen, wie schon die äußere Ansicht der von der Gutehoffnungshütte für die Zeche Neu-Iserlohn gelieferten Pumpen (Fig. 88) erkennen läßt, wesentlich kleiner aus, weil sie nicht zugleich als Druckventilräume dienen wie beim Colonia-Typ (Fig. 81).

Die beiden gleichgebauten Pumpen auf Neu-Iserlohn werden durch 200 PS-Drehstrommotoren angetrieben und heben bei 180 Umdr./Min. je 1,8 cbm auf 400 m Förderhöhe.

Die Expreßpumpen, System Bergmanns, der Maschinenbauanstalt Breslau. Die Konstruktion der Bergmannspumpen, welche auf den Zechen Germania, Julius-Philipp, Königin Elisabeth und Königsgrube im Betriebe stehen, ist im Sammelwerk*) bereits eingehend behandelt. Neuerungen an der Konstruktion wurden nicht vorgenommen. Ein besonderes Interesse dürfte der folgende Bericht über die Versuche zur Feststellung des Gesamtwirkungsgrades bieten, welche der Dampfkessel-Überwachungs-Verein der Zechen im Oberbergamtsbezirk Dortmund an der Anlage auf Zeche Königsgrube ausgeführt hat:

*) Glückauf 1904, S. 53 ff.

*) Band IV, Seite 358 ff,

Fig. 88. Riedler-Expreßpumpe der Zeche Neu-Iserlohn. Ausgeführt von der Gutehoffnungshütte.

„Die Firma Siemens & Halske zu Berlin hatte als Generalunternehmerin im Jahre 1902 der Magdeburger Bergwerks-Akt.-Ges. für Zeche Königsgrube zu Röhlinghausen eine Wasserhaltungsanlage mit elektrischem Antrieb geliefert, deren Gesamtwirkungsgrad durch Versuche am 20. und 21. April 1904 festgestellt wurde.

Die Anlage besteht aus 3 Aggregaten: der Dampfmaschine, der elektrischen Kraftübertragungsanlage und der Pumpe.

Die von der Vereinigten Maschinenfabrik Augsburg und Maschinenbau-Gesellschaft Nürnberg A.-G., Werk Nürnberg, gebaute Dampfmaschine ist als Verbundtandemmaschine mit Marxscher Ventilsteuerung ausgeführt. Die Steuerung wird von einem Marxschen Leistungsregulator beeinflußt. Die Maschine ist mit einer Kondensationsanlage versehen.

Die elektrische Kraftübertragungsanlage, bestehend aus Generator nebst Zubehör, Kabel, sowie Motor, ist von der Gesamtunternehmerin geliefert.

Die schnellaufende Pumpe, geliefert von der Maschinenbauanstalt Breslau, ist als Zwillingspumpe nach der Bauart „Bergmanns" ausgeführt (Fig. 89 u. 90).

Bezüglich der Wirkungsweise der Pumpe wird auf einen Aufsatz „Die Bergmannspumpe" von Ingenieur R. Goetze in der Nummer 27 des Jahrganges 1901 der Zeitschrift „Glückauf" verwiesen.

Die Pumpe sollte aus einer Teufe von 480 m bei normaler Belastung 2 cbm und bei maximaler Belastung 2,5 cbm Wasser zu heben imstande sein.

Durch die Lieferungsbedingungen war ein Gesamtwirkungsgrad von $57^1/_2$ pCt. für die Anlage vorgeschrieben worden. Der Wirkungsgrad sollte bestimmt werden durch das Verhältnis des gehobenen Wassers — unter Berücksichtigung des spezifischen Gewichtes — zu der durch Indizierung ermittelten Leistung der Dampfmaschine.

Versuchsergebnisse. Der Hauptversuch wurde am 21. April ausgeführt, die Eichung am folgenden Tage. Der Versuch bei normaler Belastung währte 5 Stunden; daran schloß sich ein 2 Stunden dauernder Versuch mit höherer Belastung.

Die erforderlichen Ablesungen sowie die Entnahme der Diagramme an der Dampfmaschine geschahen viertelstündlich.

Zur Eichung der Pumpe wurde ein gemauertes Bassin benutzt, dessen Inhalt durch Kastenmessung bestimmt war. Mit normaler Belastung wurde die Pumpe zweimal, mit maximaler einmal während der Dauer von je einer halben Stunde geeicht.

Die der Berechnung zugrunde gelegten Abmessungen sind teils direkt gemessen, teils den vorgelegten Zeichnungen entnommen, da ein Auseinandernehmen der einzelnen Maschinenteile zwecks Nachmessung nicht erfolgen konnte.

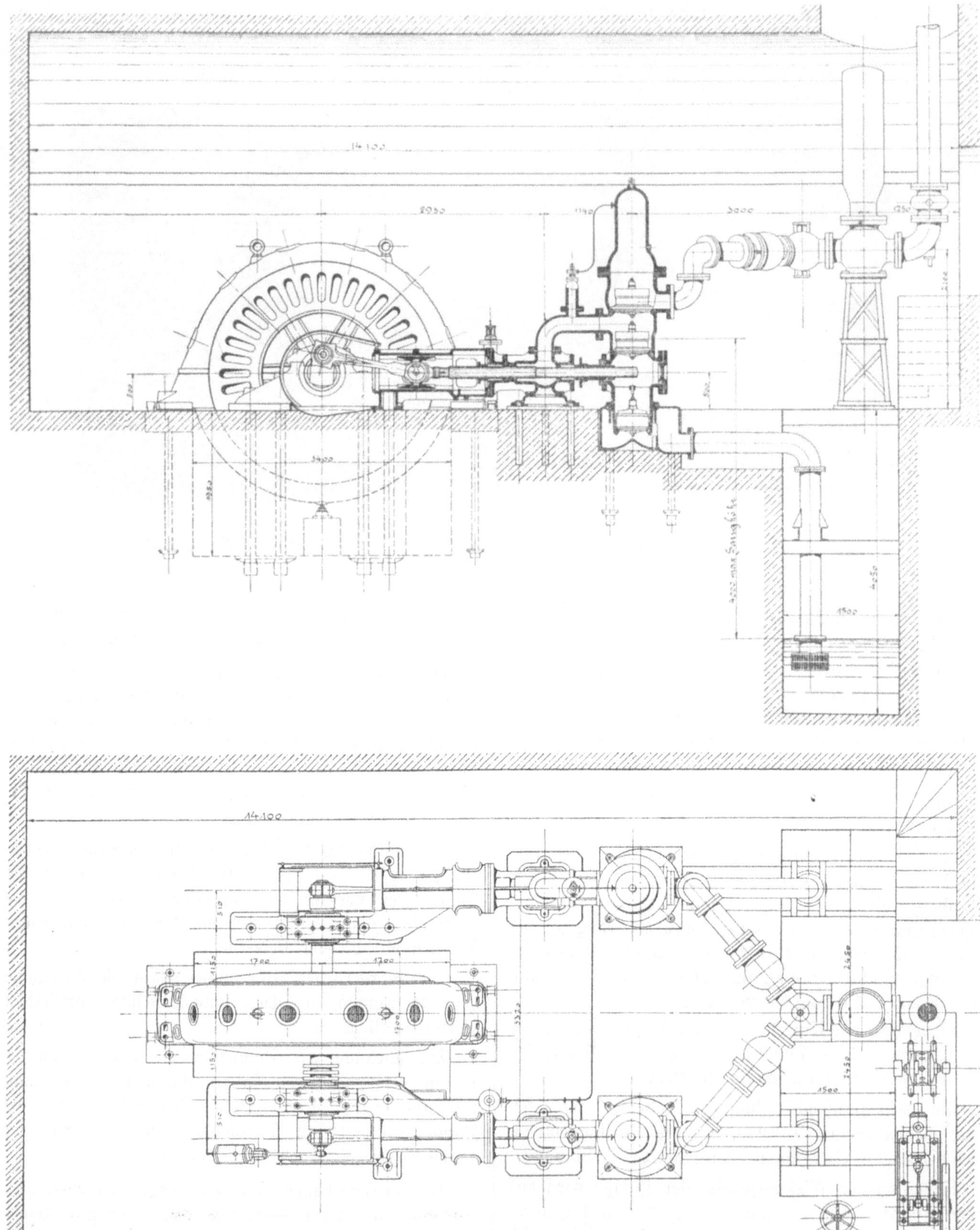

Fig. 89 u. 90. Aufriß und Grundriß der Wasserhaltung der Zeche Königsgrube.

Dampfmaschine:

Hochdruckzylinder Durchm.	500	mm
zugehörige Kolbenstange Durchm.	110	„
Niederdruckzylinder Durchm.	780	„
zugehörige Kolbenstange Durchm.	110	„
gemeinschaftlicher Hub	1000	„
mittlere Umdrehungszahl/Min.		
a. bei normaler Belastung	101,4	
b. bei maximaler Belastung	125,9	
die Leistung betrug:		
a. bei normaler Belastung	358,4	PS
b. bei maximaler Belastung	445,8	„
das Vakuum betrug im Mittel bei 758 mm Barometerstand	60,52	pCt.

Pumpe:

Differentialplunger Durchm.	150/170	
Pumpeneichung I bei normaler Belastung und 131,5 Umdrehungen der Pumpe	2,0	cbm/Min.
Pumpeneichung II bei normaler Belastung und 131,1 Umdrehungen der Pumpe	2,0	„
Pumpeneichung III bei maxim. Belastung und 165,1 Umdrehungen der Pumpe	2,53	„
Hubzahl in der Minute		
a. bei normaler Belastung	131,3	
b. bei maximaler Belastung	165	
gemeinschaftlicher Hub	500	mm
manometrischer Druck am Hauptwindkessel	29	Atm.
mittlere Höhe des Saugwasserspiegels	2,82	m
Gesamtwiderstandshöhe	482,82	„
spez. Gewicht des gehobenen Wassers bei 17 °C	1,0098	

Pumpenleistung

a. bei norm. Belastung $\frac{482,82.2000.1,0098}{60,75} = 216,70$ PS

b. bei max. Belastung $\frac{482,8.2530.1,0098}{60,75} = 274,11$ PS

Gesamtwirkungsgrad:

a. bei norm. Belastung $\frac{216,7}{358,2} = 0,605$ d. h. 60,5 pCt.

b. bei max. Belastung $\frac{274,1}{445,8} = 0,614$ d. h. 61,4 pCt.

Der vorgeschriebene Wirkungsgrad wurde mithin überschritten, sodaß die Leistung der Gesamtanlage als „gut“ bezeichnet werden kann.“

Die Expreßpumpen der Maschinenfabrik Ehrhardt u. Sehmer. Die neueste Ausführung der Pumpe (Fig. 91) weist gegenüber der im Sammelwerk*) schon beschriebenen nur wenige Änderungen auf. Das etwas komplizierte Umführungsgestänge des älteren Types ist durch eine einfachere Konstruktion ersetzt. Der ganze Achsen- und Kurbelmechanismus ist so verstärkt, daß nur sehr geringe Biegungsbeanspruchungen und kleine Lager- und Gelenkpressungen auftreten. Das Gestell mit der gebohrten Kreuzkopfführung ist ebenfalls weiter und kräftiger gebaut. Es liegt der ganzen Länge nach auf dem Fundament auf und ist mit angegossenen Ölfangtrögen versehen, sodaß kein Schmieröl an das Fundament gelangen und zerstörend auf den Zement einwirken kann. Mittels einer Ölpumpe wird allen Hauptlagern und Hauptgelenken sowie der Kreuzkopfführung beständig ein Ölstrom zugeführt. Das ablaufende Schmiermaterial sammelt sich in dem Hauptschmierfangtrog unterhalb der Kurbel, wird von der Pumpe wieder angesaugt und aufs neue in Umlauf gebracht.

*) Bd. IV, S. 362 ff.

Der Kreuzkopfzapfen ist zugleich als Querverbindung des Umführungsgestänges ausgebildet. Infolgedessen wird er nur noch auf Druck beansprucht.

Dank ihrer einfachen Konstruktion hat sich die Ehrhardt u. Sehmer-Pumpe ein weites Feld erobert. Eine der größten Anlagen des Ruhrreviers ist die bei den Versuchen geprüfte Anlage der Zeche A. von Hansemann (Tafel 9), deren Primäranlage und Motor schon weiter oben beschrieben sind. Die doppeltwirkende Zwillingsplungerpumpe hebt bei einem Kolbendurchmesser von 170 mm, einem Hub von 500 mm und bei 123 Umdr./Min. eine Wassermenge von 5 cbm auf 462,5 m manometr. Höhe.

Im Gegensatz zu der bei den Riedlerpumpen üblichen Anordnung mit seitlich angebauten Motoren ziehen es Ehrhardt u. Sehmer vor, bei Zwillingspumpen den Läufer des Motors mitten auf die Pumpenwelle zu setzen. Außer Zwillingspumpen werden aber auch einfache ausgeführt. Beispielsweise haben die beiden mit 360 PS-Motoren ausgerüsteten Pumpen der Zeche Recklinghausen II (Fig. 92) nur je einen Zylinder, der 3 cbm auf 500 m Höhe fördert.

Die von der Berliner Maschinenbau-A.-G. vormals L. Schwarzkopff für die Zeche Hibernia gelieferten beiden Pumpen (Fig. 93) sind als einfachwirkende Zwillingspumpen mit um 180° versetzten Kurbeln ausgeführt.

Die Hauptventilkästen sind mit ihrem seitlichen Flansch an die Pumpenzylinder angeschlossen. Die Druckventilkästen stehen in bekannter Anordnung auf den Zylindern. Die Saug- und Druckventile sind nach dem Fernisystem gebaut und durch Federn belastet. Sie ruhen auf Rotgußsitzen.

Die Expreßpumpe der Maschinenfabrik Klein, Schanzlin und Becker in Frankenthal. Dieses Systemes ist bereits in dem Berichte des „Glückauf“ über die Düsseldorfer Ausstellung Erwähnung geschehen.*) In Ergänzung jener Mitteilungen

*) Glückauf 1902, Seite 499.

Fig. 91. Expreßpumpe, System Ehrhardt & Sehmer, der Saar- und Mosel-Bergwerks-Aktiengesellschaft.

Fig. 92. Expreßpumpe, System Ehrhardt & Sehmer, der Zeche Recklinghausen II.

sei hier die Arbeitsweise dieser Pumpenart an der Hand einiger Abbildungen näher beschrieben. Die bemerkenswerte Eigenart des Systems ist bekanntlich die Auflösung des Saugventils in eine ganze Anzahl von Teil-

Fig. 93. Plungerpumpe der Zeche Hibernia.

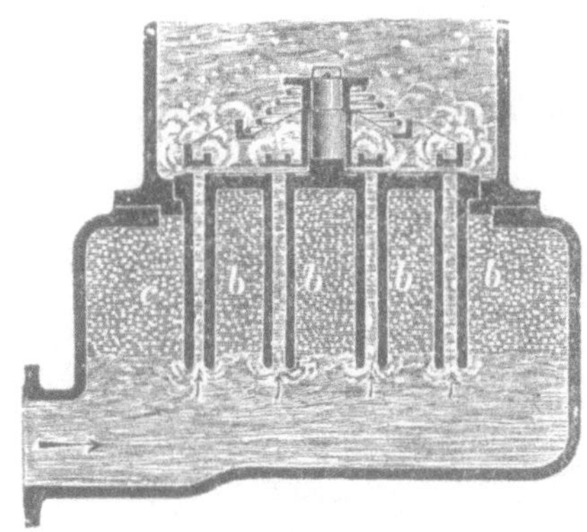

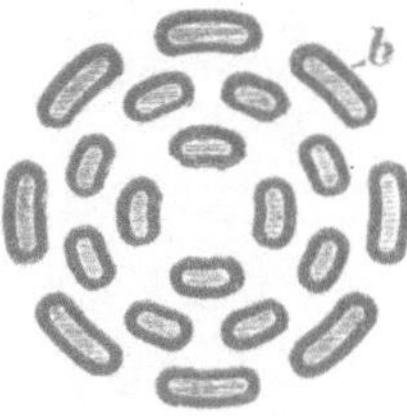

Fig. 94 und 95.

Fig. 94—96. Wasserführung vor dem Saugventil der Expreßpumpe von Klein, Schanzlin u. Becker.

ventilen, denen das Wasser in dünnen Strahlen durch röhrenförmige Führungskörper zugeleitet wird. (Fig. 94

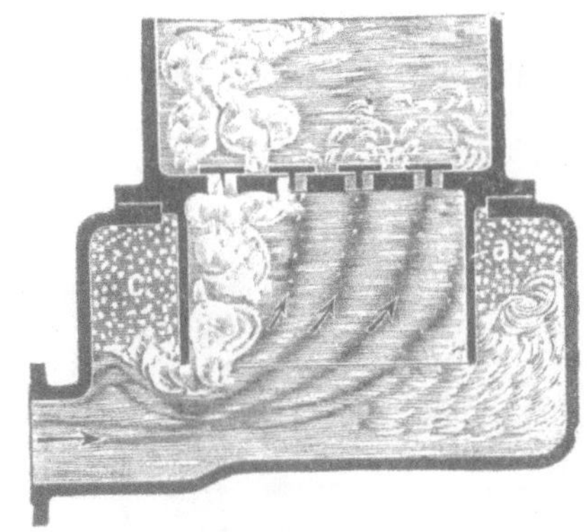

Fig. 96.

bis 96.) Durch die Zerteilung der angesaugten Wassermenge soll der Stoß ausgemerzt werden, mit welchem das bei anderen Pumpensystemen in einem einteiligen Stutzen angesaugte große Wasservolumen gegen das Saugventil prallt und Wirbel bildet. Eine kleinere Pumpe dieser Art ist auf einem Schachte der Société annonyme des Charbonnages in La Hestre, Belgien, zur Aufstellung gekommen. Sie wird im Längsschnitt durch die Fig. 97 veranschaulicht. Die Betriebskraft liefert ein 85 PS-Drehstrommotor der Gesellschaft für elektrische Industrie in Karlsruhe, welcher mit 160 Umdr./Min.

umläuft. Die Außenansicht einer Klein-Expreßpumpe gibt die Figur 98.

Die Ventile sind durch abnehmbare Deckel des Ventilgehäuses zugänglich gemacht.

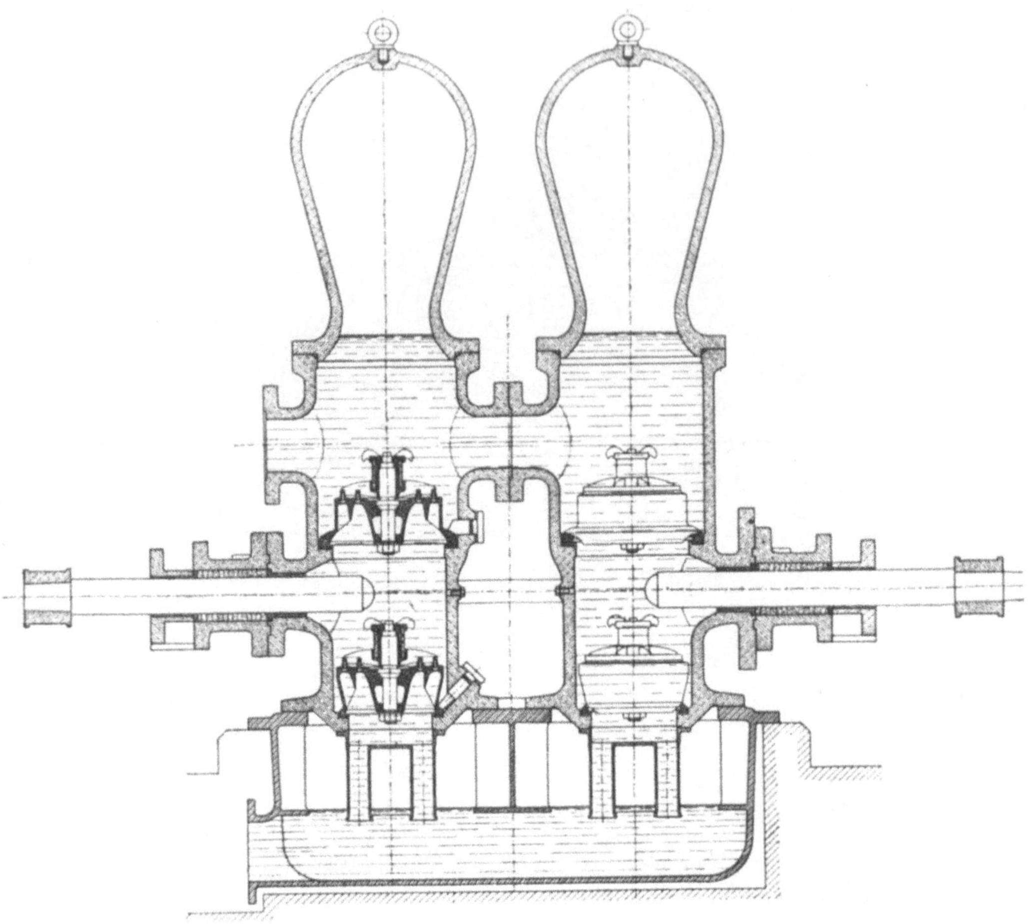

Fig. 97. Senkrechter Längsschnitt durch die Expreßpumpe, **System Klein**, Schanzlin und Becker.

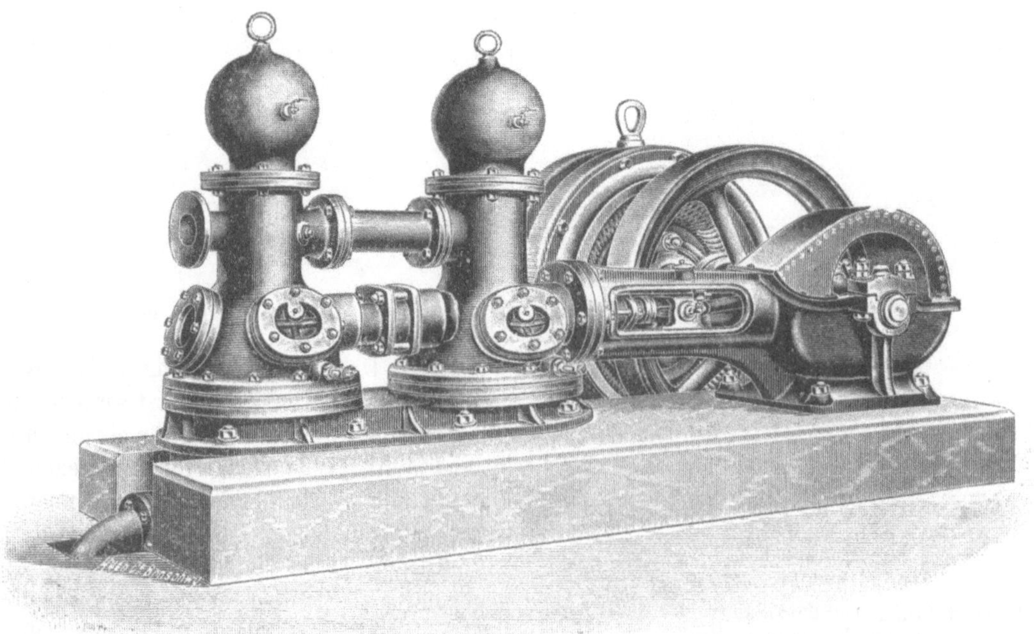

Fig. 98. Expreßpumpe, System Klein, Schanzlin u. Becker.

Versuche mit verschiedenen Pumpensystemen.*)

Allgemeines.

In dem verflossenen Jahrzehnt schuf die deutsche Maschinenindustrie eine Reihe neuartiger, meist für elektrischen Antrieb bestimmter Pumpenkonstruktionen, die mit den Wasserhaltungen älterer Bauarten in scharfen Wettbewerb traten. In der Bergbautechnik stand man der Doppelfrage gegenüber: Sind diese neuen Pumpen nach ihrem wirtschaftlichen Wert und nach ihrer Betriebsicherheit geeignet, die älteren Systeme, insbesondere die Dampfwasserhaltungen zu ersetzen, und welchem von diesen in Bau und Betriebsart sehr voneinander abweichenden Systemen wird der Erfolg zufallen?

Für das Ruhrrevier hatte die Entscheidung dieser Frage in einer Zeit, in der die älteren Zechen durch die mit der Teufe wachsenden Zuflüsse gezwungen waren, ihren Wasserhaltungsapparat erheblich zu verstärken, die jungen aber vor der Wahl des Pumpensystems standen, eine so allgemeine Bedeutung, daß der Vorstand des Vereins für die bergbaulichen Interessen im Oberbergamtsbezirk Dortmund auf eine Anregung hin, die Ingenieur Frölich durch einen im Herbst 1900 in Witten gehaltenen Vortrag gegeben hatte, im Jahre 1901 beschloß, größere Versuche an verschiedenen Anlagen auszuführen. Auf Antrag von Frölich beschloß auch der Verein deutscher Ingenieure, sich an den Versuchen zu beteiligen. Er trug die Hälfte der beträchtlichen Versuchskosten und entsandte zwei Vertreter zu den Versuchen. Eine äußerst wertvolle Förderung, die, wie sich später herausgestellt hat, für die Vornahme der ausgedehnten Prüfungen geradezu Bedingung war, fanden die beiden genannten Vereine in der Mitarbeit des Dampfkessel-Überwachungs-Vereins der Zechen im Oberbergamtsbezirk Dortmund. Seinem Leiter, Oberingenieur Bütow, der seine reichen Erfahrungen in den Dienst der Versuche stellte, und seinem großen, vortrefflich geschulten und unermüdlichen Ingenieurpersonal gebührt der Hauptanteil an dem Erfolge.

*) An der Abfassung des maschinentechnischen Teils des Berichtes hat Ingenieur Bracht vom Dampfkessel-Überwachungs-Verein der Zechen im Oberbergamtsbezirk Dortmund mitgewirkt.

An dieser Stelle sei auch den Direktoren der Zechen Victor, Dannenbaum, Mansfeld und A. von Hansemann, den Herren Rossenbeck, Brenner, Lachmann und Reinhardt, nochmals gedankt, die in voller Würdigung des Wertes der Versuche für die gemeinsamen Interessen des Bergbaues keine Mühe und Kosten scheuten, um die Durchführung der Prüfungen zu ermöglichen. Alle Anerkennung verdient auch das lebhafte Interesse, das die Maschinenbetriebsleiter der erwähnten Zechen und das ihnen unterstehende Personal bei den Versuchen betätigten. Die tatkräftige Förderung der Untersuchungen durch die Zechen entspricht dem auf wirtschaftlichem und technischem Gebiete bewährten Gemeinsinn der Zechenverwaltungen im Ruhrrevier und dem großen Blick der leitenden Techniker, welche dem anderen nicht engherzig ihre Erfahrungen, seien es gute oder böse, verschließen, sondern sie der Allgemeinheit zuwenden.

Einen vortrefflichen Beweis für den Hochstand der deutschen Maschinenindustrie und Elektrotechnik lieferte das Entgegenkommen der an den Versuchen beteiligten Maschinenbaufirmen, welche die Prüfung ihrer Maschinen durch Entsendung von Vertretern, Gewährung der für die Berechnung und Beschreibung nötigen Unterlagen, Gestellung von Versuchsapparaten usw. unterstützten. Es sei hier dankend der Verdienste gedacht, die sich das Stammhaus der Allgemeinen Elektrizitäts-Gesellschaft in Berlin und sein Ingenieurbureau Dortmund, die Firmen Gebrüder Sulzer, Ehrhardt u. Sehmer, Berliner Maschinenbau - Aktiengesellschaft vormals L. Schwartzkopff, Schüchtermann u. Kremer und Maschinenfabrik Humboldt um die Ausführung der Untersuchungen erworben haben.

Die Aufstellung des Programms und die Leitung der Versuche wurde einer Kommission übertragen, welcher die Delegierten des Vereines deutscher Ingenieure, die Ingenieure Frölich-Berlin und Dr. Hoffmann-Bochum, ferner Oberingenieur Bütow vom Dampfkessel-Überwachungs-Verein und der Verfasser als Vertreter des Bergbauvereins angehörten.

Vom Dampfkessel-Überwachungs-Verein haben sich außer dem Leiter die Ingenieure Bracht, Vertreter des Oberingenieurs, Hundertmark, Schimpf, Haedicke,

Melchers, K. Müller, Jensen, A. Müller, Weber, Thimm, Rühle und von der elektrotechnischen Abteilung dieses Vereines der erste Ingenieur von Groddeck und Ingenieur Anders um die Versuche verdient gemacht. Mit der Auswertung der Versuchsergebnisse waren dipl. Elektroingenieur Hübner, Assistent des Professors Görges in Dresden, und Ingenieur Wunder betraut. Hilfsarbeiterdienste versahen die Techniker und Lehrheizer vom Bergbau- und Kesselverein.

Im Auftrage der interessierten Firmen nahmen teil: der Chefelektriker der Allg. El.-Gesellschaft, Dr. Sulzberger, und der Ingenieur Gehnich, früher beim Ingenieurbureau Dortmund derselben Firma, Oberingenieur Schübele und die Ingenieure Dr. Heerwagen und Dändlicker der Firma Gebrüder Sulzer, Zivilingenieur Prött und sein Assistent, Ingenieur Schlenstedt, aus Hagen, Direktor Bachmeyer von der Berliner Maschinenbau-Aktiengesellschaft vorm. L. Schwartzkopff, die Ingenieure Th. Ehrhardt und Kniebes von der Maschinenfabrik Ehrhardt u. Sehmer, Oberingenieur Mayer von der Maschinenfabrik Humboldt und Oberingenieur Riese von der Maschinenfabrik Schüchtermann u. Kremer. Da die Firmen meistens auch einige ihrer Monteure zur Stelle hatten, konnten alle Versuchsposten durch je einen Beauftragten des Versuchs- oder Firmenpersonals besetzt werden, wodurch die Kontrolle verschärft wurde.

Bei den Versuchen handelte es sich — es sei hier nur ihr Umfang im allgemeinen gekennzeichnet, während Einzelheiten den Sonderberichten vorbehalten sind — in erster Linie darum, den Gesamtwirkungsgrad der Anlagen und den spezifischen Dampfverbrauch der antreibenden Dampfmaschinen festzustellen.

Hierzu waren die Dampfmaschinen zu indizieren und das gehobene Wasser zu messen. Es bot aber auch großes Interesse, die Verteilung der Verluste auf die einzelnen Glieder der Anlage zu ermitteln. Bei der mit Dampf und der mit Druckwasser betriebenen Anlage war diese Bestimmung praktisch unausführbar, bei den elektrischen Wasserhaltungen konnten aber die Verluste in den Generatoren, Kabeln und Motoren mit größtmöglicher Genauigkeit bestimmt werden. Über den eigentlichen Zweck der Versuche hinaus wurde schließlich noch der Kohlenverbrauch der Anlagen festgestellt, Zahlen, die sich bei den Prüfungen bequem ermitteln ließen, und die für die Beurteilung der Kessel von Interesse sind.

Der Gang der Prüfungen. An sämtlichen Anlagen mit Ausnahme der Dampfwasserhaltung auf Zeche Victor wurden zwei parallele Reihen von „Hauptversuchen“ durchgeführt, welche die maßgebenden Zahlen lieferten; ihnen gingen jedesmal „Vorversuche“ von etwa gleicher Dauer voraus, um die ganze Versuchsanordnung zu prüfen und die Versuchsteilnehmer aufs genaueste einzuarbeiten. Bei dem ersten Hauptversuch, dem „Paradeversuch“, war den Fabrikanten Gelegenheit gegeben, ihre Maschinen durch jegliche Aufbesserung, wenn erforderlich durch Erneuerung von Steuerungsteilen usw., in den besten Stand zu setzen. Wenn nun auch der Paradeversuch zeigte, was die Pumpen nach guter Instandsetzung leisteten, so gab er doch keinen rechten Anhalt für ihre Arbeit im Dauerbetriebe. Deshalb wurde eine zweite Versuchsreihe, der „Betriebsversuch“, etwa 1000 Betriebsstunden nach dem Paradeversuch unter Bedingungen ausgeführt, welche denen des Dauerbetriebes im wesentlichen gleichkamen. In der zwischen beiden Versuchen liegenden Zeit wurden nur die Erneuerungen, Reparaturen usw. vorgenommen, die für die Aufrechterhaltung des Betriebes erforderlich waren, alle sonstigen Anordnungen aber, welche den Zustand des Maschinensatzes geändert hätten, wie die Neueinstellung von Ventilen usw., unterlassen.

Bei der Dampfwasserhaltung der Zeche Victor, die seit 1896 läuft, erschien angesichts der langen Betriebsdauer ein Hauptversuch hinreichend. Alle übrigen Anlagen können als neu gelten, da sie nach 1900 in Betrieb genommen sind.

Vor dem Beginn der Versuche wurde eine Reihe von Vorstudien gemacht, die sich in erster Linie mit der Wassermessung beschäftigten.

Bei keiner der Versuchswasserhaltungen stand ein ausmeßbares Reservoir zur Verfügung, das die in einem 6—8stündigen Prüfungsbetrieb geförderten großen Wassermengen hätte aufnehmen können. Deshalb kam für Bestimmung des geförderten Wassers nur die Verwendung von Wassermessern oder die Eichung der Pumpen in Frage.

Da die Ermittlung eines genügend einfachen und entsprechend billigen, zur dauernden Messung unreinen Grubenwassers brauchbaren Großwassermessers für die Kontrolle der Wasserhaltungen auf den Zechen großes Interesse bot und das Vorhandensein eines solchen Apparates auch die Versuche wesentlich vereinfacht hätte, wurden vor Beginn der Versuche auf Zeche Mansfeld drei und bei den Versuchen auf Zeche Victor zwei Systeme von Großwassermessern einer eingehenden Prüfung unterzogen.

Auf Zeche Mansfeld bediente man sich zur Eichung eines vorher genau ausgemessenen und ausgeliterten Hochbehälters von 300 cbm Inhalt, in dessen Abfallleitung die Wassermesser eingeschaltet wurden. Das Grubenwasser war durch Schlamm verunreinigt, unterschied sich aber nicht von dem normalen Wasser auf Kohlengruben. An Meßapparaten gelangten zur Prüfung:

1. Ein Zellenrad-Wassermesser der Firma Dreyer, Rosenkranz und Droop in Hannover,
2. ein Apparat desselben Systems in der Ausführung der Firma Siemens u. Halske in Berlin,
3. ein Dreiplunger-Wassermesser, System Prött, von der Berliner Maschinenbau-Aktiengesellschaft vorm. L. Schwartzkopff.

Sämtliche Apparate wurden von den Erbauern kostenlos zur Verfügung gestellt.

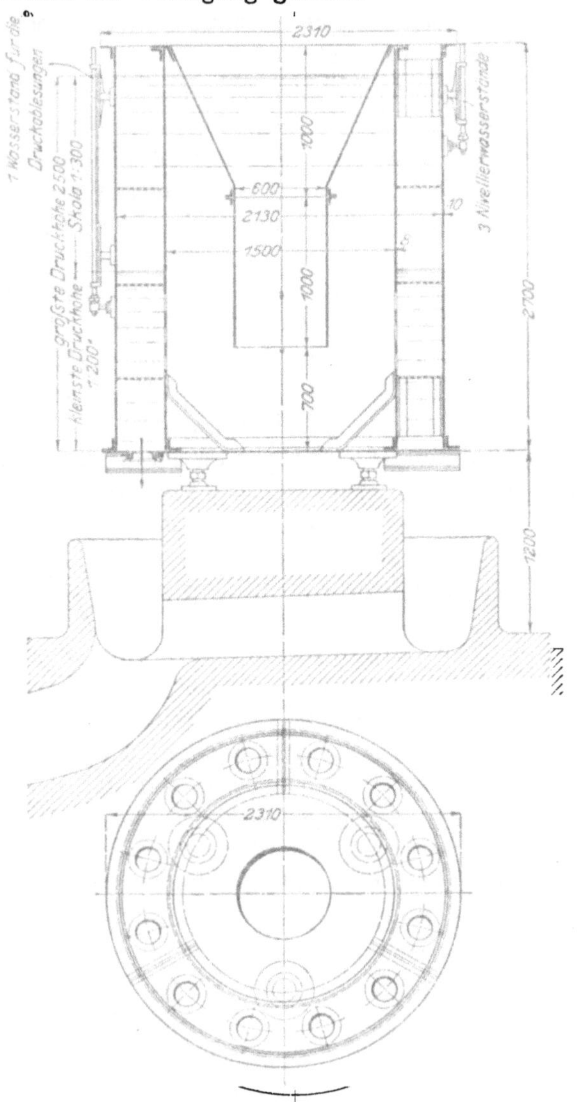

Fig. 1 u. 2. Wassermesser von Gebrüder Sulzer.

Die beiden Zellenradmesser ergaben in frisch gereinigtem Zustande brauchbare Werte, setzten sich aber im Betriebe bald so mit Schlamm zu, daß das Zählwerk nicht mehr richtig arbeitete. Auch der in der Zeitschrift „Glückauf“, Jahrg. 1903, Nr. 25, auf Seite 580 ff. an der Hand von 4 Figuren beschriebene Dreiplunger-Wassermesser litt so sehr unter der Einwirkung des unreinen Wassers, daß er trotz einiger Erfolge für die Versuche nicht in Betracht kam.

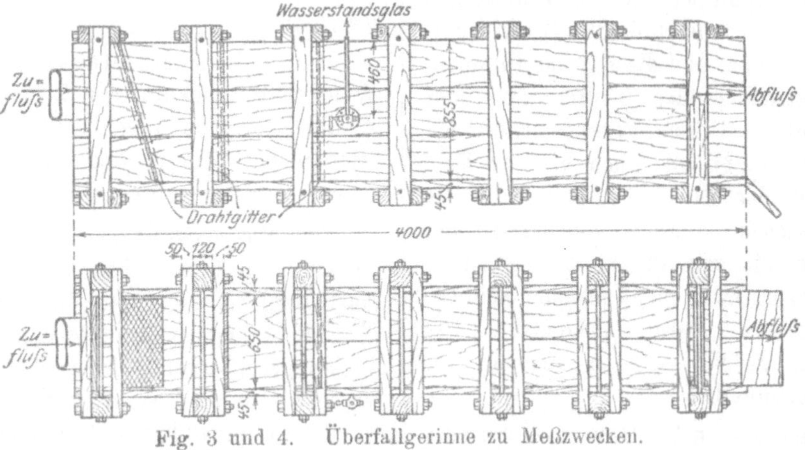

Fig. 3 und 4. Überfallgerinne zu Meßzwecken.

Bei den Versuchen auf Zeche Victor wurden der Wassermesser von Gebrüder Sulzer und ein Überfallgerinne nach Frese ausprobiert.

Der Sulzer-Wassermesser (Fig. 1 u. 2) besteht aus einem weiteren zylindrischen Behälter, in vorliegendem Falle von 2130 mm Durchm., und einem konzentrisch in ihn eingesetzten engeren Behälter, der bis auf den Boden reicht. Die Ringfläche zwischen beiden Behältern hat 12 kreisrunde Öffnungen, von denen die bei der Messung nicht benötigten durch Deckel verschlossen werden. Die Bodenöffnungen werden je nach der Wassermenge, die der Apparat bewältigen soll, durch kalibrierte Ringe aus Blech mehr oder weniger abgedeckt. Diese Bauart gestattet eine weitgehende Veränderung des Durchgangsquerschnittes, sodaß der Apparat für Wassermengen von 0,3 bis 34 cbm/Min. benutzt werden kann. In dem inneren Behälter sitzt das konisch erweiterte Zuleitungsrohr, das bis etwa 700 mm über den Zylinderboden reicht. Aus dem Zuleitungsrohr tritt das Wasser in den inneren Zylinder, steigt in ihm bis zu drei übereinander liegenden Öffnungen des Mantels und fällt dann in den konzentrischen Raum, in dessen Boden die Durchgangsöffnungen angebracht sind. Zur Beruhigung des Wassers sind in dem konzentrischen Raum 3 Drahtsiebe übereinander eingebaut.

Die Wassermenge wird aus der Druckhöhe des Wassers und dem Querschnitt der Meßöffnungen bestimmt. Da der letztere während der Messungen konstant ist, braucht nur die erstere am Wasserstandglase abgelesen zu werden. Die der Wasserstandhöhe entsprechende Wassermenge läßt sich dann ohne weiteres aus Meßkurven ablesen, welche für die entsprechende Zahl freier Ausflußöffnungen auf empirischem Wege ermittelt worden sind. Die angestellten Versuche ergaben, daß der Apparat unter den vorliegenden Gefälleverhältnissen gegen die sichere Messung in einem Behälter Fehler von etwa $\pm$ 1,5 % aufwies.

Von dem Vertreter der Firma Gebrüder Sulzer, Dr. Heerwagen, wurde gelegentlich der Versuche auf Victor auch das in den Figuren 3 und 4 dargestellte Überfallgerinne zu Meßzwecken probeweise in Betrieb genommen, das nach demselben Prinzip arbeitet wie der vorbeschriebene Wassermesser von Gebrüder Sulzer; das Wasser tritt durch ein Rohr in einen länglichen, durch Umfassungsleisten und Schrauben versteiften Holzkasten ein und verläßt ihn im Überfall über die bis zu etwa $^2/_3$ Kastenhöhe aufgeführte Kopfwand am Ausgußende. Zur Beruhigung des Wassers ist vor dem Eintrittsrohr ein schräg gestelltes Drahtgitter angeordnet. Der Wasserstand wird an einem seitlich angebrachten Glase abgelesen.

Die Berechnung der Wassermenge erfolgte nach Freses Formel:

$$Q = 60\,(0{,}41\,h + 0{,}0014)\,b\sqrt{2gh}\left[1 + 0{,}55\left(\frac{h}{h+t}\right)^2\right]$$

Darin bedeutet:

Q die Wassermenge in cbm/Min.
h die Überfallhöhe in m
b die Kanalbreite in m (= 0,650)
g die Fallbeschleunigung (= 9,81)
t die Kanaltiefe unter der Schneide (= 0,504).

Die Messungen hatten nach der Mitteilung von Dr. Heerwagen folgendes Ergebnis:

	Messungen			
	bei dem Hauptversuch an der Wasserhaltung am 19. Febr. 1904	an den Pumpen		
		1	2	3
		am 22. Febr. 1904		
Mittel aus den Ablesungen am Wasserstand . mm	253,7	253,7	253,9	275,9
Überfallhöhe . . . mm	211,7	211,7	211,9	233,9
Daraus Q . . cbm/Min.	7,347	7,347	7,358	8,578
Bei den korrespondierenden Wassermessung. mittels d. Behälters wurden folgende Werte ermittelt cbm/Min	—	7,341	7,350	8,500

Aus dieser Gegenüberstellung der mit den beiden Meßmethoden ermittelten Zahlen ergibt sich, daß der so einfache Überfallapparat für die periodische Ermittlung der Wasserhaltungsleistungen hinreichend genaue Resultate liefert.

Für die Versuche zog man das bei sorgfältiger Ablesung unbestritten sicherste Verfahren der Wassermessung in Behältern von genau bestimmtem Inhalt vor, in welche man die Pumpen während eines genau festgelegten Zeitraumes arbeiten ließ. Dann wurden die Leistungen der Kolbenpumpen für die Minute und Umdrehungszahl, die der schnellaufenden Zentrifugalpumpen für größere Zeiträume und die mit der Pumpengeschwindigkeit korrespondierenden Tourenzahlen der Primärmaschine bestimmt. Diese „Pumpeneichungen" wurden sowohl bei den Haupt- als auch bei den Vorversuchen mehrfach wiederholt. Die Resultate der einzelnen Prüfungen wichen so wenig voneinander ab, das Zweifel an einer für die Praxis ausreichenden Genauigkeit der erhaltenen Daten nicht bestehen können. Sämtliche Meßinstrumente waren Eigentum des Dampfkessel-Überwachungs-Vereins der Zechen im Oberbergamtsbezirk Dortmund.

Die dampftechnischen Untersuchungen wurden nach den Normen für Leistungs-Versuche an Dampfkesseln und Dampfmaschinen durchgeführt, wie sie vom Verein deutscher Ingenieure, dem Internationalen Verbande der Dampfkessel-Überwachungs-Vereine und dem Verein deutscher Maschinenbau-Anstalten aufgestellt sind.

Für die Dampfmaschinen standen 8 Indikatoren großen Modells von der Firma Dreyer, Rosenkranz & Droop in Hannover mit kühl liegenden Federn zur Verfügung. Die Federmaßstäbe wurden vor Beginn der Versuche durch den Dampfkessel-Überwachungs-Verein genau geprüft. Alle Zylinderseiten wurden immer gleichzeitig indiziert, bei den Dauerversuchen in Abständen von 15 Minuten, bei den Pumpeneichungen, Leerlaufversuchen usw. je nach Erfordernis in kürzeren Zwischenräumen.

Bei den Pumpenuntersuchungen wurde das kleine Indikatormodell der Firma Schäffer u. Budenberg in Magdeburg mit innenliegender Feder benutzt. Für den vorliegenden Zweck war der normale Kolben von 20,3 mm Durchmesser zuerst durch einen Riedlerkolben von 10,1 mm Durchmesser, entsprechend $^1/_4$ der Fläche des großen Kolbens, ersetzt. Die auftretenden hohen Pressungen und starken Wasserschläge ergaben jedoch so starke Massenbewegungen und Stöße in den Schreibzeugen, daß diese beim Öffnen des Dreiwegehahnes zertrümmert wurden. Deshalb mußten noch kleinere Kolben von 6,4 mm Durchmesser, entsprechend $^1/_{10}$ der Fläche des großen Kolbens, eingebaut und die Schreibstifthebel verstärkt werden; hiermit sind dann vollkommen zufriedenstellende Resultate erzielt worden.

Die Federn dieser Indikatoren wurden ebenfalls vor Beginn der Versuche nachgeprüft.

Die Umlaufzahlen der Maschinen und Pumpen wurden soweit als möglich mit dem Hubzähler dauernd ermittelt, im übrigen mit dem Tachometer festgestellt.

Die Dampfmeßinstrumente: Thermometer, Manometer, Vakuummeter usw. waren größtenteils von der Physikalisch-Technischen Reichsanstalt geeicht. Für die nicht geeichten Instrumente wurden Korrektionstabellen auf Grund von vergleichenden Messungen mit den amtlich geprüften aufgestellt.

Die untersuchten elektrischen Triebwerke der Wasserhaltungen auf den Zechen Mansfeld, Victor und A. von Hansemann gehören sämtlich dem Drehstromsysteme an. Die Pumpen werden ausschließlich durch Asynchronmotoren angetrieben.

Für die elektrischen Messungen standen von der Physikalisch-Technischen Reichsanstalt vor und nach den Versuchen geeichte Instrumente zur Verfügung, die, abgesehen von zwei Wattmessern der Europäischen Westongesellschaft, alle von Siemens u. Halske geliefert waren. Um die Spannung des Drehstromes zu messen, wurden unmittelbar mit Vorschaltwiderständen eingeschaltete Spannungsmesser benutzt, deren Wirkungsweise auf dem dynamometrischen Prinzip beruht. Gleicher Art waren die Strommesser. Sie waren für eine Maximalstromstärke von 5 Amp gebaut und wurden unter Zwischenschaltung von Stromtransformatoren verwendet.

An elektrischen Messungen sind zwei Gruppen zu unterscheiden:

1. Messungen, die gleichzeitig und im Zusammenhange mit den sonstigen Ermittlungen am dampf- oder wassertechnischen Teil, den Hauptversuchen, Pumpeneichungen usw. vorgenommen wurden.
   Sie haben sich auf die Feststellung von:
   a. Stromstärke, Spannung und Leistung des von dem Generator abgegebenen Drehstromes,
   b. Stärke und Spannung des dem Generator zugeführten Erregergleichstromes bezogen.
2. Messungen, durch die unabhängig von den maschinentechnischen Untersuchungen die Einzelverluste in den Dynamos, Kabeln und Motoren ermittelt worden sind.

Zunächst sei auf die unter 1a genannten, zusammen mit den übrigen Untersuchungen ausgeführten Messungen von Strom, Spannung und Leistung eingegangen.

Je ein Vorversuch erwies auch für die vorliegenden Verhältnisse die Annahme als gerechtfertigt, daß die Stromstärken in den drei Leitungen und die Spannungen zwischen ihnen gleich seien, daß also mit Bezug auf das Meßschaltungsschema Fig. 5.

$$A_1 = A_2 = A_3 \text{ und}$$
$$V_{1,2} = V_{2,3} = V_{1,3}.$$

Bei den Versuchen hätte man sich daher mit der Messung nur eines Wertes begnügen können; zur Erzielung besserer Durchschnittswerte wurde aber in zwei Leitungen gemessen, sodaß sich die Leistung in Voltampère z. B.

$$= \frac{A_2 + A_3}{2} \cdot \frac{V_{1,2} + V_{1,3}}{2} \cdot \sqrt{3} \text{ ergab.}$$

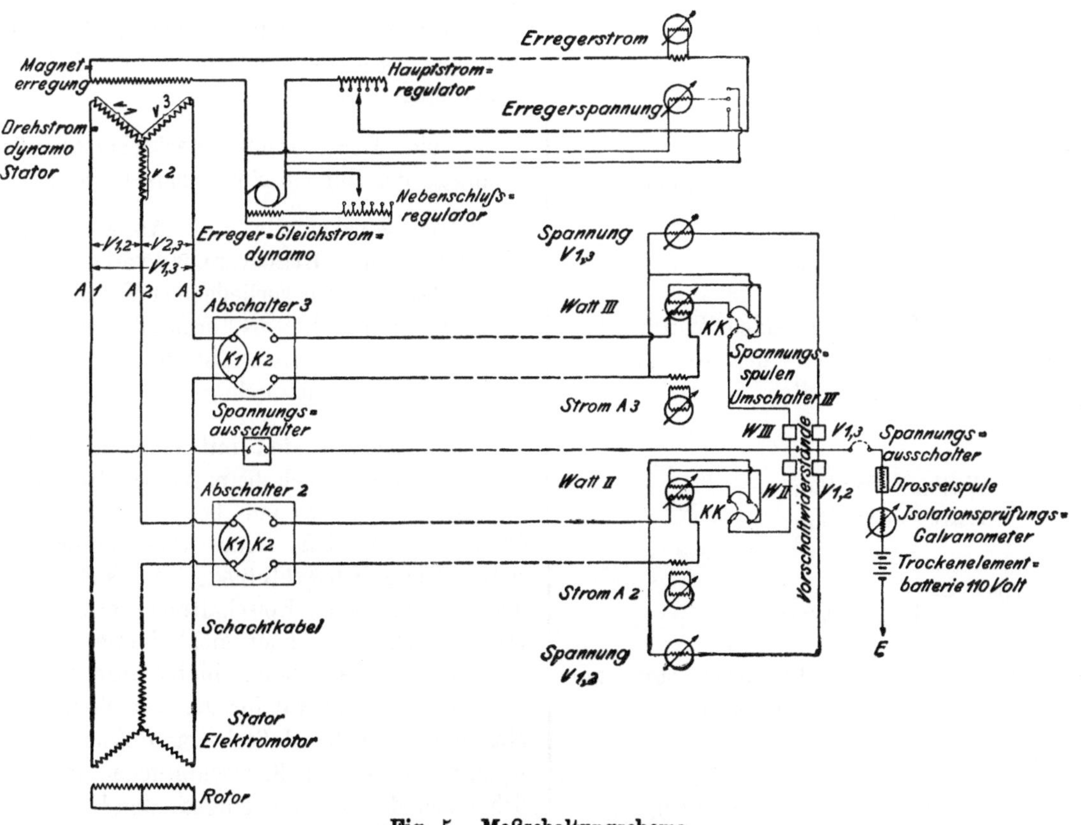

Fig. 5. Meßschaltungschema.

Bekanntlich ist bei asynchronen Drehstrommotoren eine Berechnung der Leistung direkt aus den Voltampère nicht möglich, weil infolge der Phasenverschiebung zwischen Strom und Spannung das Produkt: Volt × Ampère im Gegensatz zu Gleichstromanlagen nicht die tatsächliche, sondern nur die scheinbare Leistung darstellt. Die Feststellung der wirklichen Arbeit in Watt wird durch die Leistungsmesser ermöglicht, welche gleichzeitig von den Augenblickswerten des Stromes und der Spannung beeinflußt werden. Da nun jede der drei Drehstromleitungen einen Teil der Energie zuführt, so müßte eigentlich jede von ihnen auch mit einem Leistungsmesser ausgerüstet werden, doch ist es bei der in Figur 5 dargestellten Schaltung — wie nachstehend rechnerisch begründet ist — möglich, die Zahl der Leistungsmesser auf 2 zu reduzieren, weil dann die Summe der Angaben zweier Leistungsmesser gleich der Summe der in den drei Zweigen des Drehstromsystems auftretenden Leistungen ist.

Die Momentanwerte l berechnen sich aus der Summe der Produkte der einzelnen Spannungen v und Stromstärken a wie folgt:

$$l = v_1 a_1 + v_2 a_2 + v_3 a_3,$$

da die Summe der Augenblickswerte der Ströme

$$a_1 + a_2 + a_3 = 0 \text{ ist,}$$

ergibt sich, wenn man diese Gleichung auf jeder Seite mit v_1 multipliziert und von ersterer subtrahiert:

$$l = a_2 (v_2 - v_1) + a_3 (v_3 - v_1).$$

Es seien jetzt die Beziehungen zu den Momentanwerten der verketteten Spannungen untersucht:

$$v_2 - v_1 = v_{1,2}$$

$$v_3 - v_1 = v_{1,3},$$

mithin wird:

$$l = a_2 v_{1,2} + a_3 v_{1,3}.$$

Dieselbe Beziehung gilt auch für die gemessenen effektiven Werte, mithin:

$$L = \text{Watt}_{II} + \text{Watt}_{III}.$$

Aus Summe und Differenz der beiden Wattangaben läßt sich nach folgenden Formeln der Kosinus des Phasenverschiebungswinkels feststellen.

Es ist:

$$\operatorname{tg} \varphi = \frac{\text{Watt}_{II} - \text{Watt}_{III}}{\text{Watt}_{II} + \text{Watt}_{III}} \sqrt{3} \quad \text{und}$$

$$\cos \varphi = \frac{1}{\sqrt{1 + \operatorname{tg}^2 \varphi}};$$

eine Bestimmung, die bei den Versuchen stets zur Kontrolle der in üblicher Weise nach Formel:

$$\cos \varphi = \frac{\text{Wirkliche Leistung}}{\text{Scheinbare Leistung}} = \frac{\text{Watt}}{\text{Voltampère}}$$

erhaltenen Werte vorgenommen wurde.

Die Meßschaltung wurde wie folgt ausgeführt (Fig. 5): Unter Zwischenschaltung der weiter unten beschriebenen Abschalter in zwei der Hauptleitungen wurde je eine starke Hin- und Rückleitung zum Meßtisch geführt und von der dritten Hauptleitung eine dünne Leitung abgezweigt. In die dicken Hinleitungen waren je ein Stromtransformator für die Strommesser und die Stromspule je eines Leistungsmessers, zwischen die dünne Leitung und je eine der starken Hinleitungen unter Zwischenschaltung von Vorschaltwiderständen je ein Spannungsmesser und die Spannnngsspule je eines Leistungsmessers geschaltet. Um stets ablesbare Ausschläge zu erhalten, auch wenn einer der Wattmesser infolge starker Selbstinduktion im Stromkreise negativ anzeigte, waren der Spannungsspule doppelpolige Umschalter vorgebaut. Diese Steckumschalter hatten einen kürzeren Kontakt K K, an den, wie aus Fig. 5 hervorgeht, die von den Vorschaltwiderständen kommende Leitung angeschlossen wurde. Diese Anordnung schließt das Auftreten einer gefährlich hohen Spannung zwischen Strom- und Spannungsspule aus, weil die Spannungsspule beim Einschalten erst zuletzt an die anzuschaltende Leitung angeschlossen und beim Ausschalten zuerst von der abzuschaltenden Leitung getrennt wird. Diese von den Elektrotechnikern des Kesselvereins vorgeschlagene Konstruktion hat zum ersten Male bei den Versuchen Anwendung gefunden.

Zwischen den dem normalen Betrieb dienenden und den zum Meßtisch führenden Leitungen waren ferner eingebaut:

1. ein Hochspannungssteckschalter für die Abtrennung der dünnen Spannungsleitung;

2. je 2 ebenfalls auf Anregung der Elektroingenieure des Kesselvereins verbesserte und zum ersten Male bei den vorliegenden Versuchen angewendete Spezialschalter, die es ermöglichten, während des Betriebes ohne jegliche Störung die Versuchsmeßanlage ein- und auszuschalten.

Diese Schalter sind mit einer Kurzschlußfeder K_1 versehen, welche sich beim Ausschalten der Meßanlage selbsttätig schließt und bei ihrem Einschalten ebenso öffnet, ohne daß eine Stromunterbrechung eintritt. Diese Kurzschlußfeder hat sich bei kurzzeitiger und vorsichtiger Einschaltung gut bewährt. Im Dauerbetriebe, wo man nicht immer die nötige Sorgfalt walten lassen kann, bietet ihre Verwendung Bedenken. Deshalb war für die Betriebszeit zwischen den Messungen, wo die Meßschaltung ohne Aufsicht war, der Apparat außer der Kurzschlußfeder mit einem in die Schneiden des Schalters eingesetzten Kurzschlußbügel K_2 versehen. Nach dem Einsetzen dieses Bügels wurden die Handgriffe des Umschalters abgeschraubt und der den Schalter umgebende Kasten abgeschlossen. Eine versehentliche Änderung der Schaltung wird durch diese Anordnung ausgeschlossen und Sicherheit dafür geschaffen, daß die Meßschaltung für gewöhnlich, d. h. wenn keine Messungen vorgenommen werden, spannungslos ist.

Außer diesen Messungen wurden während der Dauerversuche und der Pumpeneichung ständig Bestimmungen des Isolationswiderstandes an der gesamten Anlage vorgenommen. Der verwendete Isolationsmesser arbeitete nach dem Prinzip, daß ein von Trockenelementen gelieferter Gleichstrom von 110 Volt unter Zwischenschaltung einer Drosselspule dem Wechselstrom überlagert und in einem Gleichstrom-Galvanometer gemessen wurde. (Fig. 5.)

Die oben unter 1b erwähnten Messungen des Erregerstromes und der Spannung erfolgten mit einem Doppelinstrument, das nach dem Prinzip der Drehspul-Galvanometer gebaut war. Das Voltmeter lag unmittelbar am Hauptstrom. Mit Hilfe eines Umschalters konnte die Spannung sowohl an den Klemmen der Erregermaschine als auch an den Enden der Erregerwicklung des Generators gemessen werden. Die Differenz beider Spannungen entspricht dem Verlust im Regulierwiderstand.

Der Strommesser wurde parallel zu einem der Stromstärke angepaßten Wehr (shunt) geschaltet.

Die unter 2 erwähnten Messungen zur Bestimmung der Einzelverluste wurden für die Dynamos und Motoren nach den vom Verbande Deutscher Elektrotechniker herausgegebenen Normalien für elektrische Maschinen angestellt, und zwar für die Dynamos nach der Indikatormethode (§ 43 Norm.), für die Motoren nach dem Leerlaufverfahren (§ 41) und der Trennungsmethode (§ 44). Die einschlägigen Bestimmungen sind nachstehend im Auszuge wiedergegeben:

„§ 43. Wird der Generator durch eine Dampfmaschine direkt angetrieben und ist er nicht abkuppelbar, so ist der Wirkungsgrad ohne Rücksicht auf Reibung zu bestimmen. Die bei Leerlauf auftretenden Hysteresis- und Wirbelstromverluste (Eisenverluste) sind bei normaler Tourenzahl und Klemmenspannung mit Indikatordiagrammen derart zu bestimmen, daß die Dampfmaschine bei erregtem und unerregtem Felde indiziert wird. Wird die Erregung von der gleichen Dampfmaschine geliefert, so ist die dafür benötigte Leistung in Abzug zu bringen. Die verbleibende Differenz wird als der durch Hysteresis und Wirbelstrom bei Leerlauf erzeugte Verlust angesehen, dessen Änderung mit der Belastung nicht berücksichtigt wird. Durch elektrische Messungen und Umrechnungen wird der Verlust durch Stromwärme in Feld, Anker, Bürsten und deren Übergangswiderstand bei Belastung ermittelt, wobei bezüglich des letzteren auf die Bewegung und die richtige Stromstärke, bezüglich der ersteren auf den warmen Zustand der Maschine Rücksicht zu nehmen ist. Ein etwaiger bei normalem Betriebe in einem Vorschaltwiderstand für die Feldwicklung auftretender Verlust ist mit in Rechnung zu ziehen. Die Summe der vorstehend erwähnten Verluste wird als „meßbarer Verlust“ bezeichnet. Als Wirkungsgrad wird das Verhältnis der Leistung zur Summe von Leistung und „meßbarem Verlust“ angesehen. Wegen der den Leerlaufdiagrammen anhaftenden Ungenauigkeit ist diese Methode mit besonderer Vorsicht zu verwenden.“

„§ 41 und 44. Bei Leerlauf des Motors wird der Verlust, welcher zum Betriebe der Maschine bei normaler Tourenzahl und Feldstärke in eingelaufenem Zustande auftritt, bestimmt. Dieser stellt den durch Luft-, Lager- und Bürstenreibung, Hysteresis und Wirbelströme bedingten Verlust dar, dessen Änderung mit der Belastung nicht berücksichtigt wird Durch elektrische Messungen und Umrechnungen wird der Verlust durch Stromwärme in Feld-, Anker-, Bürsten- und Übergangswiderstand bei entsprechender Belastung ermittelt, wobei bezüglich des letzteren auf die Bewegung und die richtige Stromstärke, bezüglich der ersteren auf den warmen Zustand der Maschine Rücksicht zu nehmen ist. Bei asynchronen Motoren können die Verluste im Sekundäranker anstatt durch Widerstandsmessungen durch Messung der Schlüpfung bestimmt werden.“

„Um den Verlust für Luft-, Lager- und Bürstenreibung von dem Verlust für Hysteresis und Wirbelströme trennen zu können, ist in folgender Weise zu verfahren: Die Maschine muß bei mehreren verschiedenen Spannungen mit normaler Tourenzahl in eingelaufenem Zustande untersucht werden, und zwar soll man mit der Spannung so weit wie möglich nach unten gehen, jedoch auch Beobachtungswerte bei normaler Spannung und, wenn möglich, bei 25 pCt. höherer Spannung aufnehmen. Diese Beobachtungswerte sind graphisch aufzutragen, und es ist die erhaltene Kurve so zu verlängern, daß der bei der Spannung „Null“ auftretende Verlust ermittelt werden kann. Dieser Wert gibt den Reibungsverlust an und ist von dem bei normaler Spannung beobachteten Leerlaufverlust in Abzug zu bringen. Der Rest ist als Verlust für Hysteresis und Wirbelströme anzusehen, dessen Änderung mit der Belastung nicht berücksichtigt wird. Die Summe von Hysteresis- und Wirbelstromverlust, sowie die Verluste durch Stromwärme in Feld, Anker, Bürsten und deren Übergangswiderstand bei Belastung werden als „meßbarer Verlust“ bezeichnet, und wird als der Wirkungsgrad das Verhältnis der Leistung zur Summe von Leistung und „meßbarem Verlust“ angesehen.“

Zur Ermittlung der Einzelverluste waren nach diesen Bestimmungen folgende Messungen erforderlich:

1. An den Primärmaschinen:
   a. Die Entnahme von Diagrammen an der Dampfmaschine bei leerlaufender unerregter Dynamo;
   b. die Entnahme von Diagrammen an der Dampfmaschine bei leerlaufender erregter Dynamo und Messung der Erregerenergie;

(Da die Leerlaufdiagramme recht genaue Werte ergaben, so entfielen bei den Versuchen die in den Normalien geäußerten Bedenken gegen die Genauigkeit der Methode.)

c. Messung der in der Dynamo erzeugten Spannung bei verschiedener Erregung unter gleichzeitiger Messung der Erregerenergie;
d. Messung des Widerstandes der warmen Statorwicklung;
e. Messung des Widerstandes der warmen Magnetwicklung.

2. An den Motoren:
a. Messung der Energieaufnahme der leerlaufenden, von den Pumpen abgekuppelten Motoren bei stufenartig absteigender Spannung;
b. Messung des Widerstandes der warmen Statorwicklung;
c. Messung des Widerstandes der warmen Rotorwicklung, wo angängig, sonst:
d. Schlüpfungsmessung.

Da die in den Normalien noch aufgeführten Bürstenverluste bei der Größe der in Frage kommenden Maschinen verschwindend klein waren, konnte von ihrer Bestimmung abgesehen werden.

3. An den Schachtkabeln:
a. Messung des Widerstandes mit Gleichstrom;
b. Messung von Kurzschlußstrom und -spannung;
c. es wurde versucht, die Kapazität zu bestimmen, indem man die Stromstärke maß, welche bei normaler Spannung und unter Tage abgeschalteten Kabeln auftrat. Da diese Stromstärken kleiner als 0,1 Amp waren, konnten sie mit den vorhandenen Instrumenten nicht gemessen werden, und es ergab sich daraus, daß die Kapazität überhaupt vernachlässigt werden konnte.

4. An den Erregermaschinen:
Bestimmung der Wirkungsgrade durch Belastungsversuche, dergestalt daß die zugeführte Leistung der antreibenden Maschine (Dampfmaschine oder Elektromotor) gemessen und gleichzeitig die von der Erregerdynamo bei verschiedenen Belastungen abgegebene Leistung bestimmt wurde.

Um zu ermöglichen, daß die angestellten Messungen als Material für weitergehende wissenschaftliche Untersuchungen dienen können, wurde noch eine Reihe anderer Messungen vorgenommen, so besonders Kurzschlußmessungen an den Motoren bei festgebremsten Rotoren.

Es sei noch darauf hingewiesen, daß die Messungen an den Motoren nicht unter Tage, sondern mittels der über Tage befindlichen Meßeinrichtungen ausgeführt wurden. Der Einfluß des Kabels ist bei der Auswertung der Resultate entsprechend berücksichtigt worden.

Der Grund für dieses Verfahren ist darin zu suchen, daß es einerseits bedenklich schien, die empfindlichen Präzisions-Instrumente in die von feuchter Luft erfüllten Pumpenräume unter Tage zu bringen, und daß anderseits trotz der vorhandenen Telephonanlagen die Verständigung mit der Zentrale zwecks Regulierung der Primäranlage usw. schwierig gewesen wäre.

Die Versuche an der Dampfwasserhaltung der Zeche Victor.

Die Prüfung der Anlage erfolgte durch:

einen Hauptversuch	am	23./24. April	1904,
eine Kondensatmessung	„	10. Juli	1904,
„ Wassermessung I	„	24. April	1904 und
„ „ II	„	24. „	1904.

Ergebnisse der Versuche am Dampfteil.

Kesselanlage.

Der Dampf wurde bei den Versuchen durch sechs gleiche Zweiflammrohrkessel geliefert, von denen zwei von Jacques Piedboeuf in Düsseldorf und vier von Ewald Berninghaus in Duisburg erbaut waren. Alle Kessel sind für 8 Atm Überdruck konstruiert.

Heizfläche: 2 Kessel mit je 113,32 qm und 4 mit je 114,9 qm = 686,24 qm;

Rostfläche: 2 Kessel mit je 3,36 qm und 4 mit je 3,22 qm = 19,60 qm.

Tabelle 1. Feststellungen an den Dampfkesseln.

Datum u. Art des Versuches	Dauer des Versuches	Dampfsp. in Atm. abs.	Ges. Speisewasserverbrauch in kg	Speisewasser-Temperatur in °C	Dampf von 637 WE in kg	In 1 kg Kohle enthalten Wärmemenge in WE	Temperatur d. Rauchgase im Fuchs °C	Stündl. Verdampfung auf 1 qm Heizfläche in kg
23./24. April 1904 Hauptversuch	12 Uhr nachts bis 6 Uhr vormittags = 6 Std.	8,84	88 900	37,3	86 827,5	8015	349	21,09

Dampfmaschine.

Tabelle 2 (vergl. auch die Diagramme der Fig. 6)

Art u. Datum des Versuches	Dauer des Versuches		Rechter Hochdruck-Zylinder Kurbels.	Deckels.	Mittel	Rechter Niederdr.-Zylinder Kurbels.	Deckels.	Mittel	Linker Hochdruck-Zylinder Kurbels.	Deckels.	Mittel	Linker Niederdr.-Zylinder Kurbels.	Deckels.	Mittel	Umdrehungsz. d. Maschine in der Minute	Vakuum in cm	Baromet.-stand in cm	Gesamt-Wasser-verbrauch in kg	Dampfverbrauch für 1 ind. Dampfpferd in kg/Std.
Hauptversuch am 23./24. April 1904	v. 12 Uhr nachts bis 6 Uhr morg. = 6 Std	Eintritts-Dampfspannung Atm. abs.		8,67			1,58			8,67			1,58						Reiner Dampfver-
		Mittlerer Kolbendruck in kg/qcm	1,88	1,85	1,875	0,758	0,804	0,782	2,03	2,14	2,09	0,737	0,821	0,779				85 789,2 [1])	brauch der Maschine
		Leistung der Zylinderseite PSi	193,10	186,71	189,91	157,34	167,67	162,51	208,48	215,97	212,23	152,98	171,21	162,10	51,1	63,5	78,5		9,84 kg,
		„ jedes Zylinders PSi		379,81			325,01			424,45			324,19					88 768 [2])	Dampfverbrauch
		„ einer Maschinenseite PSi				704,82						748,64							einschl. Verlust in der
		Gesamtleistung der Maschine PSi							1453,46										Schachtleit. 10,06 kg,
Eichung I der Wasserhalt. am 24. April 1904	von 2,45 vorm. bis 3,30 vorm. = 45 Min.	Eintritts-Dampfspannung Atm. abs.		8,6			1,6			8,6			1,6						
		Mittlerer Kolbendruck in km/qcm	1,81	1,80	1,81	0,758	0,804	0,781	2,14	2,18	2,16	0,733	0,829	0,781					
		Leistung der Zylinderseite PSi	186,27	182,02	184,15	157,64	167,99	162,82	220,23	220,44	220,34	152,45	173,22	162,84	51,2	63,0	78,5	—	—
		„ jedes Zylinders PSi		368,29			325,63			440,67			325,67						
		„ einer Maschinenseite PSi				693,92						766,34							
		Gesamtleistung der Maschine PSi							1460,26										
Eichung II der Wasserhalt. am 24. April 1904	von 6,15 vorm. bis 6,55 vorm. = 40 Min.	Eintritts-Dampfspannung Atm. abs.		8,6						8,6									
		Mittlerer Kolbendruck in kg/qcm	1,89	1,89	1,89	0,781	0,810	0,796	2,01	2,20	2,11	0,711	0,850	0,781					
		Leistung der Zylinderseite PSi	193,49	189,12	191,31	161,16	167,92	164,54	205,24	220,73	212,99	146,71	176,22	161,47	50,8	—	78,5	—	—
		„ jedes Zylinders PSi		382,61			329,08			425,97			322,93						
		„ einer Maschinenseite PSi				711,69						748,90							
		Gesamtleistung der Maschine PSi							1460,59										

[1]) Nach Abzug von 3110,8 kg Gesamt-Kondenswasser. [2]) Nach Abzug von 1132 kg Kondenswasser über Tage.

Messung der Kondensationsverluste in der Schachtdampfleitung.

In dem Kampfe für und wider die Dampfwasserhaltungen spielen bekanntlich die Verluste an Dampf durch Kondensation in der Schachtleitung eine große Rolle. Diese Verluste sind zweierlei Natur:

1. Verluste in der vom Dampf durchflossenen Leitung während des Betriebes der Maschine;
2. Verluste in der gewöhnlich am Fußende gesperrten Leitung während des Stillstandes der Maschine.

Eine Absperrung größerer Schachtdampfleitungen an der Hängebank ist wegen der Längenänderungen der Rohre bei Erwärmung und Abkühlung und wegen der starken Dampfverluste, welche ein Anheizen der Leitung verursachen würde, untunlich. In der dauernd unter Dampf bleibenden Leitung entstehen aber während des Stillstandes der Maschine Verluste, welche die Wirtschaftlichkeit des Betriebes bei längeren Stillständen erheblich beeinflussen.

Da über die Größe der Verluste in Schachtdampfleitungen genaueres Material nicht vorlag, wurde gelegentlich des Versuches eine Bestimmung dieser Verluste vorgenommen. Die Schachtleitung ist 540 m lang und hat 300 mm l. W., mithin eine innere Rohroberfläche von 510 qm. Die Rohre sind von Isolierplatten umgeben, die aus einem Gemenge von Kieselguhr, Kork und Sägespänen gepreßt und mit verbleitem Eisenblech ummantelt sind; die Isolation erstreckt sich auch auf die innerhalb des Schachtes liegenden Flanschenverbindungen, während die Flanschen des oberirdischen Leitungsteiles nicht umhüllt sind. Es wurden in die Kessel, welche die Leitung während des Stillstandes der Maschine mit Dampf versorgten, in drei Stunden 4697 kg Wasser gepumpt. Nach Abzug von 620 kg Kondensat der oberirdischen Leitung verbleiben für die Schachtleitung allein 4077 kg. Der Kondensationsverlust für die Stunde und 1 qm innere Rohrfläche beträgt demnach während des Stillstandes der Maschine 2,66 kg.

Die Dampfwasserhaltung der Zeche Victor steht in äußerst flottem Betriebe; sie wird in der Woche nur 12 Stunden stillgesetzt, sodaß die Kondensationsverluste der Leitung während des Stillstandes der Maschine hier keine große Rolle spielen. Bei der Mehrzahl der Wasserhaltungen wird man mit größeren, aus bergtechnischen Gründen gebotenen Stillständen rechnen müssen, etwa so, daß auf je 16 Betriebstunden 8 Stunden Pause kommen.

Ergebnisse der Versuche an der Pumpe.

Feststellung der Förderhöhe.

Über die Rohrführung und die Förderhöhe gibt Fig. 7 (S. 75) Auskunft.

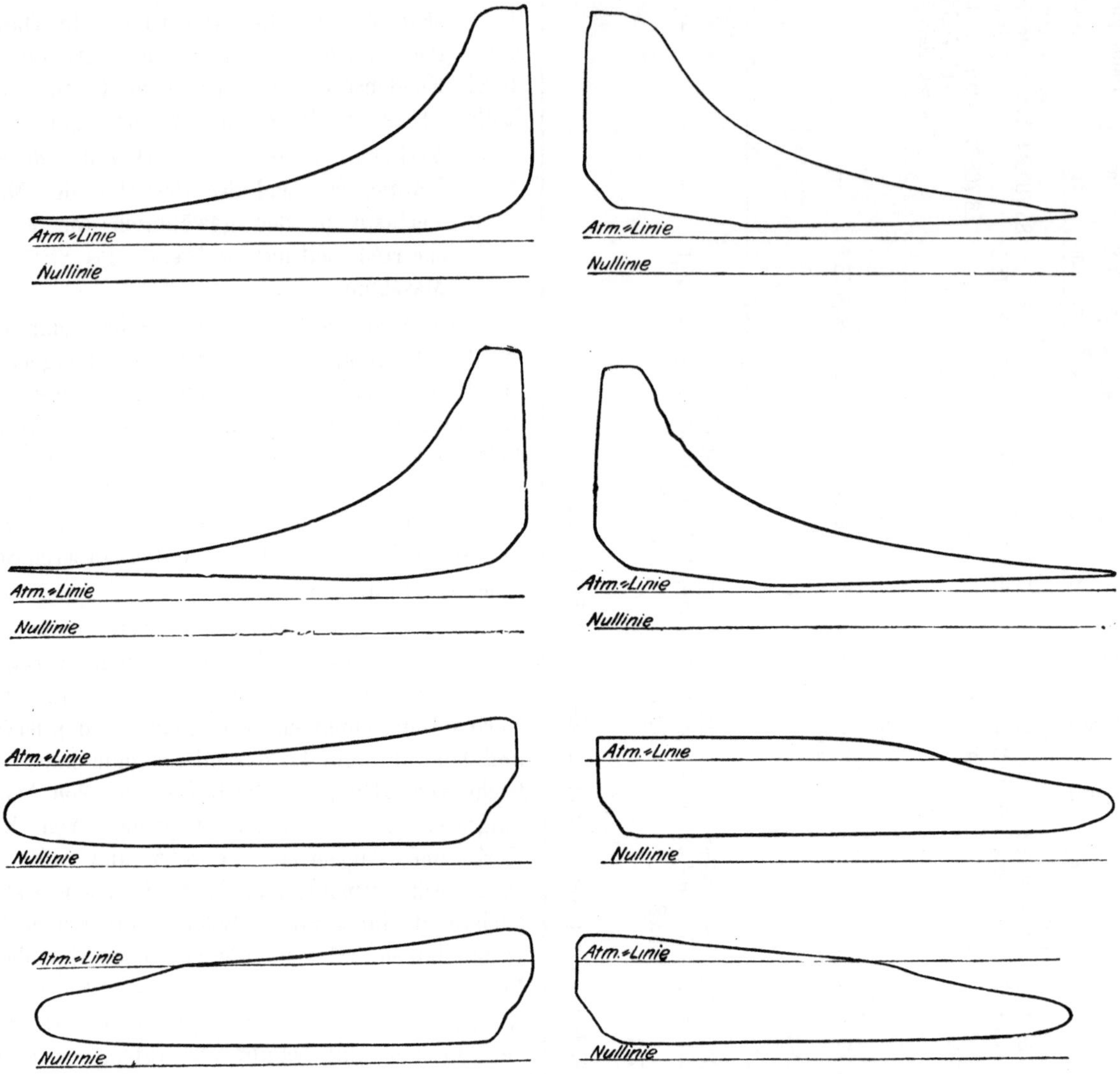

Fig. 6. Diagramme der Dampfmaschine auf Zeche Victor.

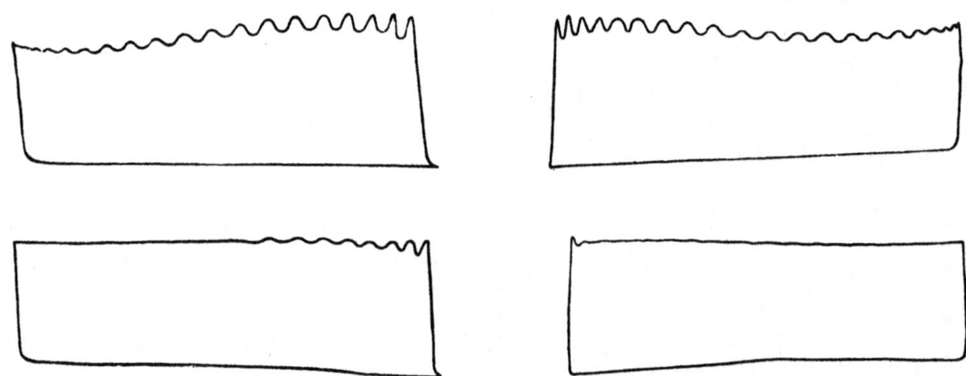

Fig. 8. Diagramme der Pumpe auf Zeche Victor.

Die Förderhöhe von Mitte Pumpenzylinder bis Mitte Ausgußrohr beträgt demnach 500,63 m.

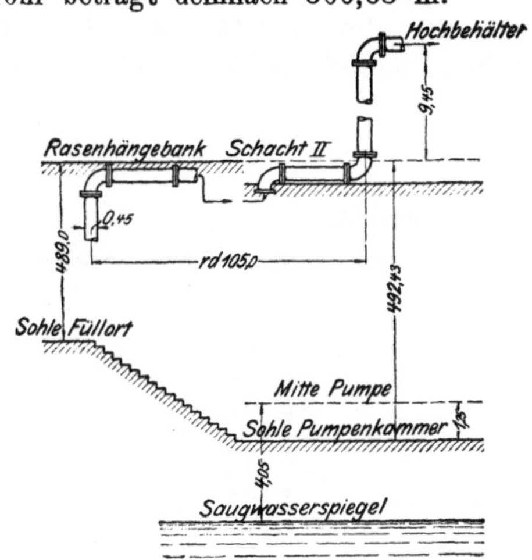

Fig. 7. Förderhöhe der Wasserhaltung auf Zeche Victor.

Feststellungen an der Pumpe.

Zur Messung des gehobenen Wassers diente das große Bassin des Kühlturmes der Zentralkondensation, dessen Inhalt bis zu 700 cbm durch das Zugeben von Wasser aus Meßkästen bestimmt war. Der steigende Wasserspiegel wurde von 5 zu 5 cbm an einer lotrecht eingebauten Meßlatte markiert. Zur Eichung ließ man die Pumpe in das Bassin ausgießen und notierte die Zeit, in welcher der zwischen einer bestimmten Anfangs- und Endmarke liegende Raum gefüllt wurde. Zur Kontrolle wurden außerdem Teilablesungen gemacht; zugleich bestimmte man Leistung und Umdrehungszahl der Maschine während der Dauer des Eichens.

Die erste Eichung fand während des Hauptversuches statt, die zweite unmittelbar hinterher.

Die Resultate der einzelnen Beobachtungen gibt Tab. 3 wieder (vergl. auch die Diagramme der Fig. 8 auf S. 74).

Tabelle 3.

	Eichung 1	Eichung 2
Dauer der Wassermessung	Min. Sek. 36 41	Min. Sek. 36 30
Gesamte geförderte Wassermenge	420 cbm	420 cbm
Minutlich geförderte Wassermenge	11,449 „	11,507 „
Minutl. Umdrehungen	51,2	50,8
Leistung bei einer Umdrehung	0,2236 cbm	0,2265 cbm
Theoretische Leistung bei einer Umdrehung	0,2405 „	0,2405 „
Volumetr. Wirkungsgrad	92,97 pCt.	94,18 pCt.
Durchschn. Saughöhe bis Mitte Pumpe	4,01 m	4,05 m
Gesamt-Förderhöhe	504,64 m	504,68 m
Druck im Druckwindkessel	51,3 Atm	51,3 Atm.
Leistung der Dampfmaschine	1460,26 PSi	1460,59 PSi.

Für die Ermittlung des Pumpenwirkungsgrades kommt das spezifische Gewicht des Grubenwassers in Frage, das im vorliegenden Fall 1,008 betrug. Die Temperatur des Wassers zeigte bei den verschiedenen Messungen keine praktisch ins Gewicht fallende Veränderung.

Es ist noch zu bemerken, daß die Pumpeneichungen und sonstigen Messungen unter denselben Belastungsverhältnissen (Umdrehungszahlen usw.) wie beim Hauptversuch stattfanden und deshalb auch für diesen Gültigkeit besitzen, wie der Vergleich der nachstehenden bei dem Hauptversuch erhaltenen Mittelwerte mit denen in Tab. 3 beweist:

Minutl. Umdrehungszahl der Maschine .	51,1
Durchschn. Saughöhe bis Mitte Pumpe .	4,046 m
Gesamtförderhöhe	504,68 „
Druck im Druckwindkessel	51,5 Atm.

Unter Berücksichtigung der Eichungswerte ergibt sich ein Gesamtwirkungsgrad $\frac{\text{indiz. Dampfpferd}}{\text{Wasserpferd}}$:

bei Eichung I zu 88,63 pCt.
„ „ II „ 89,06 „

Beim Hauptversuch betrug die Leistung der Pumpe in der Minute nach obigen Angaben 11,507 cbm und der Gesamtwirkungsgrad 89,47 pCt.

Für den endgültigen Gesamtwirkungsgrad sei das Mittel aus den beiden Eichungen und dem Hauptversuch mit

89,05 pCt.

angegeben.

Der Dampfverbrauch für die Wasserpferdstunde beträgt demnach in der Maschine 11,02 kg und 11,38 kg einschließlich der Verluste in der Leitung.

Die Versuche an der hydraulischen Wasserhaltung der Zeche Dannenbaum, Schacht II.

Es wurden folgende Feststellungen gemacht:

Paradeversuch	Betriebsversuch
Hauptversuche	
am 8. November 1903	am 17. Januar 1904
„ 15. „ „*)	
Pumpeneichungen	
am 16. November 1903	am 19. Januar 1904.

*) Die Wiederholung mußte erfolgen, weil am 8. November keine einwandfreien Dampfverbrauchszahlen zu erzielen waren.

Ergebnisse der Versuche am Dampfteil.

Kesselanlage.

Zur Dampferzeugung dienten zwei in Bauart und Größe vollkommen gleiche Dampfkessel, System MacNicol, welche von der Firma Petry-Dereux in Düren im Jahre 1900 für einen Druck von 8 Atm. erbaut sind. Jeder Kessel hat 250,72 qm Heizfläche, beide zusammen also 501,44 qm. Die Rostfläche jedes der beiden Planroste beträgt 5,03 qm, die gesamte Rostfläche also 10,06 qm.

Tabelle 4. Feststellungen an den Dampfkesseln.

Datum und Art des Versuches	Dauer des Versuches	Dampfspannung in Atm. abs.	Gesamter Speisewasserverbrauch in kg	Speisewassertemperatur in °C.	Dampf von 637 WE in kg	Gesamter Kohlenverbrauch in kg	Gehalt der Rauchgase an CO_2 in pCt.	Temperatur der Rauchgase im Fuchs in °C.	Temperatur im Kesselhaus in °C.	Temperatur im Freien in °C.	In 1 kg Kohle enthaltene WE	Aus 1 kg Kohle gewonnene WE	Stdl. Verdampfung auf 1 qm Heizfl. in kg	Verdampfung durch 1 kg Kohle in kg	Stdl. verbrannte Kohle auf 1 qm Rostfläche in kg	Gewinn in Form von Dampf in pCt.	Verlust: durch den Schornstein in pCt.	Verlust: durch Unverbranntes in den Rückstd. in pCt.	Verlust: durch Leitung und Strahlung in pCt.
Paradeversuch I 8. Nov. 1903	6Std.	7,4	43 955	12,16	44 475,9	5756	12,5	303,7	16,8	10,2	7787 ¹)	4922,2	14,78	7,73	95,49	63,21	18,10	1,07	17,62
Paradeversuch II 15. Nov. 1903	6Std.	8.0	34 180	11,14	34 718,9	4400	9,2	311,95	15,3	8,2	7787 ¹)	5026,3	11,5	7,89	72,8	64,50	21,50	3,12	10,88
Betriebsversuch 17. Jan. 1904	6Std.	8,1	48 250	4,75	49 506,6	6400	10,2	299,9	10	1,1	7454 ²)	4925	12,34	7,74	79,49	66,07	20,45	0,81	12,67

¹) Gehalt an C = 81,58 pCt., an H = 4,47 pCt., an Wasser = 1,40 pCt. ²) Gehalt an C = 80,73 pCt., an H = 4,11 pCt., an Wasser = 0,70 pCt.

Die Beanspruchung der Kessel war nur gering, sodaß vorstehende Zahlen kein günstiges Bild von ihrer Leistungsfähigkeit geben

Dampfmaschine.

Die Ergebnisse sind aus Tabelle 5 sowie aus den Figuren 9 und 10 auf Seite 77 zu ersehen.

Tabelle 5. Feststellungen an den Dampfmaschinen.

Art und Datum des Versuches	Dauer des Versuches		Hochdr.-Zylinder. Kurbels.	Hochdr.-Zylinder. Deckels.	Hochdr.-Zylinder. Mittel	Niederdr.-Zylinder Kurbels.	Niederdr.-Zylinder Deckels.	Niederdr.-Zylinder Mittel	Umdrehungszahl in der Minute	Vakuum cm	Gesamt-Wasserverbrauch kg	Dampfverbrauch für 1 indiz. Dampfpf. kg/Std.
Paradeversuch I 8. Nov. 1903	Von 2 Uhr nachm. bis 8 Uhr nachm. = 6 Std.	Eintritts-Dampfspannung Atm. abs.		6,28			1,12					
		Mittlerer Kolbendruck in kg/qcm	2,08	1,71	1,89	0,656	0,654	0,655				
		Leistung der Zylinderseite PSi	249,74	207,34	228,54	176,41	176,87	176,64	46,3	61,9	—	—
		„ jedes Zylinders PSi		457,08			353,28					
		Gesamtleistung der Maschine PSi			810,36							
Paradeversuch II 15. Nov. 1903	Von 12^{45} nachm. bis 6^{45} nachm. = 6 Std.	Eintritts-Dampfspannung Atm. abs.		7,64			1,079					
		Mittlerer Kolbendruck in kg/qcm	2,11	1,93	2,02	0,606	0,600	0,603				
		Leistung der Zylinderseite PSi	239,44	222,13	230,79	154,16	153,50	153,83	43,8	61,6	31 944*)	6,921
		„ jedes Zylinders PSi			461,57		307,66					
		Gesamtleistung der Maschine PSi			769,23							
Betriebsversuch 17. Januar 1904	Von 10 Uhr vorm. bis 6 Uhr nachm. = 8 Std.	Eintritts-Dampfspannung Atm. abs.		8,05			1,0027					
		Mittlerer Kolbendruck in kg/qcm	1,89	1,95	1,92	0,639	0,628	0,634				
		Leistung der Zylinderseite PSi	224,18	234,76	229.47	169,87	167,89	168,88	45,77	63,0	44 021†)	6,91
		„ jedes Zylinders PSi		458,94			337,76					
		Gesamtleistung der Maschine PSi			796,70							

*) Nach Abzug von 2236 kg Kondenswasser. †) Nach Abzug von 4222 kg Kondenswasser.

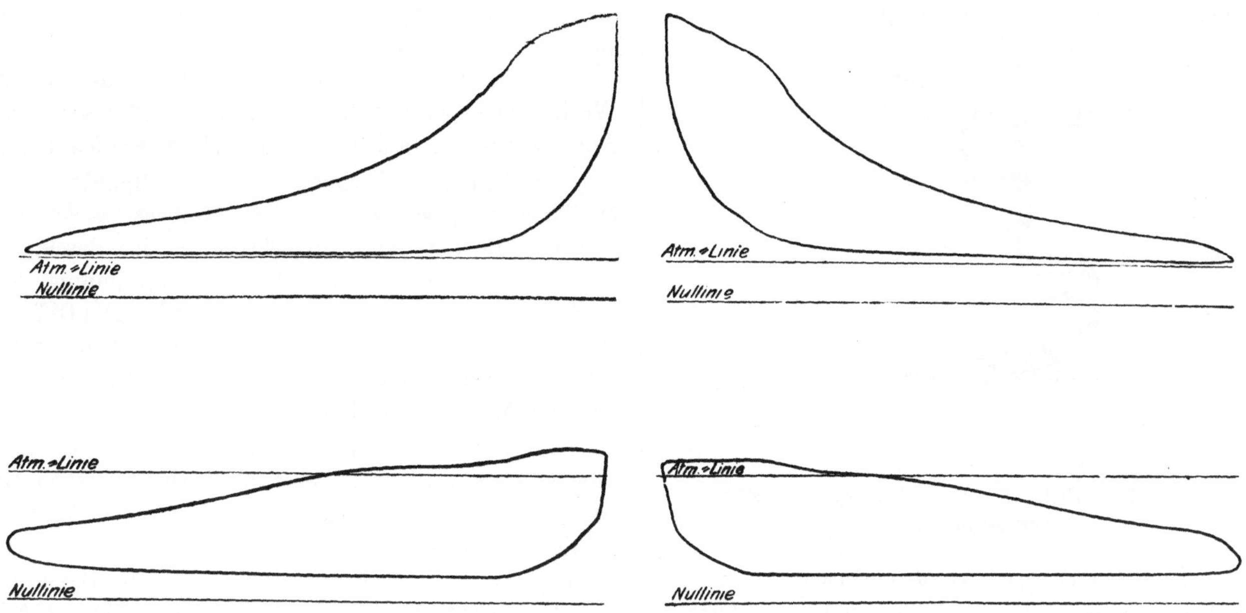

Fig. 9. Diagramme der Dampfmaschine auf Zeche Dannenbaum.
Paradeversuch vom 15. November 1903.

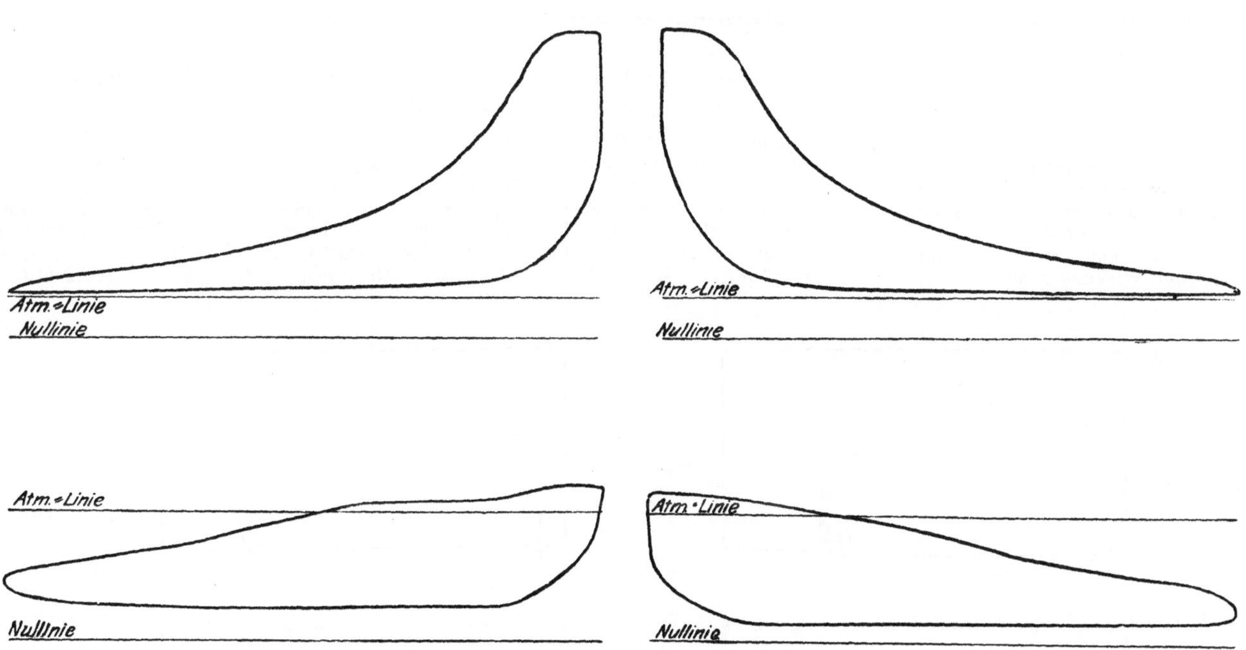

Fig. 10. Diagramme der Dampfmaschine auf Zeche Dannenbaum.
Betriebsversuch vom 17. Januar 1904.

Ergebnisse der Versuche an der Pumpe.

Feststellung der Förderhöhe.

Die Pumpe ist in einer Teufe von ca. 502 m aufgestellt. Da der Ausguß der Steigleitung, wie die Fig. 11 erkennen läßt, 2,00 m über der Rasenhängebank liegt, beträgt die Förderhöhe von Mitte Pumpe bis Ausguß 503,5 m; die Saughöhe schwankte beträchtlich und wurde deshalb bei den Versuchen in Zeitabständen von 15 zu 15 Minuten gemessen.

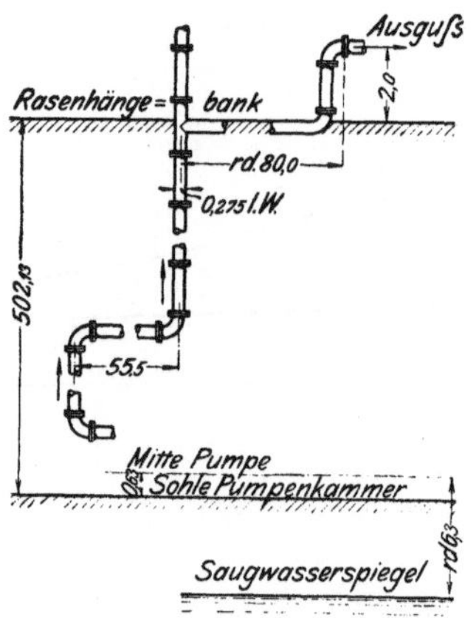

Fig 11. Förderhöhe der Wasserhaltung auf Zeche Dannenbaum II.

Feststellungen an der Pumpe.

Zur Wassermessung stand nur ein Behälter von 56 cbm Inhalt zur Verfügung, dessen Volumengehalt in der gleichen Weise wie auf Victor durch Auslitern bestimmt war; eine Meßlatte zeigte auch hier die Wasserhöhen von 5 zu 5 cbm.

Die Eichungen geschahen zu einer verabredeten Zeit, nachdem die Hubzahl der Pumpe auf die normale gebracht war. Länge und Anzahl der Hübe wurden von 2 zu 2 Minuten festgestellt.

Der Ausguß mündete in ein gegabeltes Gerinne mit Wechselschiebervorrichtung, mit der das Wasser in den Ablaufkanal oder in das Reservoir geleitet werden konnte.

Vor Beginn der Eichung war ein Nullpunkt an der Meßlatte festgelegt worden; vom Moment des Schieberwechsels an lief dann das Wasser in das Bassin, bis es am Ende der für die Messung bestimmten Zeit wieder in den Ablaufkanal geleitet wurde. Die Differenz zwischen Anfangs- und Schlußmarke an der Latte ließ die in der Zeiteinheit geförderte Wassermenge erkennen und ermöglichte die Bestimmung der Eichungswerte.

Die Wechsel der Gerinne vollzogen sich mit einer solchen Geschwindigkeit, daß die unvermeidlichen Ungenauigkeiten auf ein praktisch bedeutungsloses Minimum herabgedrückt wurden.

Da das zur Wassermessung benutzte Bassin zu der Kondensationseinrichtung der Maschine gehörte, mußte diese während der Eichungen mit Auspuff arbeiten.

Es wurden die in Tabelle 6 verzeichneten Resultate ermittelt:

Tabelle 6. Feststellungen an der Pumpe (vergl. auch die Diagramme der Fig. 12 u. 13.)

	Eichungen beim					
	Paradeversuch I u. II am 8. u. 15. Nov. 03.			Betriebsversuch am 17. Jan. 04.		
	Messung I	Messung II	Messung III	Messung I	Messung II	Messung III
Dauer der Wassermessung	10 Min.	10 Min.	10 Min.	10 Min.	10 Min.	10 Min.
Gesamte geförderte Wassermenge	45,0 cbm	45,2 cbm	45 cbm	45,8 cbm	45,8 cbm	45,75 cbm
Anzahl der Doppelhübe in der Minute	15,6	15,7	15,65	15,75	15,85	15,75
Geförderte Wassermenge in der Minute	4,5 cbm	4,52 cbm	4,5 cbm	4,58 cbm	4,58 cbm	4.575 cbm
Leistung bei 1 Doppelhub	0,2885 cbm	0,2879 cbm	0,2875 cbm	0,291 cbm	0,289 cbm	0,290 cbm
Theoretische Leistung bei 1 Doppelhub	0,2809 cbm	0,2807 cbm	0,2806 cbm	0,2816 cbm	0,2817 cbm	0,28138cbm
Volumetrischer Wirkungsgrad	102,7 pCt.	102,6 pCt.	102,5 pCt.	103,2 pCt.	102,5 pCt.	103,2 pCt.

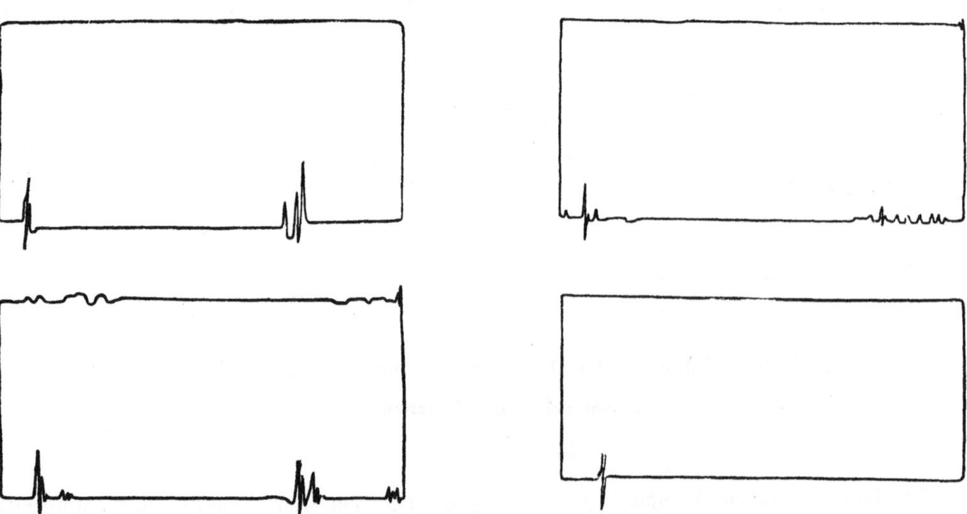

Fig. 12. Diagramme der Pumpe auf Zeche Dannenbaum. Paradeversuch vom 15. November 1903.

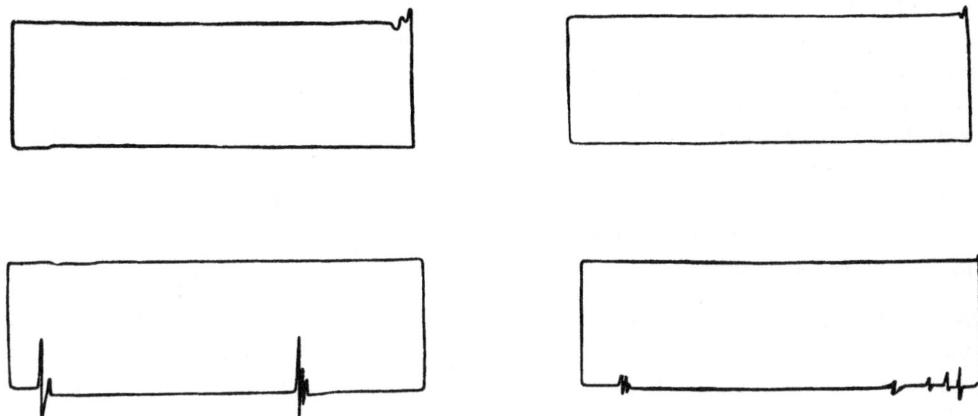

Fig. 13. Diagramme der Pumpe auf Zeche Dannenbaum.
Betriebsversuch vom 17. Januar 1904.

Da die Hubzahlen der Pumpe bei den Hauptversuchen und den Eichungen fast gleich waren, so gilt die bei letzteren bestimmte mittlere volumetrische Leistung pro Doppelhub auch für jene, und es ergibt sich:

Tabelle 7.

	Parade-versuch I 8. Nov. 03	Parade-versuch II 15. Nov. 03	Betriebs-versuch 17. Jan. 04
Mittlere Hubzahl in der Minute	16,41	15,44	15,91
Arbeitsdruck in Atm. Überdruck . . .	235	230	230
Druck am Druckwindkessel in Atm. Überdr.	51,17	51,5	51,5
Durchschnittl. Saughöhe bis Mitte Pumpe in m . .	6,31	5,808	6,861
Gesamte Förderhöhe in m	509,81	509,31	510,361
Leistung in cbm/Min.	4,73	4,446	4,585
„ der Dampfmaschine in PSi .	810,36	769,23	796,70
spezifisches Gewicht des Wassers	1,004	1,004	1,004
Gesamtwirkungsgrad in pCt.	66,40	65,68	65,53
	im Mittel 66,04		
		65,79 pCt.	

Wie aus der Tabelle 6 hervorgeht, wurde bei den häufig wiederholten und mit aller Genauigkeit durchgeführten Untersuchungen ein volumetrischer Wirkungsgrad von 102,5—103,2 pCt. festgestellt. Die eigentümliche Tatsache der über das Volumen gehenden Mehrförderung einer Pumpe erklärt Zivilingenieur Prött durch die nachstehende Darlegung.

Bei der hydraulischen Pumpe mit hin- und hergehenden Kolben macht sich nicht wie bei den schnelllaufenden Pumpen im toten Punkt, sondern während der Saugperiode ein Ventilschlag bemerkbar. Die Maximal-Kolbengeschwindigkeit wird nämlich nicht wie bei Kurbelpumpen ungefähr in der Mitte des Hubes, sondern bereits kurz nach dem Hubwechsel erreicht.

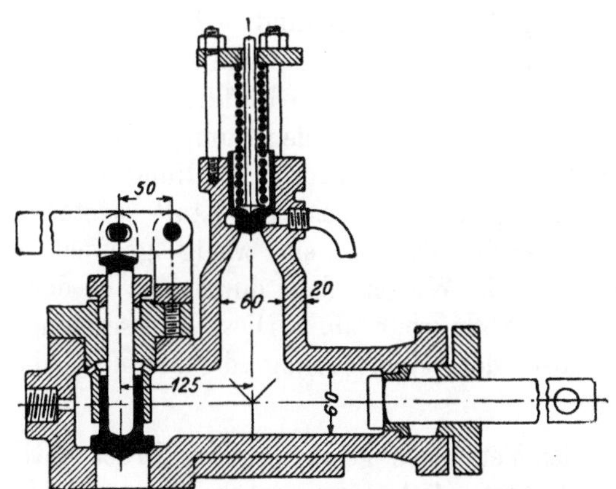

Fig. 14. Apparat zur Demonstration der Mehrförderung hydraulischer Pumpen über ihr Volumen.

Die Saugwassersäule ist nicht imstande, dem Pumpenkolben sofort zu folgen, sodaß im Pumpenzylinder ein Vakuum entsteht. Die Geschwindigkeit der Wassersäule vergrößert sich dabei allmählich, bis sie den luftleeren Raum ausfüllt und dann infolge ihrer lebendigen Kraft gegen den Kolben und das Druckventil schlägt. Diese Erscheinung führte zu der Vermutung, daß das unter der Schlagwirkung geöffnete Druckventil Wasser durchschießen lasse. Da der Vorgang an der Pumpe selbst nicht nachgewiesen werden konnte, wurde von der Berliner Maschinenbau A.-G. vorm. L. Schwarzkopff der unten beschriebene Demonstrationsapparat zwecks Nachweisung der erwähnten Wasserwirkung auf experimentellem Wege konstruiert und der Versuchskommission vorgeführt. Diese Versuchspumpe ist in Figur 14 dargestellt.

Das Druckventil kann durch eine einstellbare Feder verschieden belastet werden. Das Saugventil wird durch einen Hebel geschlossen gehalten, damit während der Saugperiode die Entstehung eines Vakuums möglich ist. Es ist dies erforderlich, weil es nicht möglich ist, den Plunger von Hand so schnell zu bewegen, daß ein Abreißen der Saugwassersäule und damit ein Vakuum eintritt.

Die Versuche mit diesem Apparat wurden in folgender Weise ausgeführt. Mittels einer angeschlossenen Handpreßpumpe wurde die Spannung der Druckventilfeder eingestellt und geprüft. Es geschah dies in der Weise, daß durch die Preßpumpe in dem Pumpenraum der Versuchspumpe eine hydraulische Pressung erzeugt und diese solange gesteigert wurde, bis sich das Druckventil öffnete. Die Federspannung im Moment des Öffnens entspricht also dem am Manometer der Preßpumpe im gleichen Augenblick abgelesenen Wasserdruck. Nachdem so die Federspannung bestimmt war, wurde der Plunger bis an das äußere Hubende gezogen und dabei das Saugventil geschlossen gehalten, sodaß in dem Pumpenzylinder ein Vakuum entstand. Nun wurde durch Hochheben des Hebels das Saugventil freigegeben, worauf es durch den äußeren Luftdruck geöffnet wurde und die Saugwassersäule in den Pumpenzylinder eintrat. Das Wasser schlug nun nach Ausfüllung des luftleeren Raumes infolge seiner lebendigen Kraft so stark gegen das Druckventil, daß es ein wenig geöffnet wurde. Das austretende Wasser floß durch das in der Figur gezeichnete Abflußrohr ab. Diese Wassermenge entspricht also der Mehrleistung der Pumpe über ihr Volumen.

Bei den Versuchen gelang es, das Druckventil noch unter 40 Atm. Belastung durch das einschießende Saugwasser zu öffnen. Dieses Ergebnis ohne weiteres auf die hydraulische Pumpe zu übertragen, ist selbstverständlich nicht möglich.

Derartige Mehrförderungen sollen auch bei anderen Versuchen an hydraulischen Pumpen des beschriebenen Systems mit Sicherheit festgestellt worden sein. Diese interessante Tatsache sei hier nur vermerkt. Da im übrigen die Ergebnisse der oft wiederholten Wassermessung ziemlich konstant waren und ein Zweifel an der Richtigkeit der Wassermessung ausgeschlossen war, entschloß man sich, die bei der Eichung gefundenen Werte unter allem Vorbehalt zu verwenden.

Zum Schluß sei noch auf folgendes hingewiesen:

1. Vor dem Paradeversuch wurde ein neuer Steuerkolben in die Preßpumpe eingebaut.
2. Die Betriebsverhältnisse der Anlage sind insofern ungünstig, als sie nicht vollbelastet ist und die Dampfmaschine beispielsweise mit 43,8 bis 46,3 Umdrehungen/Min. weit hinter der maximalen Umlaufzahl 56, welche sie später bei der Wasserhebung von der 720 m-Sohle machen soll, zurückblieb.

Die Untersuchungen der elektrisch betriebenen Wasserhaltungen.

Die Versuche an der Hochdruck-Zentrifugalpumpenanlage der Zeche Victor.

Zur Prüfung des maschinentechnischen Teiles der Anlage wurden folgende Feststellungen gemacht:

	Paradeversuch:	Betriebsversuch:
1.	Vorversuch am 25. November 1903.	Vorversuch am 18. Februar 1904.
2.	Hauptversuch am 26. November 1903.	Hauptversuch am 19. Februar 1904.
3.	—	Versuch an der Erregermaschine am 21. Februar 1904.
4.	Messungen an den Pumpen am 27. November 1903.	Messungen an den Pumpen am 22. Februar 1904.

Ergebnisse der Versuche am Dampfteil.

Kesselanlage.

Es wurde dieselbe Batterie benutzt wie beim Versuch an der Dampfwasserhaltung, nämlich 2 von Piedboeuf und 2 von Berninghaus erbaute Kessel mit einer

Heizfläche von 2 × 113,32 und 2 × 114,9 qm, im ganzen 456,44 qm und einer

Rostfläche von 2 × 3,36 und 2 × 3,22 qm, im ganzen 13,16 qm.

Nur bei dem Vorversuch am 25. November 1903 war ein Kessel mehr im Betrieb, sodaß hier an Heizfläche 571,34 qm, an Rostfläche 16,38 qm zur Verfügung standen.

Die Ergebnisse der Beobachtungen sind in Tabelle 8 zusammengestellt.

Tabelle 8. Feststellungen an den Dampfkesseln.

Datum und Art des Versuches	Dauer des Versuches	Dampfspannung	Speisewasserverbrauch	Speisewassertemperatur	Dampf von 637 WE	Kohlenverbrauch	Gehalt der Rauchgase an CO_2	Temperatur der Rauchgase im Fuchs	Temperatur im Kesselhaus	Temperatur im Freien	in 1 kg Kohle enthaltene Wärme	aus 1 kg Kohle gewonnene Wärme	stündliche Verdampfung auf 1 qm Heizfläche	Verdampfung auf 1 kg Kohle	stündlich verbrannte Kohle auf 1 qm Rostfläche	Gewinn in Form von Dampf	Verlust durch den Schornstein	Verlust durch Unverbranntes in den Rückständen	Verlust durch Leitung und Strahlung
		Atm. abs.	kg	°C	kg	kg	pCt.	°C	°C	°C	WE	WE	kg	kg	kg	pCt.	pCt.	pCt.	pCt.
25.11.03 Parade-Vorversuch	11^{30} vorm. bis 4^{30} nachm. = 5 Std.	9,2	45600	46,7	43899,2	6300	7,37	305,8	13,3	–	7115[1])	4438,7	15,37	6,97	76,8	62,39	26,99	3,22	7,42
26.11.03 Parade-Hauptversuch	10^{0} vorm. bis 6^{0} nachm. = 8 Std.	9,2	75679	29,3	74926	10000	9,7	346,1	9,8	3	7115[1])	4772,85	20,5	7,49	94,98	67,08	23,5	1,96	7,46
18. 2. 04 Betriebs-Vorversuch	12^{15} nachm. bis 3^{15} nachm. = 3 Std.	8,95	25940	28,8	25628	3700	8.7	325,4	9,6	–	7634[2])	4412	18,7	6,92	94,7	57,80	24,84	2.15	15,21
19. 3. 04 Betriebs-Hauptversuch	8^{30} vorm. bis 4^{30} nachm = 8 Std.	9	74276	34,9	72677,4	9389	10.1	340,5	8,3	5,15	7634[2])	4930,8	19,83	7,74	90,14	64,59	22,15	1,23	12,03

1. Gehalt der Kohle an C = 75,30 pCt., H = 4,45 pCt., Wasser = 0,80 pCt.
2. „ „ „ „ C = 82,76 „ H = 4,44 „ „ = 1,10 „

Feststellungen an der Betriebsmaschine des Generators.

Die Maschine wurde sowohl im Rahmen der Hauptversuche als auch bei den besonderen Versuchen zur Feststellung des Gesamtwirkungsgrades geprüft; siehe die Tabellen 9 und 10, sowie die Fig. 15 und 16 auf den Seiten 81 – 83.

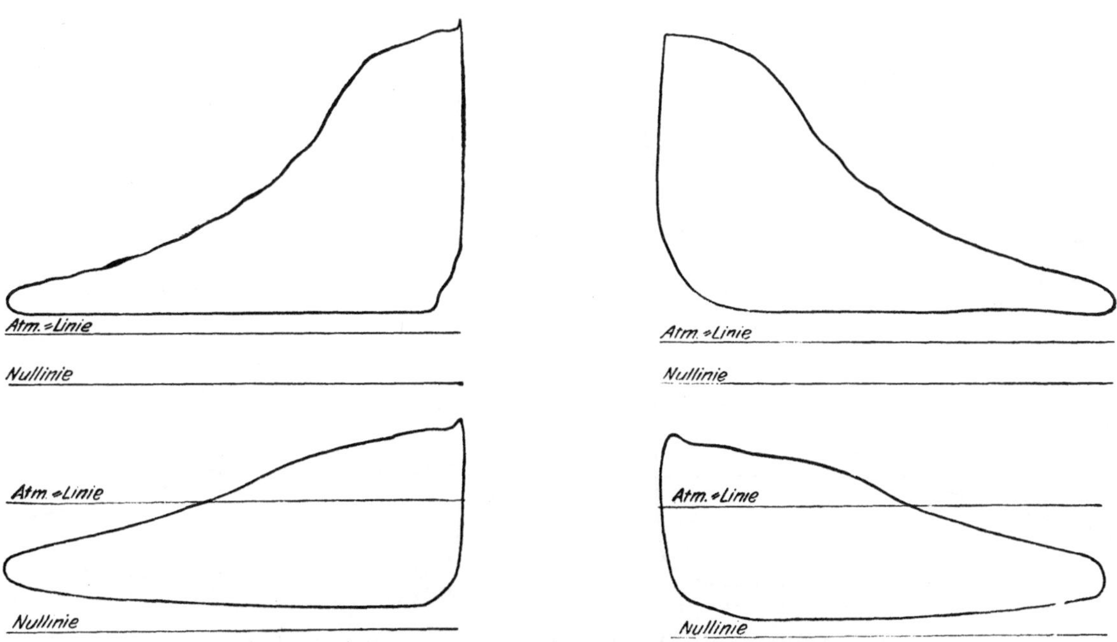

Fig. 15. Diagramme der Haupt-Dampfmaschine auf Zeche Victor. Paradeversuch vom 26. November 1903.

Tabelle 9. Feststellungen an der Haupt-Dampfmaschine (vergl. auch die Diagramme der Figuren 15 und 16).

Art und Datum des Versuches	Dauer des Versuches		Hochdruckzylinder Kurbelseite	Hochdruckzylinder Deckelseite	Hochdruckzylinder Mittel	Niederdruckzylinder Kurbelseite	Niederdruckzylinder Deckelseite	Niederdruckzylinder Mittel	Umdr./Min.	Vakuum cm	Barometerstand cm	Wasserverbrauch kg	Dampfverbrauch für 1 PSi/Std. kg
Parade-Vorversuch am 25. Nov. 1903	von 11^{30} Uhr vorm. bis 4^{30} Uhr nachm. = 5 Std.	Eintritts-Dampfspannung Atm. abs.		9,14			1,59					ausschl. des Verbrauches d. Erregermaschine	
		mittlerer Kolbendruck . . . kg/qcm	3,28	3,26	3,27	0,874	0,894	0,884					
		Leistung der Zylinderseite . PSi	384,29	381,95	383 12	283,72	290,21	286,96					
		„ jedes Zylinders . „		766,24			573,92						
		Gesamtleistung d. Maschine „			1340,16				109,65	66,5	76,0	44720[1])	6,674
Parade-Hauptversuch am 26. Nov. 1903	von 10 Uhr vorm. bis 6 Uhr nachm. = 8 Std.	Eintritts-Dampfspannung Atm. abs.		8,84			1,57						
		mittlerer Kolbendruck . . . kg/qcm	3,35	3,33	3,34	0,877	0,898	0,888					
		Leistung der Zylinderseite PSi	390,78	390,54	390,66	284,51	291,39	287,95					
		„ jedes Zylinders . „		781,32			575,90						
		Gesamtleistung d. Maschine „			1357.22				109,64	67,7	75,4	74219[2])	6,836
Betriebs-Vorversuch am 18. Febr. 1904	von 12^{15} Uhr nachm. bis 3^{15} Uhr nachm. = 3 Std.	Eintritts-Dampfspannung Atm. abs.		8,64			1,54						
		mittlerer Kolbendruck . . . kg/qcm	3,05	3,04	3,05	0,84	0,82	0,83					
		Leistung der Zylinderseite PSi	359,80	358,60	359,20	274,54	268,00	271,27					
		„ jedes Zylinders . „		718,40			542,54						
		Gesamtleistung d. Maschine „			1260,94				110,4	64,1	74,4	25472[3]	6,73
Betriebs-Hauptversuch am 19. Febr. 1904	von 8^{30} Uhr vorm. bis 4^{30} Uhr nachm. = 8 Std.	Eintritts-Dampfspannung Atm. abs.		8,75			1,63						
		mittlerer Kolbendruck . . . kg/qcm	3,23	3,21	3,22	0,88	0,88	0,88					
		Leistung der Zylinderseite PSi	381,71	379,35	380,5	288,14	288,14	288.14					
		„ jedes Zylinders . „		761,06			576,28						
		Gesamtleistung d. Maschine „			1337,34				110,6	68,1	75,6	73115[4])	6,834

[1]) nach Abzug von 880 kg Kondensationswasser.
[2]) „ „ „ 1460 „ „

[3]) nach Abzug von 468 kg Kondensationswasser.
[4]) „ „ „ 1161 „ „

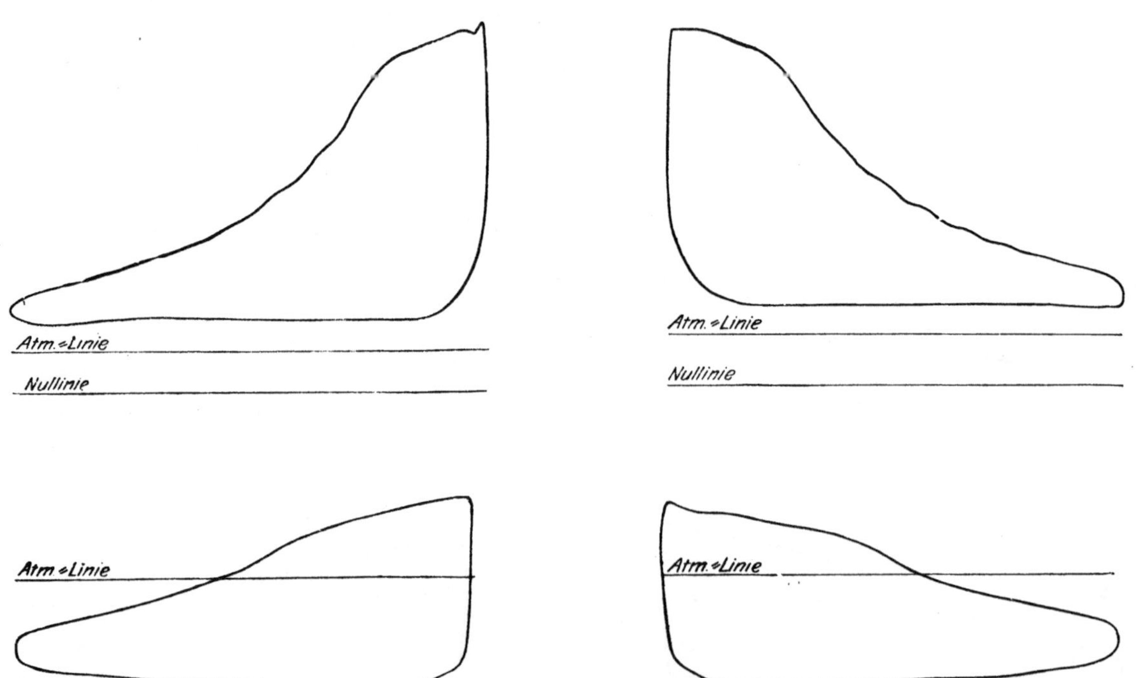

Fig. 16. Diagramme der Haupt-Dampfmaschine auf Zeche Victor.
Betriebsversuch vom 19. Februar 1904.

Tabelle 10. Versuche zur Ermittlung des Gesamtwirkungsgrades.

Messungen an der Haupt-Dampfmaschine

Art und Datum des Versuches	Dauer des Versuches			Hochdruckzylinder Kurbelseite	Deckelseite	Mittel	Niederdruckzylinder Kurbelseite	Deckelseite	Mittel	Umdr./Min.	Vakuum cm	Barometerstand cm
Paradeversuch Wassermessung 1 27. Nov. 1903	von 9^{40} Uhr vorm. bis 11^{10} Uhr vorm. = 90 Min.	mittlerer Kolbendruck	kg/qcm	3,26	3,28	3,27	0,929	0,930	0,930			
		Leistung der Zylinderseite . .	PSi	382,37	384,71	383,54	302,1	301,9	302,0			
		„ jedes Zylinders . . .	„		767,08			604,00				
		Gesamtleistung der Maschine	„			1371,08				109,77	58,8	75,7
Paradeversuch Wassermessung 2 27. Nov. 1903	von 1^{30} Uhr nachm. bis 3 Uhr nachm. = 90 Min.	mittlerer Kolbendruck	kg/qcm	3,24	3,26	3,25	0 92	0,911	0,916			
		Leistung der Zylinderseite . .	PSi	379,02	3 1,36	380,19	298 14	295,23	296,69			
		„ jedes Zylinders . . .	„		760,38			593,37				
		Gesamtleistung der Maschine .	„			1353,75				109,46	57,2	75,9
Paradeversuch Wassermessung 3 27. Nov. 1903.	von 5^{30} Uhr nachm. bis 7^{10} Uhr nachm. = 100 Min.	mittlerer Kolbendruck	kg/qcm	3,03	3,05	3,04	0,798	0,804	0,801			
		Leistung der Zylinderseite . .	PSi	352 06	353,68	352,87	256,52	258,46	257,49			
		„ jedes Zylinders . . .	„		705,74			514,98				
		Gesamtleistung der Maschine .	„			1220,72				108,58	57,7	74,9
Betriebsversuch Wassermessung 1 22. Febr. 1904	von 9^{10} Uhr vorm. bis 10^{30} Uhr vorm. = 80 Min.	mittlerer Kolbendruck . . .	kg/qcm	3,17	3,11	3,14	0,95	0,93	0,94			
		Leistung der Zylinderseite . .	PSi	374,96	367,86	371,41	311,34	304,78	308 06			
		„ jedes Zylinders . . .	„		742,82			616 12				
		Gesamtleistung der Maschine .	„			1358,94				110,7	—	—
Betriebsversuch Wassermessung 2 22. Febr. 1904.	von 12 Uhr mittags bis 1^{20} Uhr nachm. = 80 Min.	mittlerer Kolbendruck	kg/qcm	3,17	3,15	3,16	0,93	0,91	0,92			
		Leistung der Zylinderseite .	PSi	374.96	372,59	373,78	304,79	298,23	301,51			
		„ jedes Zylinders . . .	„		747,55			603,02				
		Gesamtleistung der Maschine .	„			1350,57				110,7	—	—
Betriebsversuch Wassermessung 3 22. Febr. 1904	von 3^{35} Uhr nachm. bis 4^{45} Uhr nachm. = 70 Min.	mittlerer Kolbendruck	kg/qcm	3,38	3,37	3,38	1,13	1,11	1,12			
		Leistung der Zylinderseite . .	PSi	407,02	405,82	406,42	377,02	370,35	373,69			
		„ jedes Zylinders . . .	„		812,84			747,37				
		Gesamtleistung der Maschine .	„			1560,21				112,7	—	—

Feststellungen an der Dampfmaschine des Erregers.

Die Erregermaschine ist nicht dauernd in Betrieb, es kann vielmehr der Erregerstrom auch von einer Lichtdynamo geliefert werden. Der Dampf für die Erreger-Dampfmaschine konnte nicht den Versuchskesseln entnommen werden, es wurde daher der Energieaufwand für die Erregung besonders festgestellt. Man ging dabei so vor, daß man die Energielieferung der Gleichstrommaschine auf den bei Parade- und Betriebsversuch erhaltenen Mittelwert einregulierte, Strom und Spannung maß und an der Dampfmaschine Diagramme nahm. Dieser Versuch hatte die in Tabelle 11 wiedergegebenen Ergebnisse:

Tabelle 11. Feststellungen an der Erreger-Dampfmaschine (vergl. auch die Diagramme der Fig. 17).

Datum des Versuches	Dauer des Versuches		Hochdruckzylinder Kurbelseite	Deckelseite	Mittel	Niederdruckzylinder Kurbelseite	Deckelseite	Mittel	Umdr./Min.
21. Februar 1904	1 Uhr nachm. bis 1^{30} Uhr nachm.=30Min.	Eintritts-Dampfspannung Atm. abs.		7,78		—	—	—	
		mittlerer Kolbendruck . . kg/qcm	1,99	2,25	2,12	0,32	0,36	0,34	
		Leistung der Zylinderseite PSi	10,09	11,99	11,04	3,87	4,45	4,16	
		„ jedes Zylinders „		22,08			8,32		
		Gesamtleistung der Maschine „			30,4				288

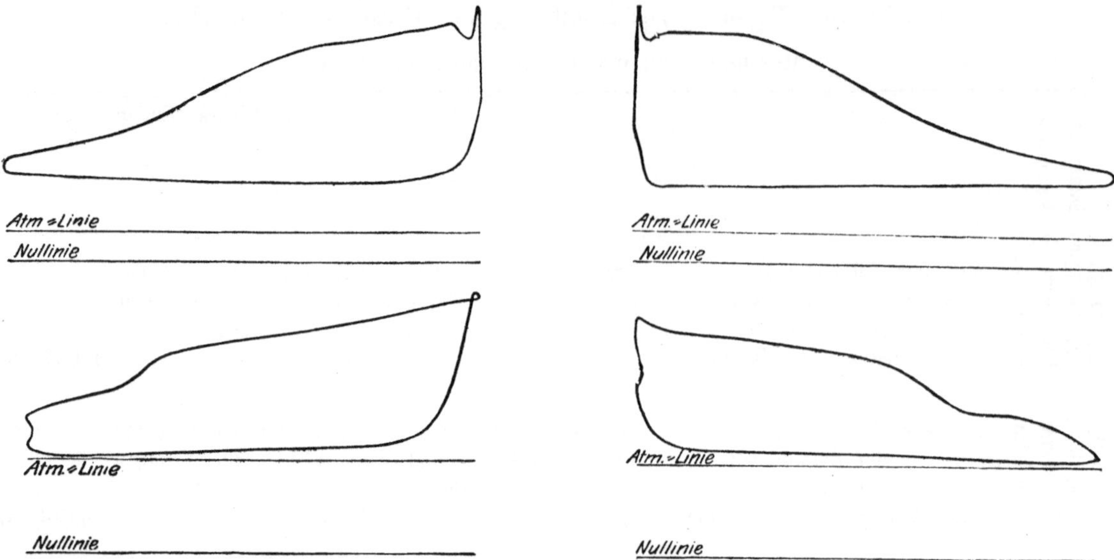

Fig 17. Diagramme der Erreger-Dampfmaschine auf Zeche Victor. Betriebsversuch vom 21. Februar 1904.

Dem Energieaufwand der Dampfmaschine von 30,4 PSi steht eine Stromlieferung der Dynamo von 15,6 KW, entsprechend 21,2 PSe gegenüber. Demnach beträgt der Wirkungsgrad des Erregersatzes $\frac{21,2}{30,4} = 0,7$. Dieser Wirkungsgrad ließ sich ohne weiteres auf die Erregerstromerzeugung beim Parade- sowie beim Betriebsversuch und bei den Pumpenmessungen übertragen, wo der Maschinensatz unter fast gleichen Belastungsverhältnissen arbeitete. Die Leistung der Erregerdynamo betrug:

beim Paradeversuch . . . . 15,26 KW
„ Betriebsversuch . . . . 15,10 „

Bei Annahme des oben festgestellten Wirkungsgrades von 0,7 waren von der Dampfmaschine zu leisten:

beim Paradeversuch . . . . 29,6 PSi
„ Betriebsversuch . . . . 29,3 „

Da sich der Dampfverbrauch der Maschine nicht feststellen ließ, war man auch darin auf Annahmen angewiesen.

Bei einem Einsatz von 10 kg/PSi-Std. berechnet sich der Dampfverbrauch:

beim Paradeversuch zu . . . . . 296 kg/PS-Std.
„ Betriebsversuch „ . . . . . . 293 „

Bei der Feststellung des Dampfverbrauches der elektrischen Wasserhaltung der Zeche Victor ist zu beachten, daß bei ihr sowohl die Antriebsmaschine des Generators als auch die des Erregers an eine Zentralkondensation angeschlossen waren, während die Dampfmaschinen der anderen Wasserhaltungen (mit Ausnahme derjenigen auf Zeche A. v. Hansemann) mit eigenen Kondensationen arbeiteten, also die Luftpumpenarbeit mit zu leisten hatten. Eine brauchbare Vergleichsgrundlage stellte man dadurch her, daß man bei der Berechnung des Dampfverbrauches und des Gesamtwirkungsgrades einen Zuschlag von $1^1/_2$ pCt. zur indizierten Leistung machte.

Ergebnisse der Versuche an den Pumpen.

Feststellung der Förderhöhe.

Über die Wasserteufe gibt die Fig. 18 Auskunft.

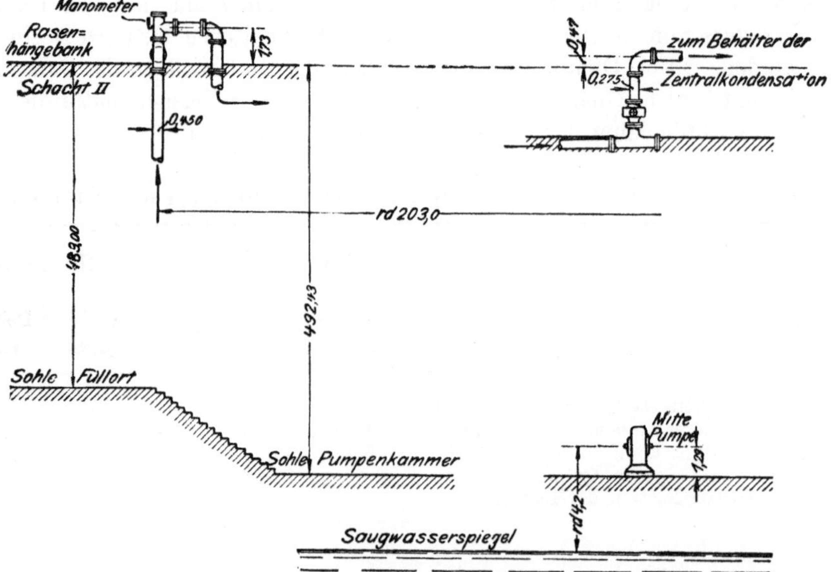

Fig. 18. Förderhöhe der Wasserhaltung auf Zeche Victor.

Während bei den übrigen Anlagen die Steigrohrleitungen über Tage noch 80 bis 100 m weit bis zum Ausgußbehälter geführt sind, beträgt hier die Entfernung etwa 200 m. Das geförderte Wasser hat in dieser langen Leitung noch einen Widerstand zu überwinden, der immerhin so beträchtlich ist, daß er in Rechnung gestellt werden muß. Zur Feststellung des Gegendruckes der Ausgußleitung wurde an der in Fig. 18 angedeuteten Stelle ein Manometer angebracht und mit seiner Hilfe der Widerstand der Ausgußleitung je nach der Leistung der Pumpe zu 0,46 bis 0,61 Atm. bestimmt. Dementsprechend sind bei der Berechnung des Wirkungsgrades zur tatsächlichen Förderhöhe 4,6 bis 6,1 m zugeschlagen. Macht man diesen Zuschlag nicht, so erniedrigen sich die später angegebenen Wirkungsgrade um etwa 1 pCt.

Bestimmung der Wassermenge.

Da die Leistung der Zentrifugalpumpen schon bei kleinen Schwankungen der Umlaufzahl großen Veränderungen unterworfen ist — bei annähernd normaler Leistung verursachte eine Erhöhung der Umlaufzahl um 1 pCt. eine Steigerung der Pumpenleistung um 10 pCt. — so war es nicht möglich, die Pumpen zu eichen. Daher wurde bei den Dauerversuchen nur der Dampfverbrauch für die PSi-Stunde ermittelt. Der Gesamtwirkungsgrad wurde beim Parade- und beim Betriebsversuch durch je 3 besondere Messungen festgestellt, indem man die Pumpe etwa eine Stunde in den großen, zur Wassermessung vorgerichteten Behälter der Zentralkondensation auswerfen ließ, gleichzeitig die Dampfmaschine indizierte und die Umdrehungszahl des Generators maß, zu der die Pumpen-Geschwindigkeit ja in einem bestimmten Verhältnis steht.

Dabei wurde die Zeit bestimmt, in welcher die Wasserhaltung den durch zwei Endmarken begrenzten Raum des Behälters füllte. Zur Kontrolle des Gesamtergebnisses nahm man außerdem wieder Teilablesungen in kurzen zeitlichen Zwischenräumen vor. Die Ergebnisse der Wassermessung und der damit gleichlaufenden Feststellungen an den Pumpen und der Dampfmaschine sind in Tabelle 12 zusammengestellt.

Tabelle 12.

	Paradeversuch			Betriebsversuch		
	Messung I	Messung II	Messung III	Messung I	Messung II	Messung III
Dauer der Messung	76′ 13″	78′ 46″	79′ 09″	69′ 44″	69′ 23″	59′ 59″
gesamte geförderte Wassermenge . . . cbm	580	580	520	511,91	510	510
Wassermenge in der Minute . . . . „	7,609	7,364	6,570	7,341	7,35	8,5
Umdr. Min. der Dampfmaschine . . .	109,77	109,46	108,58	110,7	110,7	112,7
„ „ Pumpe (mit Tachometer gemessen)	1020,5	1018,0	1010,0	1030,0	1030,0	1047,9
Gesamtleistung der Dampfmaschine einschliesslich der Zuschläge für den Kraftbedarf der Erregung u. der Kondensation PSi	1421,69	1404,10	1269,07	1409,06	1400,57	1613,35
Manometerdruck am Fuße der Steigleitung Atm.	51	51	51	50,5	50,5	51,5
Förderhöhe . . . . m	496,77	496,78	496,78	495,96	495,86	496,01
Gesamtförderhöhe (einschl. Zuschlag für den Widerstand der Ausgußleitung) . „	501,37	501,38	501,38	501,96	501,86	503,21

Aus den einzelnen Messungen ergeben sich folgende Wirkungsgrade:

Tabelle 13.

Paradeversuch:

Messung 1	Gesamtwirkungsgrad	60,11 pCt.	Versuch mit normaler Umlaufzahl
„ 2	„	58,90 „	
„ 3	„	58,14 „	Versuch mit geringerer Umlaufzahl

Betriebsversuch:

Messung 1	Gesamtwirkungsgrad	58,58 pCt.	Versuch mit normaler Umlaufzahl
„ 2	„	58,99 „	
„ 3	„	59,39 „	Versuch mit erhöhter Umlaufzahl

Mittel aus den beiden Messungen bei normaler Umlaufzahl:

beim Paradeversuch . . . . 59,51 pCt.
„ Betriebsversuch . . . . 58,79 „
Gesamtmittel . . . . 59,15 „

Ergebnisse der Messungen am elektrischen Teil.*)

a. Messungen während des Parade- und des Betriebsversuches sowie während der Vorversuche.

Die in Tabelle 14 gegebenen Zahlen sind Mittelwerte aus den alle 15 Minuten gemachten Ablesungen. Die Versuchsdauer betrug während des Parade- und des Betriebsversuches am 26. November 1903 bezw. 19. Februar 1904 je 8 Stunden, während des Vorversuches am 25. November 1903 5 Stunden und während des Vorversuches am 18. Februar 1904 3 Stunden.

---

*) Der Bericht über die elektrischen Messungen auf den verschiedenen Anlagen beruht auf einer Ausarbeitung des Elektro-Ingenieurs Anders vom Dampfkessel-Überwachungs-Verein der Zechen im Oberbergamtsbezirk Dortmund.

Tabelle 14.

	Parade-versuch 26.XI.03	Betriebs-versuch 19.II.04	Vor-versuch 25.XI.03	Vor-versuch 18.II.04
Umdr./Min. des Generators	109,64	110,6	109,65	110,4
Leistung . . . . PSi	1357,22	1337,34	1340,16	1260,94
Periodenzahl . . .	51,17	51,61	51,17	51,52
Spannung V	5167	5235	5211	5180
Stromstärke . . . Amp	105,4	103,5	103,2	96,9
Leistung . . . . KW	871,8	849,0	858,8	786
cos φ	0,924	0,906	0,923	0,906
Erregerstrom . . . Amp	133,2	134,0	134,1	130,9
Spannung an den Schleifringen . . V	74,2	75,8	74,8	73,5
Magneterregung . . KW	9,88	10,16	10,03	9,62
Spannung der Erregerdynamo V	114,6	112,7	112,9	112,0
von der Erregerdynamo abgegebene Leistung KW	15,26	15,10	15,13	14,66

Messungen während der Versuche zur Feststellung des Gesamtwirkungsgrades.

Die in Tabelle 15 aufgeführten Daten sind die Mittelwerte aus den am 27. November 1903 in Zwischenräumen von 10, am 22. Februar 1904 von 5 Minuten gemachten Ablesungen.

Tabelle 15.

	Paradeversuch Messung I	Paradeversuch Messung II	Betriebsversuch Messung I	Betriebsversuch Messung II
Umdr./Min.d.Generators	109,77	109,46	110,7	110,7
Umdr./Min. der Pumpe	1020	1018	1030	1030
Leistung . . . PSi	1371,08	1353,75	1358,94	1350,57
Periodenzahl . .	51,23	51,08	51,66	51,66
Spannung . . . V	5111	5066	5220	5230
Stromstärke . . Amp	108,0	104,0	103,2	102,8
Leistung . . . KW	881,0	849,5	852,0	849,0
cos φ	0,922	0,920	0,908	0,914

Einzelmessungen am Generator.

Nach den Angaben auf dem Maschinenschilde soll der Generator bei 113 Umdr./Min. 5250 V und 127 Amp = 1154 KVA oder unter Einrechnung des bei den Versuchen zu 0,915 ermittelten Leistungsfaktors normal 1055 KW leisten. Bei 56 Polen und 113 Umdr./Min. beträgt die Periodenzahl 52,75, eine ungebräuchliche Zahl, die auf die Forderung des Pumpenbauers hin gewählt worden ist.

Die Durchschnittsbelastung des Generators wurde bei den Versuchen zu 860 KW oder bei einem Leistungsfaktor von 0,915 zu 85,5 pCt. seiner Nennleistung ermittelt. Die durchschnittliche Umlaufzahl in der Minute betrug dabei 110,1, die entsprechende Periodenzahl 51,38.

Bestimmung der Kupferverluste.

Die Verluste im Statorkupfer und in der Magnetwicklung wurden unter Zugrundelegung der warmen Widerstände des Stators und der Magnetwicklung bestimmt. Die in Tabelle 16 aufgeführten Widerstände sind Mittelwerte aus einer Reihe von Einzelmessungen, die mit Gleichstrom bei einer der Wirklichkeit möglichst gleichkommenden Ampèrebelastung vorgenommen wurden, nachdem der Generator mehrere Stunden normal belastet war.

Die Kupferverluste sind in Abhängigkeit von der Generator- bezw. Erregerstromstärke in den Fig. 19 und 20 graphisch dargestellt.

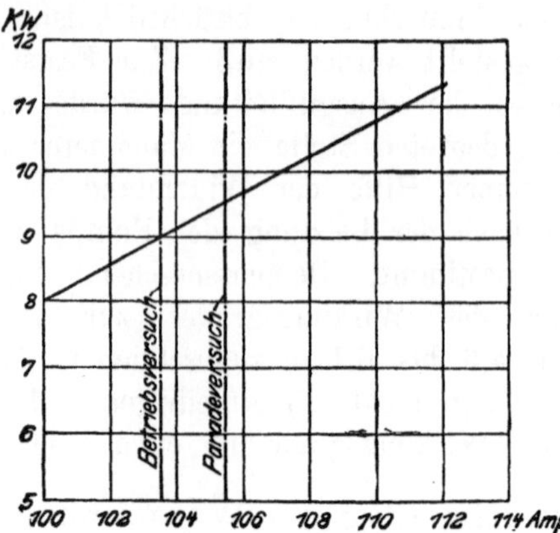

Fig. 19. Verlust im Statorkupfer des Generators.

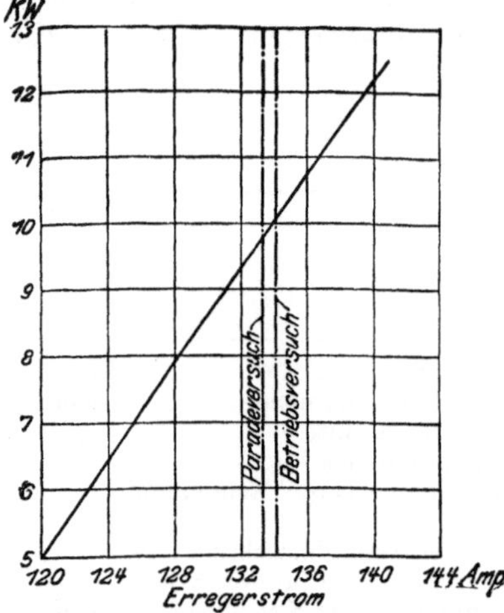

Fig. 20. Verlust in der Magnetwicklung des Generators.

Daraus ergeben sich für die Verluste beim Parade- und Betriebsversuch folgende Werte:

Tabelle 16.

	Generatorstromstärke Amp	Statorwiderstand pro Phase Ohm	Verluste im Statorkupfer KW	Erregerstrom Amp	Magnetwiderstand Ohm	Verluste in der Magnetwicklung KW
Paradeversuch	105,4	0,280	9,51	133,2	0,557	9,88
Betriebsversuch	103,5	0,280	9,00	134,0	0,566	10,16

Da Widerstandsmessungen auch an dem kalten Generator (Temperatur ungefähr gleich der des Maschinenraumes gleich 22° C) ausgeführt wurden, so ließ sich die Temperaturerhöhung berechnen. Sie betrug bei dem Stator 25,6°, bei der Magnetwicklung 31,6° C.

Die Erwärmung des Generators blieb also weit unter den vom Verbande deutscher Elektrotechniker festgesetzten Grenzen.

Bestimmung der Eisenverluste.

Zur Bestimmung der Eisenverluste des Generators wurde die Dampfmaschine indiziert:

1. bei leerlaufendem, nicht erregtem Generator (vergl. die Diagramme d. Fig. 21),
2. bei Erregung des Generators auf ca. $^3/_4$ der Betriebsspannung.
3. bei Erregung des Generators auf normale Spannung (vergl. die Diagramme d. Fig. 22),
4. bei Erregung des Generators auf erhöhte Spannung.

Die Ergebnisse dieser Prüfung sind in Tabelle 17 zusammengestellt.

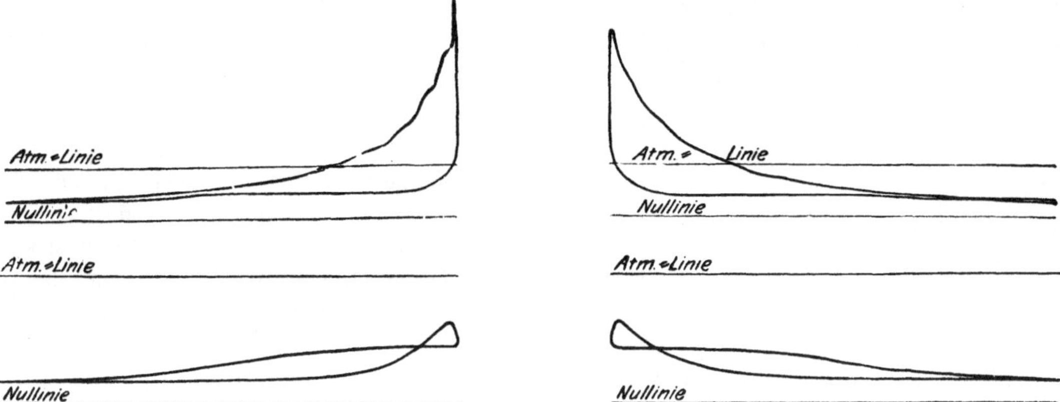

Fig. 21. Diagramme der Haupt-Dampfmaschine auf Zeche Victor.
Leerlauf ohne Erregung.

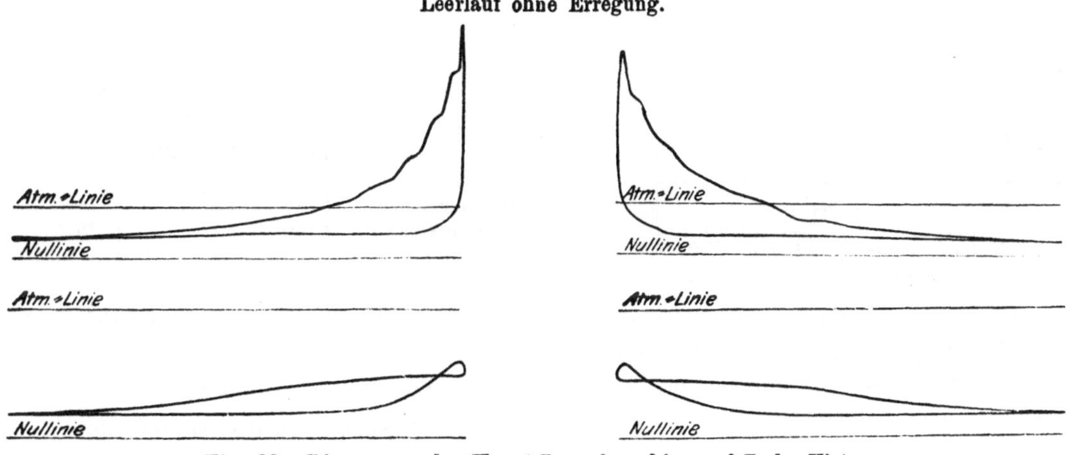

Fig. 22. Diagramme der Haupt-Dampfmaschine auf Zeche Victor.
Leerlauf mit Erregung.

Tabelle 17.

Art des Versuches			Hochdruckzylinder			Niederdruckzylinder		Umdrehungszahl der Maschine in der Minute
		Kurbelseite	Deckelseite	Mittel	Kurbelseite	Deckelseite	Mittel	
Leerlauf ohne Erregung	mittlerer Kolbendruck . . .	kg/qcm	0,358	0,250	0,304	0,079	0,067	0,073	
	Leistung der Zylinderseite .	PSi	42,31	29,55	35,93	25,87	21,94	23,95	
	„ jedes Zylinders . .	„		71,86			47,81		
	Gesamtleistung der Maschine	„			119,67				110,6
Leerlauf, auf 4294 Volt erregt	mittlerer Kolbendruck . . .	kg/qcm	0,451	0,354	0,4025	0,091	0,081	0,086	
	Leistung der Zylinderseite .	PSi	53,30	41,83	47,565	29,80	26,52	28,16	
	„ jedes Zylinders . .	„		95,13			56,32		
	Gesamtleistung der Maschine	„			151,45				110,6
Leerlauf, auf 5118 Volt erregt	mittlerer Kolbendruck . . .	kg/qcm	0,466	0,360	0,413	0,088	0,094	0,091	
	Leistung der Zylinderseite .	PSi	55,02	42,50	48,76	28,79	30,75	29,77	
	„ jedes Zylinders . .	„		97,52			59,54		
	Gesamtleistung der Maschine	„			157,06				110,5
Leerlauf, auf 5630 Volt erregt	mittlerer Kolbendruck . . .	kg/qcm	0,495	0,385	0,440	0,087	0,093	0,090	
	Leistung der Zylinderseite .	ESi	58,55	45,54	52,045	28,38	30,48	29,43	
	„ jedes Zylinders . .	„		104,09			58,86		
	Gesamtleistung der Maschine	„			162,95				110,7

Die Differenz der indizierten Maschinenarbeit bei leerlaufendem und erregtem Generator entspricht, wie in der Einleitung bereits gesagt ist, den Eisenverlusten, deren Werte in Tabelle 18 gegeben sind.

Tabelle 18.

Umdr./Min. des Generators	zugeführte Leistung PSi	Generatorspannung V	Erregerstrom Amp	Erregerspannung V	Differenz der Leistungen bei erregtem und unerregtem Generator PSi	Eisenverluste KW
110,6	119,67	0	0	0		
110,6	151,45	4294	81,4	43,3	31.88	23,4
110,5	157,06	5118	103,7	54,9	37,39	27,96
110,7	162.95	5630	124,8	66,8	43,28	31,85

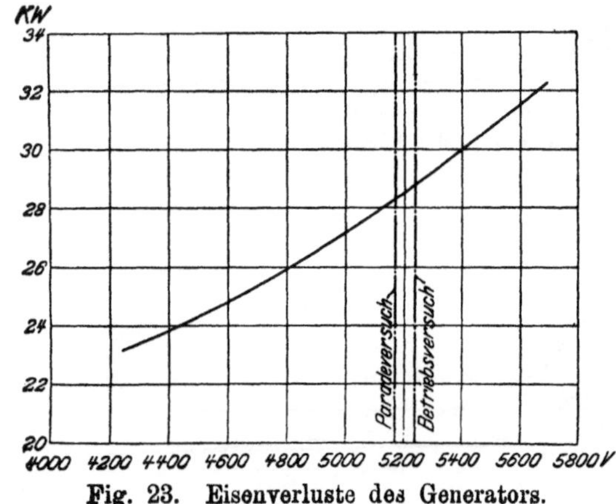

Fig. 23. Eisenverluste des Generators.

Die auf die Generatorspannung bezogenen Leistungsverluste sind in Fig. 23 graphisch dargestellt. Danach waren die Eisenverluste bei den Spannungen des Parade- und des Betriebsversuches folgende:

Tabelle 19.

	Generatorspannung V	Eisenverluste KW
Paradeversuch	5167	28,28
Betriebsversuch . . .	5235	28,75

Messungen an der Erregermaschine.

Die Erregerdynamo ist, wie bereits erwähnt, mit einer kleinen stehenden Dampfmaschine gekuppelt. Der Stromerzeuger soll nach Angabe des Maschinenschildes bei 280 Umdr./Min. 245 Amp und 110 V = 27 KW leisten. Für die normale Erregung des Generators muß die Dynamo 15 KW, entsprechend 55 pCt. ihrer Nennleistung, liefern.

Bestimmung des Wirkungsgrades der Erregerdynamo.

Tabelle 20 gibt die mit den dampftechnischen Ergebnissen der Messungen (Tabelle 11) gleichlaufenden elektrischen Meßwerte.

Tabelle 20.

Umdr./Min.	zugeführte Leistung PSi	Spannung V	Stromstärke Amp	abgegebene Leistung KW	Wirkungsgrad pCt.
288	30,40	116,9	133,5	15,60	70

Bestimmung der Verluste im Hauptstrom-Regulierwiderstand der Magnetwicklung.

Es wurde während der Versuche die Spannung sowohl an den Klemmen der Erregerdynamo, also vor dem Magnetregulator, als auch an den Schleifringen des Generators, also hinter dem Magnetregulator, festgestellt; außerdem wurde die Stromstärke gemessen. Aus den erhaltenen Werten wurden die Verluste berechnet. Tabelle 21 enthält die Ergebnisse.

Tabelle 21.

	Erregerstromstärke Amp	Spannung der Erregerdynamo V	von der Dynamo abgegebene Leistung KW	Spannung an den Generatorschleifringen V	Leistung in der Magnetwicklung KW	Verlust im Magnetregulator KW
Paradeversuch	133,2	114,6	15.26	74,2	9,88	5,38
Betriebsversuch	134 0	112,7	15,10	75,8	10,16	4,94

Messungen am Schachtkabel.

Das Kabel ist 755 m lang und hat einen Kupferquerschnitt von 3 × 70 qmm.

Die Verluste wurden sowohl durch Widerstandsmessungen mit Gleichstrom, als auch durch Kurzschlußmessungen bestimmt; letztere Messungen ergaben auch den Spannungsverlust des Kabels. In die Kabelverluste eingeschlossen sind die Verluste in den Sicherungen, Schaltern und Sammelschienen der Schalttafeln über und unter Tage.

Bei der Widerstandsmessung wurde aus einer Reihe von Einzelmessungen der durchschnittliche Widerstand pro Ader zu 0,195 Ohm festgestellt. Die Ergebnisse der Kurzschlußmessungen sind in Tabelle 22 wiedergegeben.

Tabelle 22.

Spannung V	Stromstärke Amp	Leistung KW	cos φ	Widerstand pro Ader Ohm
51,9	145,2	12,67	0,985	0,200
49,9	138,5	11,14	0,943	0,193
5 ,4	140,8	11,49	0,948	0,193
				= 0,195 im Mittel

Die auf die Stromstärke bezogenen Leistungs- und Spannungsverluste sind in Fig. 24 graphisch dargestellt.

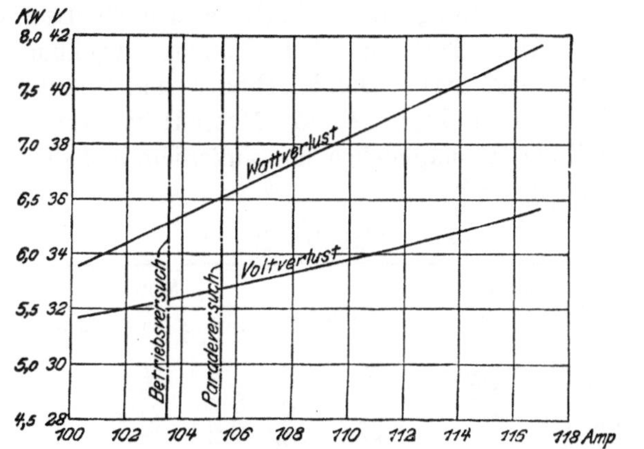

Fig. 24. Leistungs- und Spannungsverluste im Schachtkabel.

Für die Stromstärken des Parade- und des Betriebsversuches nahmen diese Verluste folgende Werte an:

Tabelle 23.

	Stromstärke des Generators Amp	Leistungsverlust KW	Spannungsverlust V
Paradeversuch . . .	105,4	6,498	32,7
Betriebsversuch . .	103,5	6,267	32,3

Messungen an den Motoren.

Auf den Schildern der beiden Motoren sind Stromverbrauch und Leistung wie folgt angegeben: 5000 V, 58,5 Amp, 1035 Umdr./Min. 600 PS. Daraus ergibt sich, daß die Maschinen für eine zugeführte Leistung von normal 506 KW gebaut sind, und daß das Produkt Wirkungsgrad × Leistungsfaktor zu 87,3 pCt. angenommen ist.

Während des Parade- und des Betriebsversuches nahm jeder der Motoren im Mittel 426 KW auf, war also mit 84 pCt. der Nennleistung belastet. Da der Generator für 52,73 Perioden gebaut ist, sind die Sekundärmaschinen für eine minutliche Leerlauf-Umdrehungszahl von 1054 und 1 pCt. Schlüpfung berechnet.

Bestimmung der Verluste im Statorkupfer.

Die Widerstände des Kupfers wurden gemessen:

1. im kalten Zustande des Stators, Maschinenraum-Temperatur = rd. 27° C;

2. im warmen Zustande des Stators (nach mehrstündigem Normalbetrieb). Die in Tabelle 24 gegebenen Widerstände sind die Mittelwerte einer großen Reihe von Einzelmessungen, welche mit Gleichstrom bei einer der Betriebstromstärke gleichkommenden Belastung ausgeführt wurden. Die Schaulinien, Fig. 25, geben die Kupferverluste auf Grund der am warmen Stator gemessenen Widerstandswerte in Abhängigkeit von den Stromstärken wieder, die den Motoren zugeführt wurden. Den Versuchsbelastungen entsprechen die Kupferverlustwerte der Tabelle 24.

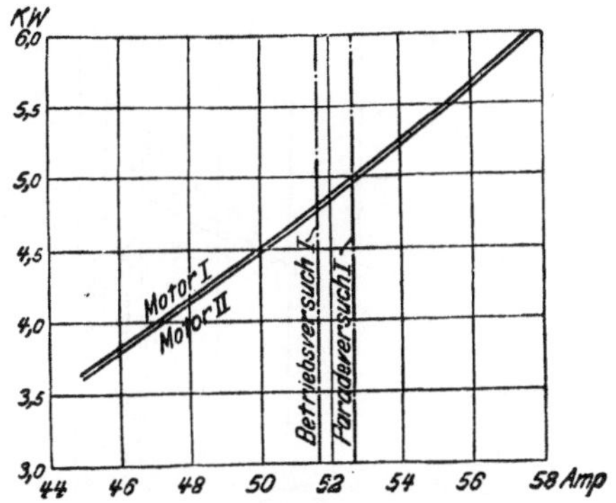

Fig. 25. Verluste im Statorkupfer.

Tabelle 24.

	dem Motor zugeführte Stromstärke Amp	Widerstand pro Phase Ohm	Verlust im Statorkupfer KW
	Motor I.		
Paradeversuch . . .	52,65	0,602	4,98
Betriebsversuch . . .	51,65	0,602	4,83
	Motor II.		
Paradeversuch	52,75	0,597	4,99
Betriebsversuch . . .	51,85	0,597	4,84

Aus den Werten der im kalten und warmen Zustande der Motoren vorgenommenen Widerstandsmessungen berechnet sich die Temperaturerhöhung während eines mehrstündigen Betriebes

bei Motor I zu 17,8° C,

„ „ II „ 17,9° C.

Die Erwärmung bleibt also auch hier weit unter der vom Verbande deutscher Elektrotechniker als zulässig vorgeschriebenen Grenze.

Bestimmung der Verluste im Rotorkupfer.

Da die Rotoren Kurzschlusswicklung haben, wurden die Schlüpfungsmessungen nach dem stroboskopischen Verfahren ausgeführt. Die ermittelten Werte sind in den Tabellen 25 und 26 wiedergegeben.

Tabelle 25. Motor I.

Generator Umdr./Min.	Spannung V	Stromstärke Amp	Leistung KW	cos φ	Schlüpfung pCt.
110,9	5100	14,1	15,0	0,120	0,0644
109,0	5335	42,8	353	0,893	0,558
109,5	5250	45,9	378	0,907	0,653
110,5	5285	49,3	412	0,912	0,679
110,7	5230	51,3	425	0,914	0,714

Tabelle 26. Motor II.

Generator Umdr./Min.	Spannung V	Stromstärke Amp	Leistung KW	cos φ	Schlüpfung pCt.
110,9	5100	14,1	15,0	0,120	0,0644
109,0	5335	42,8	353	0,893	0,590
109,5	5250	45,9	378	0,907	0,612
110,5	5285	49,3	412	0,912	0,663
110,7	5230	51,3	425	0,914	0,678
111,5	5255	51,5	453	0,916	0,753

Die Verluste werden durch die Schaulinien der Figur 26 in Abhängigkeit von den entsprechenden

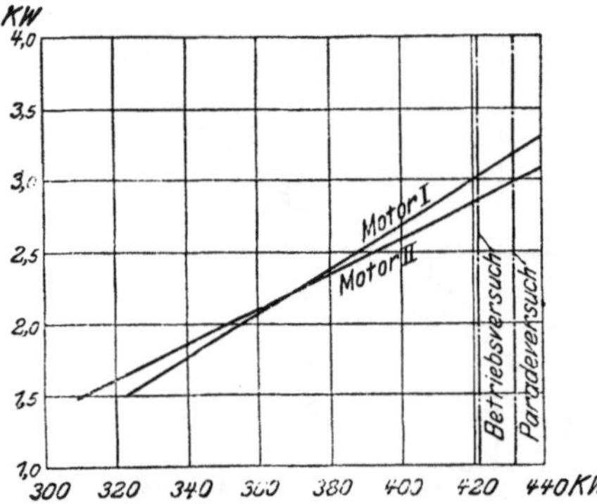

Fig. 26. Verluste im Rotorkupfer.

Werten der Energieaufnahme der Motoren dargestellt. Daraus berechnen sich die Verluste für die Belastung der Motoren beim Parade- und Betriebsversuch wie folgt:

Tabelle 27.

	Motor I		Motor II	
	zugeführte Leistung KW	Verluste im Rotorkupfer KW	zugeführte Leistung KW	Verluste im Rotorkupfer KW
Paradeversuch	432,67	3,17	432,63	2,98
Betriebsversuch	421,37	3,05	421,35	2,87

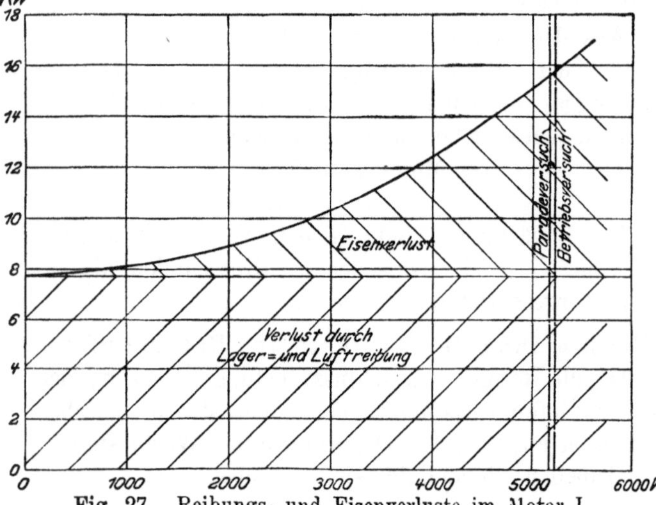

Fig. 27. Reibungs- und Eisenverluste im Motor I

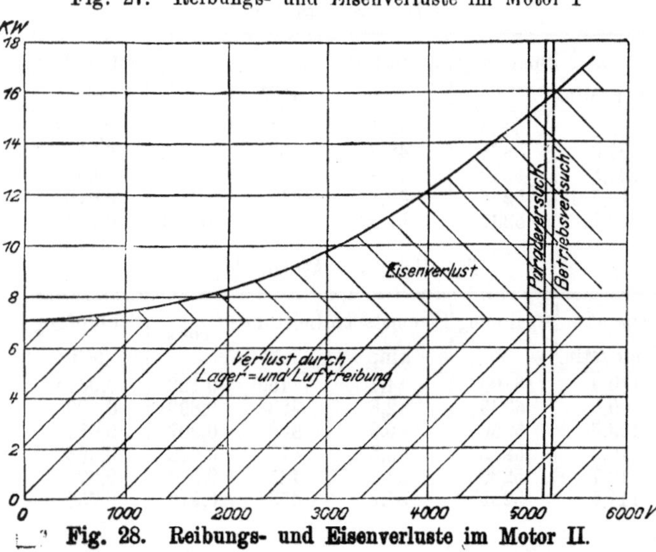

Fig. 28. Reibungs- und Eisenverluste im Motor II.

Bestimmung der Eisen- und Reibungsverluste.

Zur Ermittlung dieser Verluste wurden Leerlaufversuche mit den von den Pumpen abgekuppelten Motoren ausgeführt. Die Ergebnisse sind in Figur 27 für Motor I, in Figur 28 für Motor II in graphischer Darstellung wiedergegeben und außerdem in Tabelle 28 zusammengestellt.

Tabelle 28.

Motor I			Motor II		
Generator: Umdr./Min. 110,73			Generator: Umdr./Min. 110,86		
Spannung an den Motorklemmen V	Stromstärke Amp	Leistung KW	Spannung an den Motorklemmen V	Stromstärke Amp	Leistung KW
5230	14,6	15,8	5160	14,9	15,7
5100	14,1	15,3	4380	11,8	13,2
4940	13,4	14,8	3970	10,5	12,1
3880	10,0	12,1	3810	10,1	11,7
3580	9,1	11,4	2510	6,7	8,9
3270	8,3	10,8	2020	5,9	8,4
2650	6,9	9,7	1768	5,4	8,1
2495	6,5	9,4	1358	5,1	7,8
2070	5,7	9,0	—	—	—

Die durch den Anfangspunkt der Kurven (Spannung=0) gelegten Horizontalen scheiden die Eisenverluste von dem Energieaufwand für Lager- und Luftreibung.

Für die Belastung der Motoren beim Parade- und Betriebsversuch nahmen die Verluste die Werte der Tabelle 29 an.

Tabelle 29.

	Motor I			Motor II		
	Spannung an den Motorklemmen V	Lager- und Luftreibung KW	Eisenverluste KW	Spannung an den Motorklemmen V	Lager- und Luftreibung KW	Eisenverluste KW
Paradeversuch . . .	5167	7,7	7,80	5167	7,1	8,55
Betriebsversuch . .	5235	7,7	8,05	5235	7,1	8,80

Zusammenstellung der Einzelverluste und Wirkungsgrade nach dem Ergebnis der elektrischen Messungen.

Tabelle 30. Einzelverluste.

	Paradeversuch KW	Betriebsversuch KW
Verbrauch durch Kondensation in Haupt- und Erreger-Dampfmaschine	15,31	15,09
Verlust in der Dampfmaschine einschl. Lager- und Luftreibung des Generators	90,31	90,20
Verlust im Drehstromgenerator:		
Ankerkupfer	9,51	9,00
Ankereisen	28,28	28,75
Erregerwicklung	9,88	10,16
Magnetregulator	5,38	4,94
Verlust in der Erregermaschine	6,54	6,67
„ im Schachtkabel	6,50	6,27
„ „ Motor I: Statorkupfer . . .	4,98	4,83
Rotorkupfer. . . .	3,17	3,05
Eisen	7,80	8,05
Lager- u. Luftreibung	7,70	7,70

	Paradevers. KW	Betriebsvers. KW
Verlust im Motor II: Statorkupfer	4,99	4,84
Rotorkupfer	2,98	2,87
Eisen	8,55	8,80
Lager- u. Luftreibung	7,10	7,10
Pumpe I einschließl. Steigleitung	100,75	97,56
Pumpe II einschließl. Steigleitung	100,75	97,56
In der gesamten Anlage	420,48	413,44

Aus den Diagrammen der Dampfmaschinen und den vorstehend gegebenen Einzelverlusten sind die in den Tabellen 31—33 enthaltenen Werte der Wirkungsgrade berechnet.

Tabelle 31. Wirkungsgrade der Primärstation.

	Paradevers.	Betriebsvers.
Dampfmaschine (mit Lager- u. Luftreibung) ausschl. Erregung und Kondensation:		
zugeführte Leistung	1357,22 PSi (998,91 KW)	1337,34 PSi (984,28 KW)
abgegebene Leistung	1236,40 PSe (909,59 KW)	1204,82 PSe (886,75 KW)
Wirkungsgrad	91,09 pCt.	90,09 pCt.
Dampfmaschine (mit Lager- u. Luftreibung) einschl. Erregung und Kondensation:		
zugeführte Leistung	1407,6 PSi (1035,99 KW)	1387,15 PSi (1020,94 KW)
abgegebene Leistung	1259.43 PSi (926,94 KW)	1227,62 PSi (903,53 KW)
Wirkungsgrad	89,47 pCt.	88,50 pCt.
Drehstromgenerator ausschl. Erregung:		
zugeführte Leistung	909.59 KW	886,75 KW
Verluste: Ankerkupfer	9,51 „	9,00 „
Ankereisen	28,28 „	28,75 „
zusammen	37,79 KW	37,75 KW
abgegebene Leistung	871,80 „	849,00 „
Wirkungsgrad	95,85 pCt.	95,74 pCt.
Erregermaschine:		
der Dampfmaschine zugeführte Leistung	29,60 PSi (21,79 KW)	29,31 PSi (21,57 KW)
an die Dynamo abgegebene Leistung	23,03 PSi (16,95 KW)	22,80 PSi (16,78 KW)
Wirkungsgrad der Erregerdampfmaschine	77,8 pCt.	77,8 pCt.
der Dynamo zugeführte Leistung	16,95 KW	16,78 KW
von der Dynamo abgegebene Leistung	15,26 „	15,10 „
Wirkungsgrad der Erregerdynamo	90,0 pCt.	90,0 pCt.
Gesamtwirkungsgrad des Erregersatzes	70,0 „	70,0 „
Drehstromgenerator einschl. Erregung:		
zugeführte Leistung	924,85 KW	901,86 KW
Verluste: Ankerkupfer	9,51 „	9,00 „
Ankereisen	28,28 „	28,75 „
Erregung	9,88 „	10,16 „
Magnetregulator	5,38 „	4,95 „
zusammen	53,05 KW	52,86 KW
abgegebene Leistung	871,80 „	849,00 „
Wirkungsgrad einschl. Erregung	94.26 pCt.	94,14 pCt.

Tabelle 32. Wirkungsgrad des Schachtkabels.

	Paradevers.	Betriebsvers.
dem Kabel zugeführte Leistung	871,80 KW	849,00 KW
Verluste	6,50 „	6,27 „
abgegebene Leistung	865,30 „	842,73 „
Wirkungsgrad	99,25 pCt.	99,26 pCt.

Wirkungsgrade der Sekundäranlage.

Tabelle 33. Wirkungsgrade der Motoren.

	Paradevers.	Betriebsvers.
Motor I:		
zugeführte Leistung	432,67 KW	421,37 KW
Verluste: im Statorkupfer	4,98 „	4,83 „
im Rotorkupfer	3,17 „	3,05 „
im Eisen	7,80 „	8,05 „
Lager- und Luftreibung	7,70 „	7,70 „
zusammen	23,65 KW	23,63 KW
abgegebene Leistung	409,02 „	397,74 „
Wirkungsgrad	94,53 pCt.	94,39 pCt.
Motor II:		
zugeführte Leistung	432,63 KW	421,35 KW
Verluste: im Statorkupfer	4,99 „	4,84 „
im Rotorkupfer	2,98 „	2,87 „
im Eisen	8,55 „	8,80 „
Lager- und Luftreibung	7,10 „	7,10 „
zusammen	23,63 KW	23,61 KW
abgegebene Leistung	409,01 „	397,74 „
Wirkungsgrad	94,54 pCt.	94,40 pCt.

Tabelle 34. Wirkungsgrade der Pumpen.*)

	Paradevers.	Betriebsvers.
Pumpe I einschl. Steigleitung:		
zugeführte Leistung	555,72 PS (409,01 KW)	540,41 PS (397,74 KW)
abgegebene Leistung	418,83 PS (308,26 KW)	407,85 PS (300,18 KW)
Wirkungsgrad	75,37 pCt.	75,47 pCt.
Pumpe II einschl. Steigleitung:		
wie Pumpe I.		

Gesamtergebnis des Parade- und des Betriebsversuches.

Aus der nachstehenden Tabelle 35 ist der Wirkungsgrad der Gesamtanlage unter Einrechnung der zur Erregung und zur Kondensation erforderlichen Leistung zu ersehen.

Tabelle 35.

	Paradevers.	Betriebsvers.
a. Wirkungsgrad der Primärstation einschl. Kabelverluste:		
der Dampfmaschine zugeführte Leistung	1407,6 PSi (1035,99 KW)	1387,15 PSi (1020,94 KW)
d. Motoren zugeführte Leistung	865,30 KW (1175,68 PS)	842,72 KW (1145,00 PS)
Wirkungsgrad	83,52 pCt.	82,54 pCt.
Wirkungsgrad ausschl. Kabelverl.	84,15 „	83,16 „
b. Wirkungsgrad d. Sekundärstat.:		
d. Motoren zugeführte Leistung	865,3 KW	842,72 KW
von den Pumpen abgegebene Leistung	837,66 PS (616,52 KW)	815,70 PS (600,36 KW)
Wirkungsgrad	71,25 pCt.	71,25 pCt.
c. Wirkungsgrad d. Gesamtanlage:		
der Dampfmaschine zugeführte Leistung	1407,5 PSi	1387,15 PSi
von den Pumpen abgegebene Leistung	837,66 PS	815,70 PS
Wirkungsgrad	59.51 pCt.	58,79 pCt.

*) Die Wirkungsgrade der Pumpen stellen keine gemessenen Werte dar, sondern ergeben sich als Endglieder der Rechnung unter der Annahme, daß bei den Dauerversuchen der Gesamtwirkungsgrad gleich dem bei den besonderen Versuchen zur Feststellung des Gesamtwirkungsgrades ermittelten Durchschnittswert war.

Die Versuche an der elektrischen Wasserhaltung der Zeche Adolf von Hansemann.

An der Anlage wurden zur Prüfung des maschinentechnischen Teiles folgende Untersuchungen ausgeführt:

Paradeversuch:	Betriebsversuch:
Hauptversuch am 6. März 1904;	Hauptversuch am 11. September 1904;
Pumpeneichungen am 7. und 8. März 1904;	Pumpeneichungen am 12. September 1904;
Leerlaufversuche am 7. und 8. März 1904.	Leerlaufversuche am 12. September 1904.

Ergebnisse der Versuche am Dampfteil.

Kesselanlage.

Zur Erzeugung des Betriebsdampfes diente eine Batterie von 4 Wasserröhrenkesseln für 10 Atm. Überdruck, erbaut im Jahre 1892 von E. Willmann in Dortmund.

Beim Paradeversuch wurden 3 Kessel mit einer

Heizfläche von 3 × 187,02 = 561,06 qm
und einer Rostfläche „ 3 × 4,14 = 12,42 „

in Betrieb genommen.

Da sich die Heizfläche als zu groß erwies und die Kessel deshalb schlecht ausgenutzt wurden, nahm man beim Betriebsversuch nur 2 Kessel unter Dampf, welche

über eine Heizfläche von 2 × 187,02 = 374,04 qm
und eine Rostfläche „ 2 × 4,14 = 8,28 „

verfügten.

Die Ergebnisse der bei Parade- und Betriebsversuch gemachten Beobachtungen finden sich in Tab. 36 zusammengestellt.

Tabelle 36. Feststellung an den Dampfkesseln.

Datum und Art des Versuches	Dauer des Versuches	Dampfspannung	Speisewasserverbrauch	Speisewassertemperatur	Dampf von 637 WE	Temperatur der Rauchgase im Fuchs	Temperatur im Kesselhaus	Temperatur im Freien	stündl. Verdampfung auf 1 qm Heizfläche
		Atm. abs.	kg	°C	kg	°C	°C	°C	kg
6. März 1904 Paradeversuch	von 1⁴⁵ Uhr vorm. bis 7⁴⁵ Uhr vorm. = 6 Std.	9,35	28710	20,7	28756,1	252,8	7	1,8	8,54[1])
11. September 1904 Betriebsversuch	von 12 Uhr vorm. bis 5³⁰ Uhr vorm. = 5 Std. 30 Min.	9,25	27000	33,1	26576	276	9,6	9	12,9[1])

[1]) Die Beanspruchung der Kessel war, wie bereits erwähnt, beim Paradeversuch sehr ungünstig. Mit Rücksicht darauf ist hier von einer Berechnung der Kesselleistung Abstand genommen worden.

Feststellungen an der Betriebsmaschine des Generators.

Vergleiche hierzu die Tabelle 37, sowie die in den Figuren 29 und 30 wiedergegebenen Diagramme.

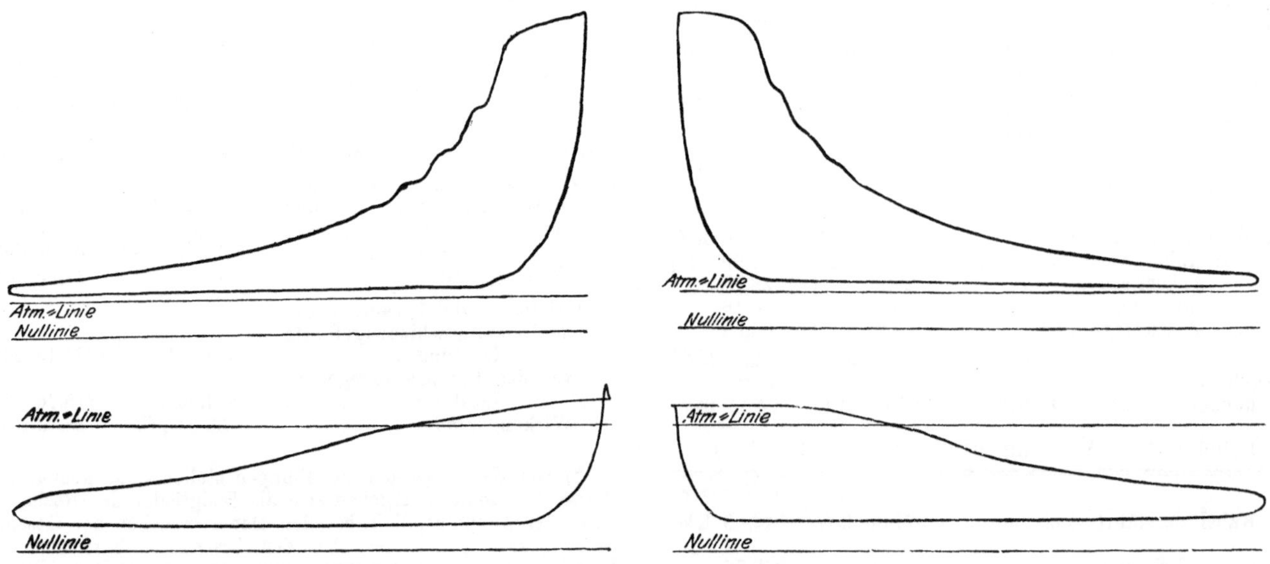

Fig. 29. Diagramme der Dampfmaschine auf Zeche A. von Hansemann. Paradeversuch vom 6. März 1904.

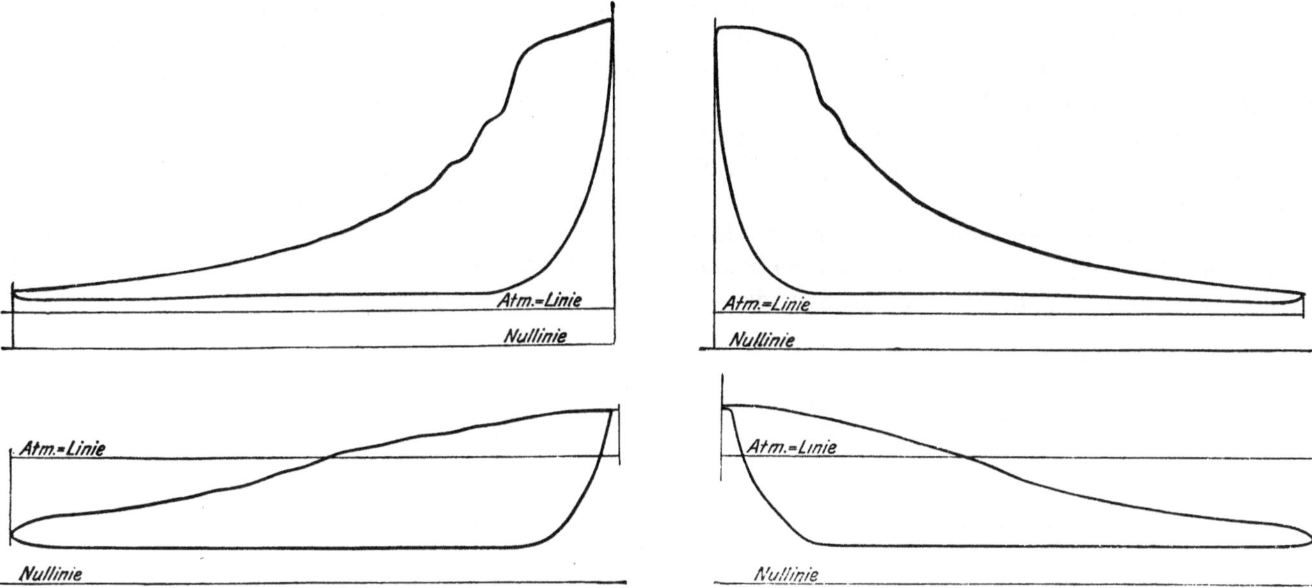

Fig. 30. Diagramme der Dampfmaschine auf Zeche A. von **Hansemann**. **Betriebsversuch vom 11. September 1904.**

Tabelle 37. Feststellungen an der Dampfmaschine.

Art und Datum des Versuches	Dauer des Versuches			Hochdruckzylinder Kurbelseite	Hochdruckzylinder Deckelseite	Hochdruckzylinder Mittel	Niederdruckzylinder Kurbelseite	Niederdruckzylinder Deckelseite	Niederdruckzylinder Mittel	Umdr./Min.	Vakuum cm	Barometerstand cm	Gesamtwasserverbrauch kg	Dampfverbrauch für 1 PSi-Std. kg
Paradeversuch am 5. u. 6. März 1904	von 1^{45} Uhr vorm. bis 7^{45} Uhr vorm. = 6 Std.	Eintritts-Dampfspannung	Atm. abs.	8,7			1,006							
		mittlerer Kolbendruck . . .	kg/qcm	2,22	2,20	2,21	0,560	0,558	0,559					
		Leistung der Zylinderseite	PSi	210,29	210,49	210,39	139,01	139,05	139,03					
		„ jedes Zylinders .	„	420,78			278,06							
		Gesamtleistung der Maschine	„	698,84						83,53	59,7	75,6	27230,5[1])	6,5
Betriebsversuch am 10. u. 11. September 1904	von 12 Uhr bis 5^{30} Uhr vorm. = $5\frac{1}{2}$ Std.	Eintritts-Dampfspannung	Atm. abs.	8,63			1,4							
		mittlerer Kolbendruck . . .	kg/qcm	2,26	2,28	2,27	0,55	0,59	0,57					
		Leistung der Zylinderseite	PSi	212,47	216,49	214,48	135,50	145,91	140,71					
		„ jedes Zylinders .	„	428,96			281,41							
		Gesamtleistung der Maschine	„	710,37						82,9	54,3	76,3	26300[2])	6,7

[1]) nach Abzug von 1479,5 kg Kondensationswasser. [2]) nach Abzug von 700 kg Kondensationswasser.

Ergebnisse der Versuche an der Pumpe.

Feststellung der Förderhöhe.

Über die Rohrführung und die Förderhöhe gibt Fig. 31 Auskunft.

Dazu ist folgendes zu bemerken: Bei den Dauerversuchen goß die Pumpe aus dem in Fig. 31 wiedergegebenen Rohr (Ausguß bei Normalbetrieb), das 750 mm unter der Rasenhängebank liegt, aus. Die in Betracht kommende Förderhöhe ohne Saughöhe betrug also 441,00—0,60 — 0,75 = 439,65 m.

Bestimmung der Wassermenge.

Das geförderte Wasser wurde in einem gemauerten Behälter gemessen, dessen Raum durch Auslitern bis zu 130 cbm festgestellt war. Die bei der Inhaltsbestimmung ermittelten Werte wurden in üblicher Weise auf eine Meßlatte übertragen. Nach dem Öffnen des Zuleitungsschiebers legte man den Augenblick fest, wo der Wasserspiegel den Nullpunkt erreichte. Dann

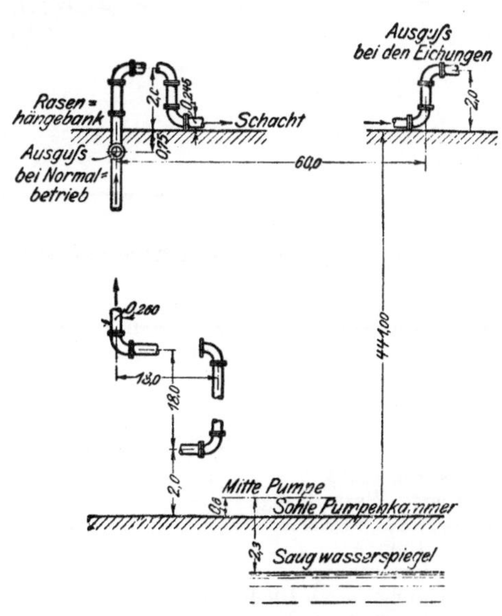

Fig. 31. Förderhöhe der Wasserhaltung auf Zeche A. von Hansemann.

wurden die Zeiträume vermerkt, in denen die Mengen von je 10 cbm in den Behälter fielen. Hatte der Wasserspiegel nach 12 Einzelmessungen die Marke 120 erreicht, so schloß man die Messung ab.

Außerdem wurde in Zeitabständen von je 10 Minuten die Umlaufzahl der Pumpe ermittelt und der Kraftverbrauch gemessen.

Da der Grube im Frühjahr und Sommer dieses Jahres nur sehr wenig Wasser zusaßen und die Pumpe deshalb sehr wenig beschäftigt war, konnten die von dem Versuchsprogramm geforderten 1000 Betriebsstunden zwischen Parade- und Betriebsversuch erst nach mehr als 6 Monaten erreicht werden.

Der Hub der Pumpe beträgt 500 mm.

Der Durchmesser des Tauchkolbens wurde beim Paradeversuch zu 165,94, beim Betriebsversuch zu 165,8 mm ermittelt.

Die Ergebnisse der Pumpeneichungen sind in der Tabelle 38 zusammengestellt. Vergleiche auch die Diagramme der Figuren 32 und 33.

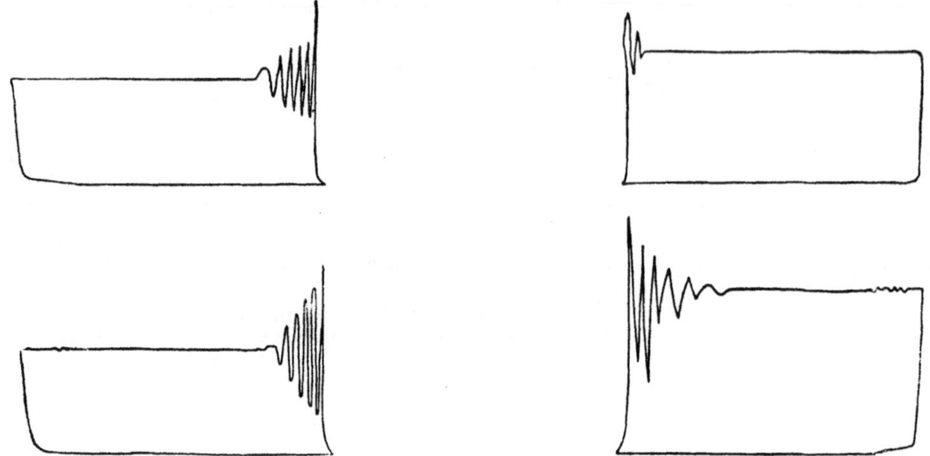

Fig. 32. Diagramme der **Pumpe auf** Zeche **A.** von **Hansemann. Paradeversuch vom** 6. **März** 1904.

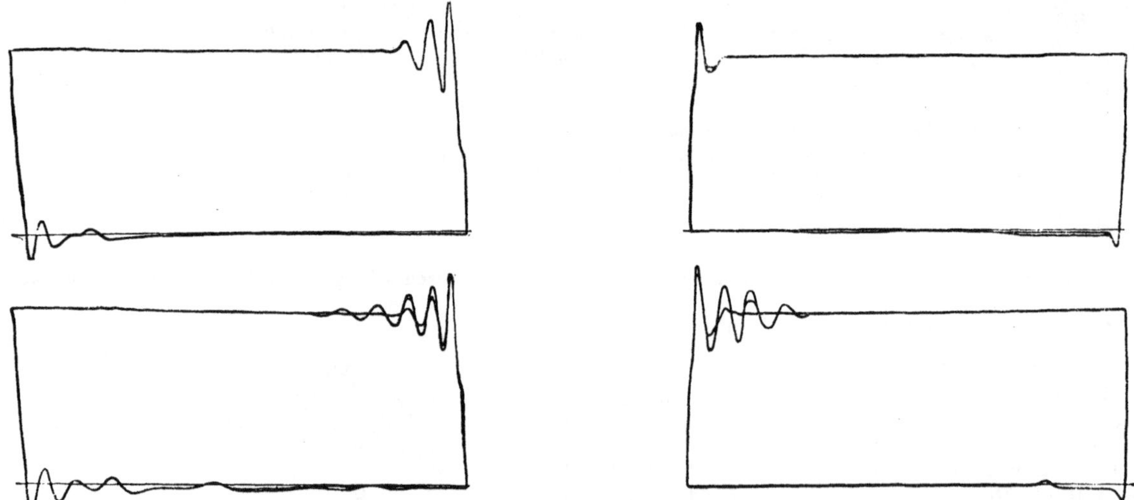

Fig. 33. Diagramme der Pumpe auf Zeche A. von Hansemann. Betriebsversuch vom 11. September 1904.

Tabelle 38.

		Paradeversuch			Betriebsversuch	
		Eichung I	**Eichung II**	**Eichung III**	**Eichung I**	**Eichung II**
Dauer der Wassermessung		25 Min. 57 Sek.	25 Min. 41 Sek.	23 Min. 48 Sek.	25 Min. 32 Sek.	25 Min. 34 Sek.
gesamte geförderte Wassermenge	cbm	130	130	120	130	130
minutlich geförderte Wassermenge	„	5,01	5,06	5,04	5,09	5,08
Umdr./Min. der Pumpe		122,35	122,54	122,67	123,02	122,17
Leistung bei 1 Umdrehung	cbm	0,04095	0,04129	0,04110	0,04137	0,04158
theoretische Leistung bei 1 Umdrehung	„	0,04325	0,04325	0,04325	0,04316	0,04316
volumetrischer Wirkungsgrad	pCt.	94,68	95,47	95,03	95,85	96,34
gesamte Förderhöhe bis Mitte Behälter	m	444,7	444,73	444,588	444,9	444,97
durchschnittliche Saughöhe bis Mitte Pumpe	„	2,30	2,33	2,188	2,5	2,57

Aus den Mittelwerten der Eichungen ergeben sich für die Leistung der Pumpe und den Gesamtwirkungsgrad der Anlage folgende Zahlen:

Tabelle 39 (vergl. auch die Diagramme der Fig. 32 u. 33).

		Paradeversuch	Betriebsversuch
Umdr./Min. der Pumpe . . .		123,23	122,50
Druck im Druckwindkessel .	Atm.	45,33	44,6
durchschnittliche Saughöhe bis Mitte Pumpe	m	2,36	2,43
Gesamtförderhöhe bis Ausguß unter Rasenhängebank . .	„	442,01	442,08
Leistung	cbm/Min	5,066	5,08
spezifisches Gewicht des Wassers		1,006	1,006
Leistung der Primärmaschine	PSi	698,84	710,37
desgl. + $1^1/_2$ pCt. Zuschlag für Zentralkondensation . . .	„	709,32	721,03
Gesamtwirkungsgrad . . .	pCt.	70,57*)	69,63

Ergebnisse der Messungen am elektrischen Teil.

Messungen während des Parade- und des Betriebsversuches.

Die Angaben der Tabelle 40 sind die Mittelwerte aus alle 15 Minuten gemachten Ablesungen. Die Versuchsdauer betrug bei dem Paradeversuch 6, bei dem Betriebsversuch $5^1/_2$ Std.

Tabelle 40.

		Paradeversuch	Betriebsversuch
Umdr./Min. des Generators		83,53	82,9
Periodenzahl		50,11	49,74
Kraftverbrauch	PSi	698,84	710,37
Spannung	V	3205	3293
Stromstärke	Amp	100,7	100,1
Leistung	KW	425,0	423,7
cos φ		0,762	0,742
Erregerstromstärke	Amp	148,2	154,9
Erregerspannung an den Schleifringen	V	85,2	90,4
Energieverbrauch der Magneterregung	KW	12,63	14,00

Messungen während der Pumpeneichungen.

Tabelle 41.

		Eichungen während des Paradeversuches			Betriebsversuches	
Eichung		I	II	III	I	II
Umdr./Min. d. Generators		83,14	83,3	83,4	83,4	82,8
Periodenzahl		49,88	49,99	50,0	50,0	49,68
Umdr./Min. der Pumpe .		122,35	122,54	122,67	123,02	122,17
Kraftverbrauch . . .	PSi	712,07	712,07	709,86	719,72	723,82
Spannung	V	3193	3180	3180	3253	3277
Stromstärke	Amp	101,4	101,6	101,7	101,03	101,0
Leistung	KW	426,0	427,5	428,2	435,55	433,68
cos φ		0,762	0,764	0,765	0,763	0,761

Die Mittelwerte aus den einzelnen Eichungen gibt Tabelle 42.

Tabelle 42.

		Mittelwerte der Eichungen während des Paradeversuches	des Betriebsversuches
Umdr. Min. des Generators		82,8	83,1
Perioden		49,96	49,84
Umdr./Min. der Pumpe . .		122,52	122,59
Kraftverbrauch	PSi	711,33	721,77
Spannung	V	3184,3	3265,00
Stromstärke	Amp	101,57	101,01
Leistung	KW	427,20	434,62
cos φ		0,764	0,762

Einzelmessungen am Generator.

Nach den Angaben des Maschinenschildes: 3200 V, 135 Amp, 750 KW, 83,5 Umdr./Min., ist der Generator für 750 KVA gebaut. Unter Berücksichtigung des bei dem Paradeversuche ermittelten Leistungsfaktors von 0,762 berechnet sich seine Normalleistung zu 572 KW. Bei 83,5 Umdrehungen in der Minute und 72 Polen beträgt die Periodenzahl 50.

Im gegenwärtigen Betrieb ist, wie die Versuche erwiesen haben, der Generator mit durchschnittlich 431 KW, bei einem Leistungsfaktor von 0,763, also nur mit rd. 75,3 pCt. seiner Nennleistung belastet.

Bestimmung der Kupferverluste.

Die Verluste im Statorkupfer und in der Magnetwicklung wurden unter Zugrundelegung der warmen Widerstände des Stators und der Magnetwicklung bestimmt. Die in Tabelle 43 gegebenen Widerstände sind die Mittel aus einer Reihe von Einzelmessungen, die mit Gleichstrom bei einer der Betriebsstromstärke gleichkommenden Belastung am Generator nach mehrstündigem Betrieb vorgenommen wurden.

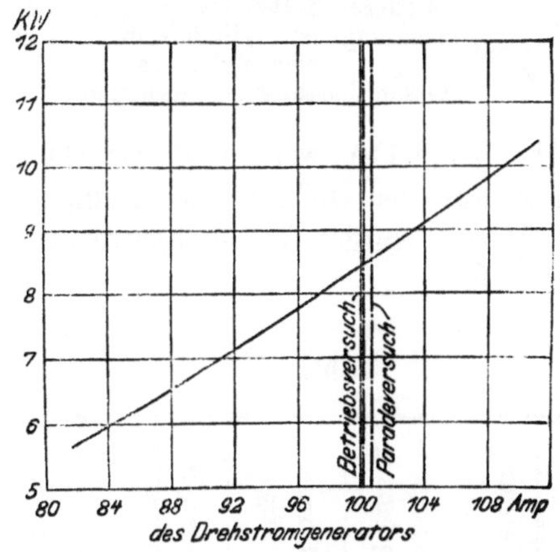

Fig. 34. Verluste im Statorkupfer des Generators.

*) Wie verschieden die Urteile über den Wirkungsgrad elektrischer Wasserhaltungen auch bei Fachleuten lauteten, geht hervor aus dem nachstehend aufgeführten Urteil des Ml.-Kritikers der Zeitschrift für Berg-, Hütten- und Salinenwesen 1903, Abt. C, S. 104 über die in dem Sammelwerk „Die Entwickelung des niederrheinisch-westfälischen Steinkohlen-Bergbaues in der zweiten Hälfte des 19. Jahrhunderts", Bd. IV, S. 352 ff. von dem Verfasser gegebene Berechnung des Wirkungsgrades, welcher nach dem vorhandenen Material nur auf 63 pCt. geschätzt wurde. In der Rezension heißt es: „Die auf S. 352 aufgeführten Wirkungsgrade — werden durchschnittlich und dauernd, besonders nach längerer Betriebszeit kaum erreicht werden." Der bei den Versuchen in der Praxis erreichte Wert übertrifft aber in der Anlage auf Zeche A. v. Hansemann die im Sammelwerk angenommene Zahl um nicht weniger als 7 pCt.

Die Schaulinien der Figuren 34 und 35 veranschaulichen die Kupferverluste in Abhängigkeit von der Generator- bezw. Erregerstromstärke.

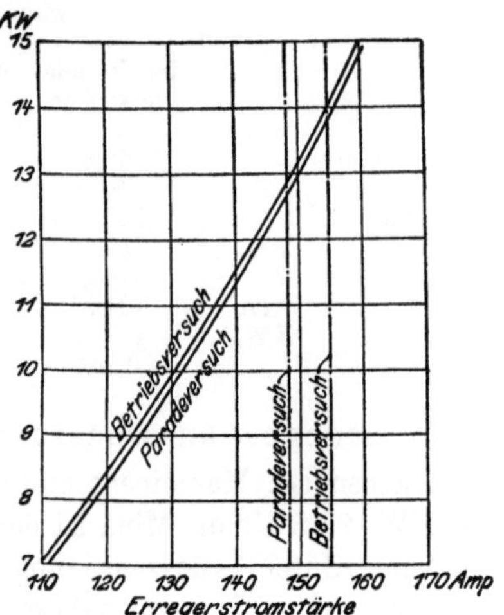

Fig. 35. Verluste in der Magnetwicklung des Generators.

Aus den Kurven ergeben sich für die Versuche folgende Verlustwerte:

Tabelle 43.

	Generatorstromstärke Amp	Statorwiderstand pro Phase Ohm	Verluste im Statorkupfer KW	Erregerstrom Amp	Magnetwiderstand Ohm	Verluste in der Magnetwicklung KW
Paradeversuch	100,7	0,281	8,55	148,2	0,575	12,63
Betriebsversuch	100,1	0,281	8,45	154,9	0,584	14,00

Da auch Widerstandsmessungen an dem kalten Generator (Temperatur 22° C = Maschinenhaustemperatur) ausgeführt wurden, konnte die Temperaturerhöhung berechnet werden.

Die Statorwicklung zeigte 37,5°, die Magnetwicklung 29° C. Temperaturerhöhung. Die Erwärmung blieb also auch hier weit unter den vom Verbande deutscher Elektrotechniker festgesetzten Grenzen.

Bestimmung der Eisenverluste.

Zur Bestimmung der Eisenverluste im Stator wurde die leerlaufende Dampfmaschine indiziert u. z.:

1. bei unerregtem Generator,
2. „ auf ca. $^2/_3$ Spannung erregtem Generator,
3. „ auf volle „ „ „

Die Ergebnisse dieser Versuchsreihe sind in Tabelle 44 wiedergegeben.

Tabelle 44.

Art des Versuches			Hochdruckzylinder Kurbelseite	Hochdruckzylinder Deckelseite	Hochdruckzylinder Mittel	Niederdruckzylinder Kurbelseite	Niederdruckzylinder Deckelseite	Niederdruckzylinder Mittel	Umdr./Min. der Maschine
Leerlauf ohne Erregung	mittlerer Kolbendruck . . .	kg/qcm	0,39	0,51	0,45	— 0,024	0,031	0,0035	
	Leistung der Zylinderseite .	PSi	36,79	48,60	42,69	— 5,93	7,69	0,88	
	„ jedes Zylinders . .	„		85,39			1,76		
	Gesamtleistung der Maschine	„			87,16				83,2
Leerlauf bei Erregung auf 2106 V	mittlerer Kolbendruck . . .	kg/qcm	0,43	0,57	0,50	— 0,014	0,038	0,012	
	Leistung der Zylinderseite .	PSi	40,57	54,32	47,44	— 3,46	9,43	2,98	
	„ jedes Zylinders . .	„		94,89			5,97		
	Gesamtleistung der Maschine	„			100,86				83,2
Leerlauf bei Erregung auf 3278,6 V	mittlerer Kolbendruck . . .	kg/qcm	0,51	0,55	0,53	0,012	0,064	0,038	
	Leistung der Zylinderseite .	PSi	48,12	52,41	50,26	2,97	15,88	9,42	
	„ jedes Zylinders . .	„		100,53			18,85		
	Gesamtleistung der Maschine	„			119,38				83,2

Wie schon angegeben worden ist, berechnen sich die Eisenverluste aus der Differenz der Dampfmaschinenleistungen. Daraus wurden für die Eisenverluste folgende Werte ermittelt:

Tabelle 45.

Umdr./Min. des Generators	zugeführte Leistung PSi	Generatorspannung V	Erregerstrom Amp	Erregerspannung V	Differenz der Leistungen PSi	Eisenverluste KW
83,2	87,16	—	—	—	—	—
83,2	100,86	2106	64,1	37,2	13,7	10,08
83,2	119,38	3278,6	115,6	65,17	32,23	23,72

In Fig. 36 sind die Eisenverluste in Abhängigkeit von der Generatorspannung aufgetragen.

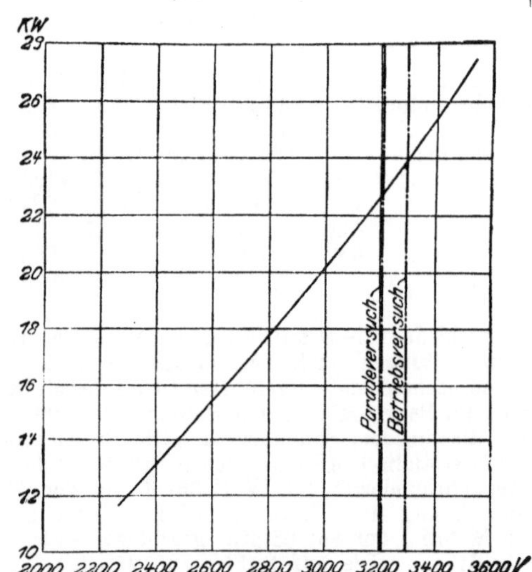

Fig. 36. Eisenverluste des Generators.

Für die Generatorspannungen der Hauptversuche nahmen die Eisenverluste folgende Werte an:

Tabelle 46.

	Generator-spannung V	Eisenverluste KW
Paradeversuch	3205	22,70
Betriebsversuch	3293	23,85

Messungen an der Erregermaschine.

Die Erregermaschine wird vom Generator mittels Riemens angetrieben.

Nach dem Maschinenschild soll sie bei 300 Umdr./Min. 182 Amp und 110 V, also 20 KW liefern. Nach den Versuchsergebnissen reichen für die Erregung des Generators beim Normalbetriebe 13,3 KW aus, daher ist der Erreger gewöhnlich nur mit 66 pCt. seiner Nennleistung belastet.

Unter Annahme eines Wirkungsgrades von 0,9 berechnen sich die Verluste in der Erregermaschine für die Belastung während der Versuche wie folgt:

Tabelle 47.

	von der Erregerdynamo abgegebene Leistung	Wirkungsgrad	der Erregerdynamo zugeführte Leistung		Verluste in der Erregerdynamo	
	KW	pCt.	KW	PS	KW	PS
Paradeversuch	12,63	90	14,03	19,06	1,40	1,90
Betriebsversuch	14,00	90	15,56	21,14	1,56	2,04

Da die Erregerdynamo ausschließlich zur Erregung des Generators und nicht auch zur Abgabe von Energie für Beleuchtung dient, ist ein Hauptstromregulator nicht vorhanden. Deshalb hat die Anlage auf Zeche A. von Hansemann hier keine Verluste zu verzeichnen.

Messungen am Schachtkabel.

Das Kabel ist 670 m lang und hat einen Kupferquerschnitt von 3×70 qmm.

Die Verluste wurden durch Widerstands- und Kurzschlußmessungen bestimmt. Aus den Werten der letzteren ergab sich auch der Spannungsverlust. In die Kabelverluste eingeschlossen sind die Verluste in den Sicherungen, Schaltern und Sammelschienen über und unter Tage.

Aus einer Reihe von Einzelmessungen mit Gleichstrom wurde der durchschnittliche Widerstand jeder Ader zu 0,167 Ohm ermittelt. Die Ergebnisse der Kurzschlußmessungen sind in Tabelle 48 wiedergegeben.

Tabelle 48.

Generator Umdr./Min.	Spannung V	Stromstärke Amp	Leistung KW	cos φ	Widerstand pro Ader Ohm
	30,9	86,1	3,774	0,820	0,169
	36,9	104,8	5,599	0,836	0,170
83,5	41,3	119,1	7,180	0,842	0,168
	46,7	136,5	9,390	0,850	0,168
	51,7	152,6	11,700	0,856	0,168
				im Mittel	0,169

Die Schaulinien der Figur 37 bringen die Leistungs- und Spannungsverluste in Beziehung zur Stromstärke.

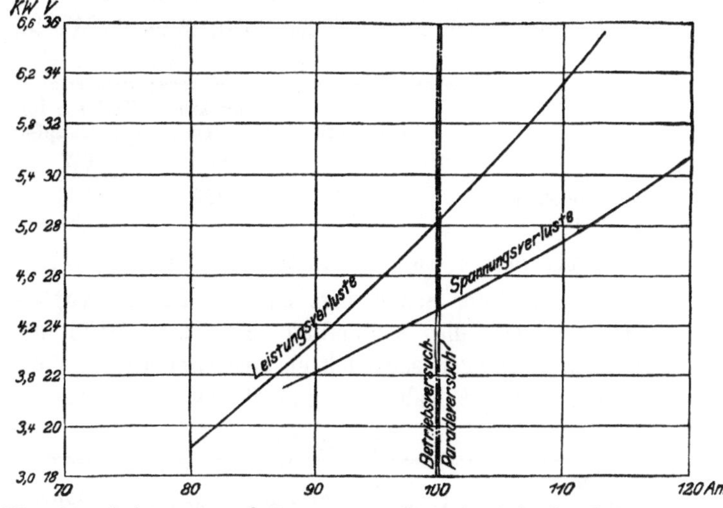

Fig. 37. Leistungs- und Spannungsverluste im Schachtkabel.

Aus den Kurven ergaben sich für die Stromstärken bei den Versuchen die Werte der Tabelle 49.

Tabelle 49.

	Stromstärke des Generators Amp	Leistungsverlust KW	Spannungsverlust V
Paradeversuch . . .	100,7	5,04	24,68
Betriebsversuch . .	100,1	5,03	24,62

Messungen am Motor.

Der Motor leistet nach dem Maschinenschild bei 3000 V Spannung und 125 Umdr./Min. 720 PS. Da er bei den Versuchen im Mittel nur 523 PS abzugeben hatte, beträgt die Betriebsbelastung 72,6 pCt. der Nennleistung.

Bestimmung der Verluste im Statorkupfer.

Der zur Bestimmung dieser Verluste benötigte Widerstand des Statorkupfers wurde im betriebswarmen Zustande durch eine Reihe von Einzelmessungen, die mit Gleichstrom bei einer der Betriebsbelastung gleichkommenden Stromstärke ausgeführt wurden, zu 0,265 Ohm pro Phase bestimmt. Die Schaulinien der Figur 38 stellen

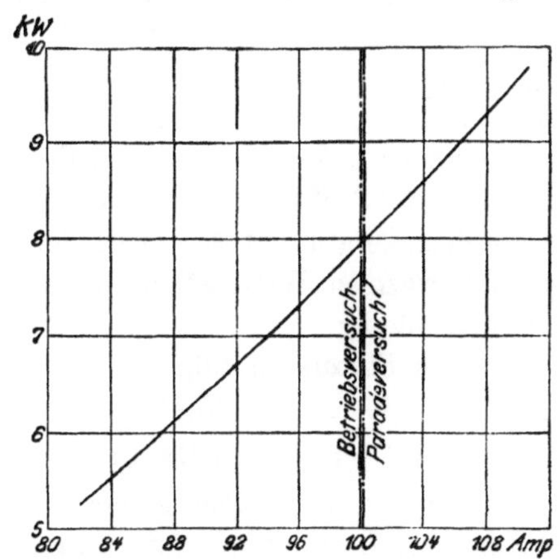

Fig. 38. Verluste im Statorkupfer des Motors.

die Leistungsverluste im Statorkupfer, bezogen auf die vom Motor aufgenommenen Stromstärken, dar.

Für die Belastungsverhältnisse während der Versuche ergeben sich aus den Schaulinien folgende Werte:

Tabelle 50.

	zugeführte Stromstärke Amp	Widerstand pro Phase Ohm	Verluste im Statorkupfer KW
Paradeversuch . . .	100,7	0,265	7,96
Betriebsversuch . .	100,1	0,265	7,94

Bestimmung der Verluste im Rotorkupfer.

Da der Rotor Schleifringe hat, wurden die Kupferverluste resp die Schlüpfung hier mit Hilfe des Dietzschen Anlegers sowie mittels eines Gleichstrom-Voltmessers bestimmt. Tabelle 51 gibt die gefundenen Werte.

Tabelle 51.

Umdr./Min des Generators	Spannung V	Stromstärke Amp	Leistung KW	cos φ	Schlüpfung pCt.
	3293	100,1	425	0,742	1,93
83,5	3058	55,15	17,97	0,0615	0,04

Eine graphische Darstellung, welche die Kupferverluste zu der jeweiligen Energieaufnahme des Motors in Beziehung bringt, veranschaulicht Fig. 39.

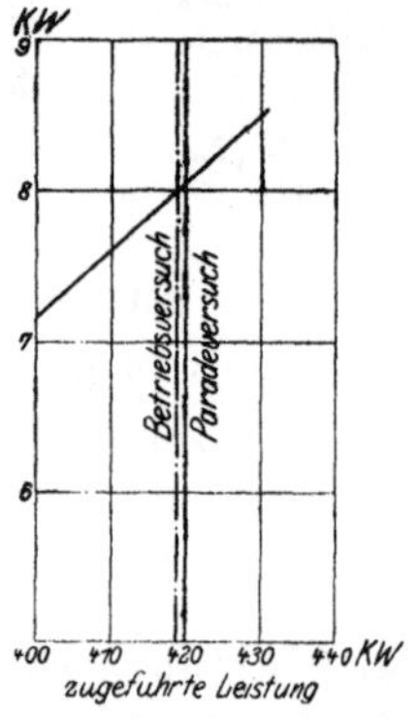

Fig. 39. Verluste im Rotorkupfer des Motors.

Für die Belastungen des Motors während der Versuche ergaben die Kurven folgende Werte:

Tabelle 52.

	zugeführte Leistung KW	Verlust im Rotorkupfer KW
Paradeversuch	419,9	8,04
Betriebsversuch	418,7	8,00

Die Widerstandsmessungen am kalten Motor fanden bei etwa 16° C Wicklungs-Temperatur (gleich Maschinenraum-Temperatur) statt. Aus der Differenz der kalten und warmen Widerstände berechnet sich die Temperaturerhöhung

des Stators zu 28,9° C
„ Rotors „ 25,7° C.

Bestimmung der Eisen- und Reibungsverluste.

Der Motor wurde von den Pleuelstangen der Pumpe abgekuppelt und im Leerlauf geprüft. Da die Pumpe keine eigenen Lager hat, sondern beide Tauchkolben durch Kurbeln angetrieben werden, die fliegend auf der beiderseits verlängerten Motorwelle sitzen, so schließen die Verluste auch die Reibung der beiden Lager ein.

Die Ergebnisse dieser Versuche waren folgende:

Tabelle 53.

Generator Umdr./Min.	Spannung V	Stromstärke Amp	Leistung KW	cos φ
	3240	54,4	17,9	0,0588
	2953	48,4	15,6	0,0632
	2855	46,7	14,7	0,0637
	2420	39,1	12,6	0,0769
	2300	36,7	11,7	0,0801
83,3	1736	27,3	9,19	0,112
	1515	23,8	8,37	0,134
	1316	20,8	7,49	0,158
	1239	19,7	7,33	0,173
	977	15,7	6,37	0,240
	909	14,8	6,18	0,265

Die Werte der Zahlentafel 53 sind in Fig. 40 graphisch dargestellt

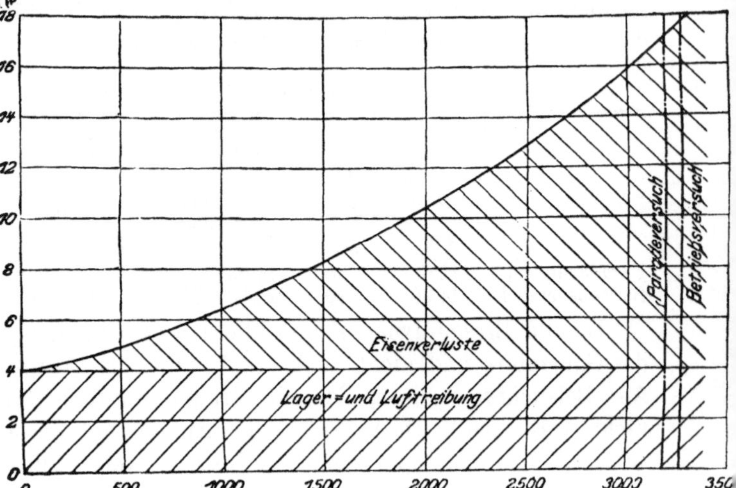

Fig. 40. Eisen- und Reibungsversuche des Motors.

Die durch den Anfangspunkt der Kurve (Spannung = 0) gelegte Horizontale scheidet wieder die Eisenverluste von den Reibungsverlusten.

Für die Belastungen bei den Versuchen ergaben sich aus den Schaulinien der Figur 40 folgende Werte:

Tabelle 54.

	Spannung an den Motorklemmen V	Lager- und Luftreibung KW	Eisenverluste KW
Paradeversuch . .	3180,4	4,0	13,08
Betriebsversuch . .	3268,3	4,0	13,64

Zusammenstellung der Einzelverluste und Wirkungsgrade nach dem Ergebnis der elektrischen Messungen.

Bei der Bestimmung des Dampfverbrauches war hier folgendes zu berücksichtigen:

1. Die Hauptdampfmaschine treibt auch die Erregerdynamo an. Der Energieverbrauch der letzteren ist also in den Diagrammen der ersteren mit enthalten

2. Die Hauptdampfmaschine ist an eine Zentralkondensation angeschlossen. Zum Vergleich mit den Anlagen, welche mit Eigenkondensation arbeiten, muß

also hier, ebenso wie bei der elektrischen Wasserhaltung auf Zeche Victor, ein Zuschlag von 1,5 pCt. der indizierten Leistung für die Kondensation gemacht werden.

Für die Belastungen bei den Versuchen nimmt der Zuschlag folgende Werte an:

Tabelle 55.

	Leistung der Dampfmaschine PSi	Zuschlag für Kondensation PSi	Gesamtleistung PSi
Paradeversuch	698,84	10,48	709,32
Betriebsversuch	710,37	10,66	721,03

Tabelle 56. Einzelverluste.

	Paradeversuch KW	Betriebsversuch KW
Kraftbedarf der Kondensation	7,71	7,85
Verlust in der Dampfmaschine einschl. Lager- u. Luftreibung des Generators	44,07	51,27
Verlust im Generator: Ankerkupfer	8,55	8,45
Ankereisen	22,70	23,85
Erregerwicklung	12,63	14,00
Verlust in der Erregermaschine	1,40	1,56
„ im Schachtkabel	5,04	5,03
„ im Motor: Statorkupfer	7,96	7,94
Rotorkupfer	8,07	8,00
Eisen	13,08	13,64
Lager- und Luftreibung	4,00	4,00
Verlust in der Pumpe einschl. Steigleitung	18,42	15 67
zusammen	153,63	161,26

Tabelle 57. Wirkungsgrade der Primärstation.

	Paradeversuch	Betriebsversuch
Dampfmaschine (mit Lager- u. Luftreibung) einschl. Erregung, ausschl. Kondensation:		
zugeführte Leistung	698,84 PSi (514,35 KW)	710,37 PSi (522,83 KW)
abgegebene Leistung	638,97 PSi (470,28 KW)	640,71 PSi (471,56 KW)
Wirkungsgrad	91,43 pCt.	90,19 pCt.
Dampfmaschine (mit Lager- u. Luftreibung) einschl. Erregung u. Kondensation:		
zugeführte Leistung	709,32 PSi (522,06 KW)	721,03 PSi (530,68 KW)
abgegebene Leistung	638,97 PSi (470,28 KW)	640,71 PSi (471,56 KW)
Wirkungsgrad	90,08 pCt.	88,86 pCt.
Generator ausschl. Erregung:		
zugeführte Leistung	456,25 KW	456,00 KW
Verluste: Ankerkupfer	8,55 „	8,45 „
Ankereisen	22,70 „	23,85 „
Zusammen	31,25 KW	32,30 KW
abgegebene Leistung	425,00 „	423,7 „
Wirkungsgrad	93,15 pCt.	92,92 pCt.
Generator einschl. Erregung:		
zugeführte Leistung	470,28 KW	471,56 KW
Verluste: Ankerkupfer	8,55 „	8,45 „
Ankereisen	22,70 „	23,85 „
Erregung	12,63 „	14,00 „
Erregerdynamo	1,40 „	1,56 „
Zusammen	45,28 KW	47,86 KW
abgegebene Leistung	425,0 „	423,7 „
Wirkungsgrad	90,37 pCt.	89,85 pCt.

Tabelle 58. Wirkungsgrad des Schachtkabels.

	Paradeversuch	Betriebsversuch
dem Kabel zugeführte Leistung	425,0 KW	423,7 KW
Verluste	5,04 „	5,03 „
abgegebene Leistung	419,9 „	518,7 „
Wirkungsgrad	98,75 pCt.	98,72 pCt.

Tabelle 59. Wirkungsgrade der Sekundäranlage.

	Paradeversuch	Betriebsversuch
Motor:		
zugeführte Leistung	419,90 KW	418,70 KW
Verluste: im Statorkupfer	7,96 „	7,94 „
im Rotorkupfer	8,04 „	8,00 „
im Eisen	13,08 „	13,64 „
Lager- u. Luftreibung	4,00 „	4,00 „
zusammen	33,08 KW	33,58 KW
abgegebene Leistung	386,82 „ (525,50 PSi)	385,12 „ (523,20 PSi)
Wirkungsgrad	92,12 pCt.	91,97 pCt.
Pumpe einschl. Steigleitung*):		
zugeführte Leistung	525,50 PS (386,82 KW)	523,20 PS (385,12 KW)
Verluste	25,03 PS (18,42 KW)	21,29 PS (15,67 KW)
abgegebene Leistung	500,55 PS (368,40 KW)	502,09 PS (369,45 KW)
Wirkungsgrad	95,34 pCt.	96,05 pCt.

Gesamtergebnis des Parade- und des Betriebsversuches.

Tabelle 60. Wirkungsgrad der Gesamtanlage unter Einrechnung der zur Erregung und zur Kondensation erforderlichen Leistung.

	Paradeversuch	Betriebsversuch
a. Wirkungsgrad der Primärstation einschl. Kondensation und Erregerdynamo und einschl. Kabelverluste:		
der Dampfmaschine zugeführte Leistung	709,32 PS (522,06 KW)	721,03 PS (530,68 KW)
dem Motor zugeführte Leistung	570,54 PS (419,90 KW)	568,88 PS (418,70 KW)
Wirkungsgrad	80,39 pCt.	78,82 pCt.
b. Wirkungsgrad ausschl. Schachtkabel	84,48 pCt.	79,84 pCt.
c. Wirkungsgrad der Sekundärstation:		
dem Motor zugeführte Leistung	570,54 PS (419,90 KW)	568,88 PS (418,70 KW)
von der Pumpe abgegebene Leistung (Wasserpferde)	500,55 PS (368,40 KW)	502,09 PS (369,45 KW)
Wirkungsgrad	87,79 pCt.	88,34 pCt.
d. Wirkungsgrad der Gesamtanlage:		
der Dampfmaschine zugeführte Leistung	709,32 PS (522,06 KW)	721,03 PS (530,68 KW)
von der Pumpe abgegebene Leistung	500,55 PS (368,40 KW)	502,09 PS (369,45 KW)
Wirkungsgrad	70,57 pCt.	69,63 pCt.

*) S. Fußnote S. 91.

Die Versuche an der elektrischen Wasserhaltung der Zeche Mansfeld, Schacht Colonia.

An der Anlage fanden zur Prüfung des maschinentechnischen Teiles folgende Versuche statt:

Paradeversuch — Betriebsversuch

1. Versuch mit überhitztem Dampf und normaler Umdrehungszahl
am 20. Juli 1903, am 16. Dezember 1903;

2. Versuch mit überhitztem Dampf und erhöhter Umdrehungszahl
am 21. Juli 1903, am 17. Dezember 1903;

3. Versuch ohne Überhitzung des Dampfes
am 23. Juli 1903, am 21. Dezember 1903;

4. Leerlaufversuche an der Dampfmaschine
am 17. u. 19. Dez. 1903;

5. Pumpeneichungen
am 18., 21. u. 23. Juli 1903, am 18. u. 19. Dez. 1903.

Ergebnisse der Versuche am Dampfteil.

Kesselanlage.

Zur Verfügung standen drei gleiche Zweiflammrohrkessel mit Schwoerer-Überhitzern, erbaut im Jahre 1900 von Jacques Piedboeuf in Düsseldorf für 12,25 Atm. Überdruck.

Über Heiz- und Überhitzerheizfläche sind folgende Angaben zu machen:

Heizfläche des Kessels: 96,70 qm, Gesamtheizfläche also 290,10 qm, Überhitzerheizfläche des Kessels: 70 qm, Gesamtüberhitzerheizfläche demnach 210 qm.

Die Ergebnisse der Beobachtungen sind in Tabelle 61 zusammengestellt.

Tabelle 61. Feststellungen an den Dampfkesseln.

Datum und Art des Versuches	Dauer des Versuches	Dampfspannung	Speisewasserverbrauch	Speisewassertemperatur	Dampf von 637 WE	Temperatur der Heizgase im Gaszuführungskanal	Temperatur der Heizgase in den Überhitzerkammern	Temperatur der Rauchgase im Fuchs	Temperatur des überhitzt. Dampfes hinter den Überhitzern	Stündliche Verdampfung auf 1 qm Heizfläche
		Atm. abs.	kg	°C.	kg	°C.	°C.	°C.	°C.	kg
Paradeversuch mit überhitztem Dampf und normaler Umdrehungszahl am 20. Juli 1903	von 8¹⁵ Uhr vorm. bis 4¹⁵ Uhr nachm. = 8 Stunden	13,46	43 989	17	44 756	1066	486	373	320,2	19,28
Paradeversuch mit überhitztem Dampf und erhöhter Umdrehungszahl am 21. Juli 1903	von 10⁴⁵ Uhr vorm. bis 1⁴⁵ Uhr nachm. = 3 Stunden	13,1	17 920	17	18 223	1093	521	380	322	20,93
Paradeversuch ohne Überhitzung des Dampfes am 23. Juli 1903	von 10³⁰ Uhr vorm. bis 5⁴⁵ Uhr nachm. = 7¼ Stund.	13,1	49 352	17	50 186	997,5		367		23,86
Betriebsversuch mit überhitztem Dampf und normaler Umdrehungszahl am 16. Dezember 1903	von 9¹⁵ Uhr vorm. bis 5¹⁵ Uhr nachm. = 8 Stunden	13,6	48 708	16,12	49 635,5	992	510,5	382,8	287,75	21,39
Betriebsversuch ohne Überhitzung des Dampfes am 21. Dezember 1903	von 9¹⁵ Uhr vorm. bis 5¹⁵ Uhr nachm. = 8 Stunden	13,5	58 518	15,58	59 672,74	1091		343		25,71

Feststellungen an der Betriebsmaschine des Generators.

Da die Dreifach-Expansionsmaschine mit überhitztem Dampf von etwa 300 °C. arbeitet, bot die Anlage eine willkommene Gelegenheit, Vergleiche zwischen dem Betriebe mit gesättigtem und dem mit überhitztem Dampfe zu ziehen. Es wurde ein besonderer Versuch mit gesättigtem Dampfe ausgeführt, dessen Ergebnisse in Tabelle 62 den mit Heißdampf erhaltenen gegenübergestellt sind.

Tabelle 62 (vergl. auch die Dampfmaschinen-Diagramme der Seiten 102—106).

Art und Datum des Versuches	Dauer des Versuches		Hochdruck-Zylinder			Mitteldruck-Zylinder			Rechts-Niederdruck-Zylinder			Links-Niederdruck-Zylinder			Umdrehungszahl der Maschine in der Minute	Vakuum in cm	Barometerstand in cm	Gesamt-wasserverbrauch in kg	Dampfverbrauch für 1 ind. Dampfpferd in kg
			Kurbelseite	Deckelseite	Mittel	Kurbelseite	Deckelseite	Mittel	Kurbelseite	Deckelseite	Mittel	Kurbelseite	Deckelseite	Mittel					
Paradeversuch mit Überhitzung des Dampfes und normaler Umdrehungszahl am 20. Juli 1903	von 8[15] Uhr vorm. bis 4[15] Uhr nachm. = 8 Stunden	Eintritts-Dampfspannung . Atm. abs.		13,08			2,243												
		Eintritts-Dampftemperatur . °C.	297,2	296,8	297,0														
		Mittlerer Kolbendruck . . . kg/qcm	3,95	3,71	3,83	1,037	0,996	1,017	0,330	0,323	0,327	0,328	0,330	0,329					
		Leistung der Zylinderseite PSi	292,28	289,58	290,93	192,10	188,60	190,35	81,69	80,58	81,14	81,19	82,33	81,76	99,88	69,0	75,3	43 862[2])	4,256
		„ jedes Zylinders . „		581,86			380,70			162,27			163,52						
		Gesamtleistung d. Maschine „						1288,35											
Paradeversuch mit Überhitzung des Dampfes und erhöhter Umdrehungszahl am 21. Juli 1903	von 10[45] Uhr vorm. bis 1[45] Uhr nachm. = 3 Stunden	Eintritts-Dampfspannung . Atm. abs.		12,7			2,427												
		Eintritts-Dampftemperatur . °C.	301,2	300,8	301,0														
		Mittlerer Kolbendruck . . . kg/qcm	3,61	3,72	3,67	1,046	1,004	1,025	0,354	0,348	0,351	0,348	0,330	0,339					
		Leistung der Zylinderseite PSi	295,27	322,16	308,95	214,70	210,65	212,68	97,09	96,20	96,65	95,45	91,22	93,34	110,67	69,0	75,3	17 838[3])	4,178
		„ jedes Zylinders . „		617,89			425,35			193,29			186,67						
		Gesamtleistung d. Maschine „						1423,20											
Paradeversuch ohne Überhitzung des Dampfes am 23. Juli 1903	von 10[30] Uhr vorm. bis 5[45] Uhr nachm. = 7¼ Stunden	Eintritts-Dampfspannung . Atm. abs.		13,1			2,64												
		Mittlerer Kolbendruck . . . kg/qcm	3.76	3,25	3,51	1,056	1,016	1,036	0,39	0,37	0,38	0,355	0,377	0,366					
		Leistung der Zylinderseite PSi	277,27	252,87	265,07	194,96	191,73	193,35	96,21	91,99	94,10	87,57	93,73	90,65	99,54	67,3	75,5	49 000[4])	5,254
		„ jedes Zylinders . „		530,14			336,69			188,20			181,3						
		Gesamtleistung d. Maschine „						1286,33											
Betriebsversuch mit Überhitzung des Dampfes und normaler Umdrehungszahl am 16. Dez. 1903	von 9[15] Uhr vorm. bis 5[15] Uhr nachm. = 8 Stunden	Eintritts-Dampfspannung . Atm. abs.		13,3			2,42												
		Eintritts-Dampftemperatur . °C.[1])	273,8	274,2	274,0														
		Mittlerer Kolbendruck . . . kg/qcm	3,62	3,62	3,62	0,94	0,89	0,92	0 38	0,35	0,37	0,35	0,36	0,36					
		Leistung der Zylinderseite PSi	273,59	288,75	281,17	177,86	172,13	175,0	96,08	89,18	92,63	88,49	91,73	90,11	102,02	66,4	75,0	48 334[5])	4,73
		„ jedes Zylinders . „		562,34			349,99			185,26			180,22						
		Gesamtleistung d. Maschine „						1277,81											
Betriebsversuch mit Überhitzung des Dampfes und erhöhter Umdrehungszahl am 17. Dez. 1903	von 2[35] Uhr bis 3[35] Uhr nachm. = 1 Stunde	Eintritts-Dampfspannung . Atm. abs.		12,6			2,61												
		Eintritts-Dampftemperatur . °C.	280,60	280,90	280,75														
		Mittlerer Kolbendruck . . . kg qcm	3,25	3,63	3,44	0,98	0,93	0,96	0,39	0,36	0,38	0,38	0,37	0,38					
		Leistung der Zylinderseite PSi	270,03	318,18	294,11	203,76	197,93	200,85	108,35	100,80	104,58	105,55	103,60	104,58	112,1	66,8	75,3		
		„ jedes Zylinders . „		588,21			401,69			209,15			209,15						
		Gesamtleistung d. Maschine „						1408,2											
Betriebsversuch ohne Überhitzung des Dampfes am 21. Dez. 1903	von 9[15] Uhr vorm. bis 5[15] Uhr nachm. = 8 Stunden	Eintritts-Dampfspannung . Atm. abs.		13,1			2,57												
		Mittlerer Kolbendruck . . . kg/qcm	3,39	3,20	3,30	1,04	0,96	1,00	0,40	0,38	0,39	0,39	0,40	0,40					
		Leistung der Zylinderseite PSi	258,35	257,39	257,87	198,43	187,22	192,83	101,98	97,64	99,81	99,43	102,78	101,11	102,87	68,0	76,5	57 924[6])	5,5
		„ jedes Zylinders . „		515,74			385,65			199,62			202,21						
		Gesamtleistung d. Maschine „						1303,22											

[1]) Temperatur von 300° konnte nicht erreicht werden. [2]) Nach Abzug von 127 kg Kondenswasser. [3]) Nach Abzug von 82 kg Kondenswasser. [4]) Nach Abzug von 352 kg Kondenswasser. [5]) Nach Abzug von 374 kg Kondenswasser. [6]) Nach Abzug von 594 kg Kondenswasser.

Paradeversuch mit überhitztem Dampf und normaler Umdrehungszahl auf Zeche Mansfeld, Schacht Colonia, vom 20. Juli 1903.

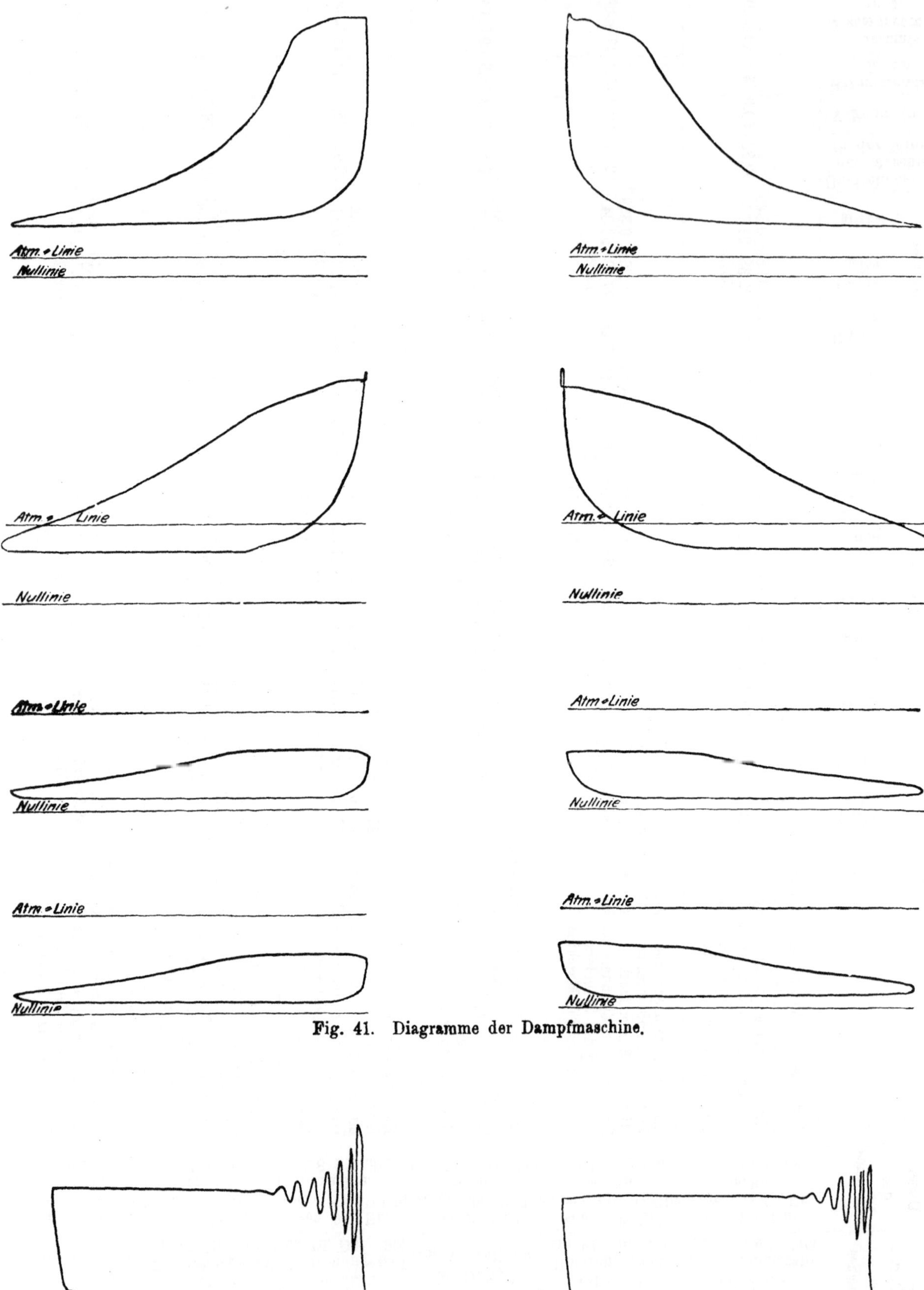

Fig. 41. Diagramme der Dampfmaschine.

Fig. 42. Diagramme der Pumpe.

Betriebsversuch mit überhitztem Dampf und normaler Umdrehungszahl auf Zeche Mansfeld, Schacht Colonia, vom 16. Dezember 1903.

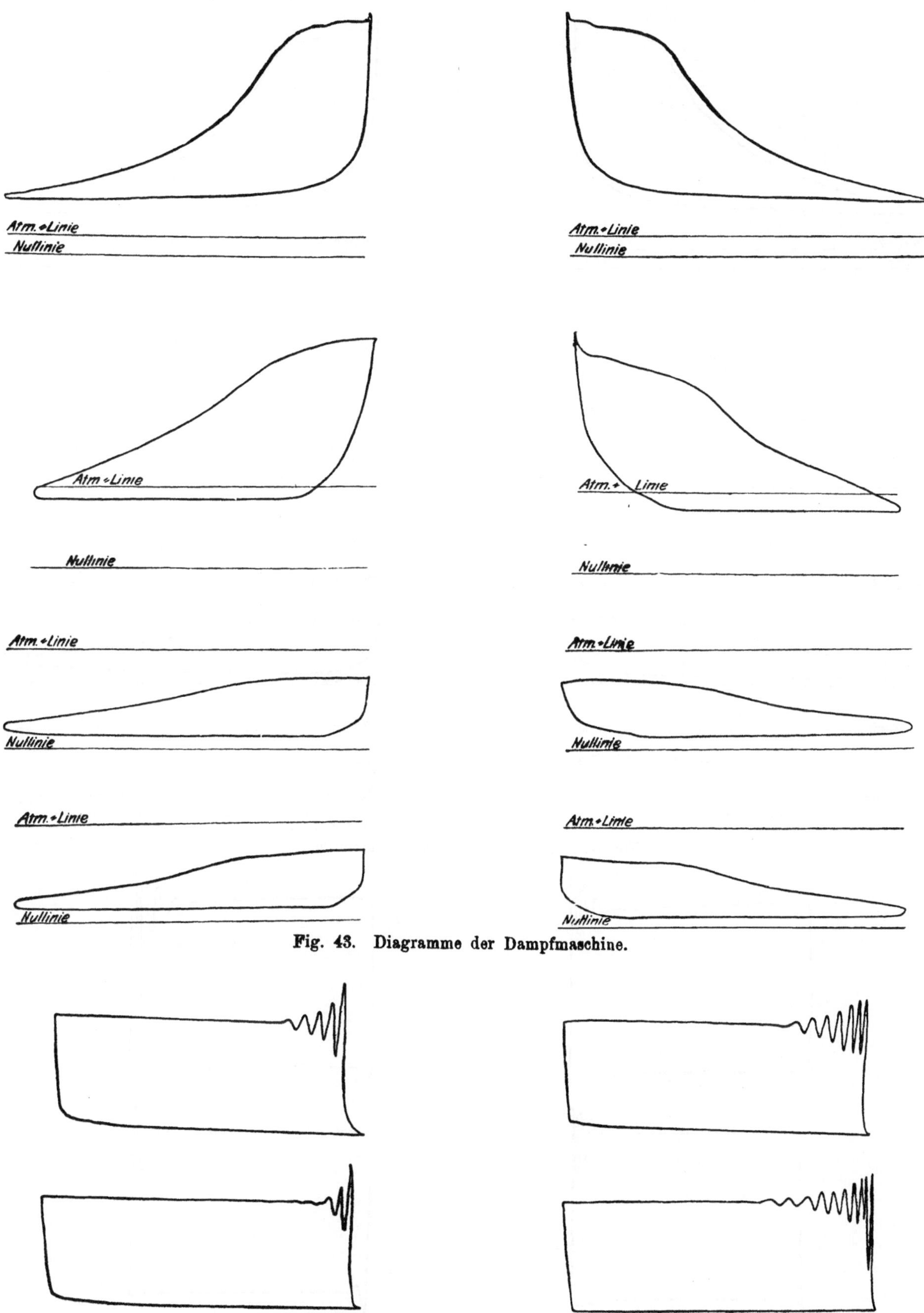

Fig. 43. Diagramme der Dampfmaschine.

Fig. 44. Diagramme der Pumpe.

Paradeversuch mit überhitztem Dampf und erhöhter Umdrehungszahl auf Zeche Mansfeld, Schacht Colonia, vom 21. Juli 1903.

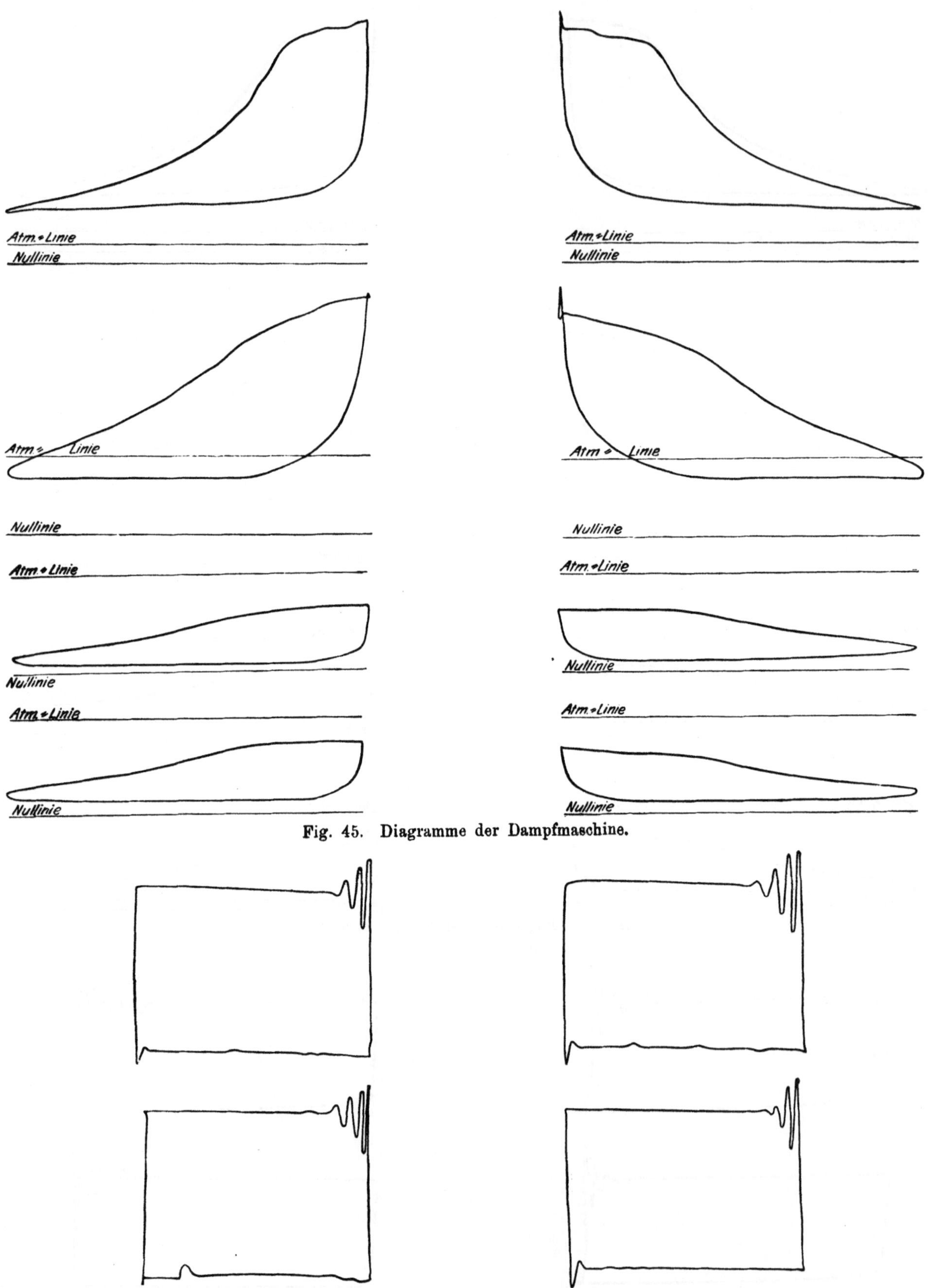

Fig. 45. Diagramme der Dampfmaschine.

Fig. 46. Diagramme der Pumpe.

Betriebsversuch mit überhitztem Dampf und erhöhter Umdrehungszahl auf Zeche Mansfeld, Schacht Colonia, vom 17. Dezember 1903.

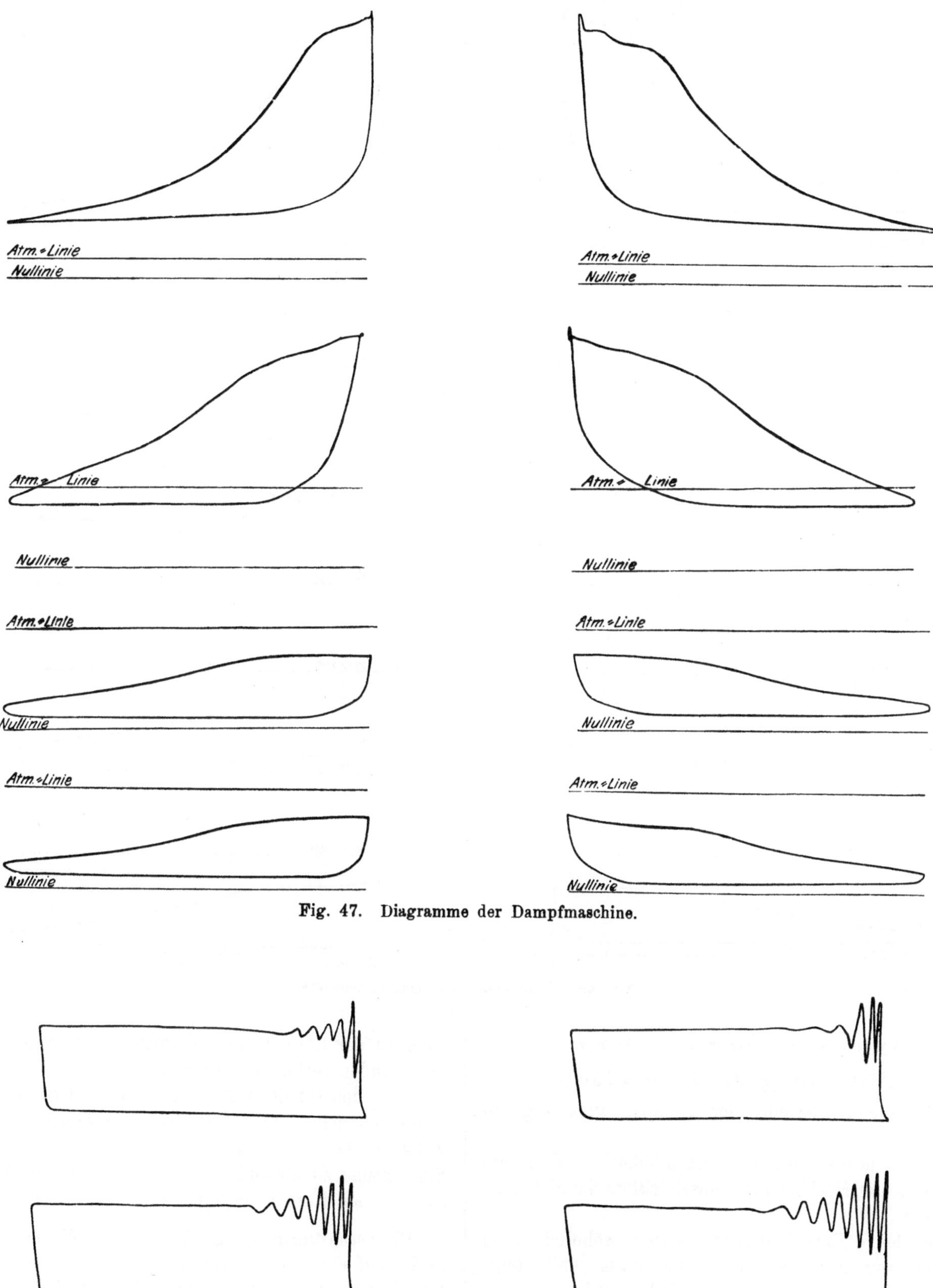

Fig. 47. Diagramme der Dampfmaschine.

Fig. 48. Diagramme der Pumpe.

Betriebsversuch ohne Überhitzung des Dampfes auf Zeche Mansfeld, Schacht Colonia, vom 21. Dezember 1903.

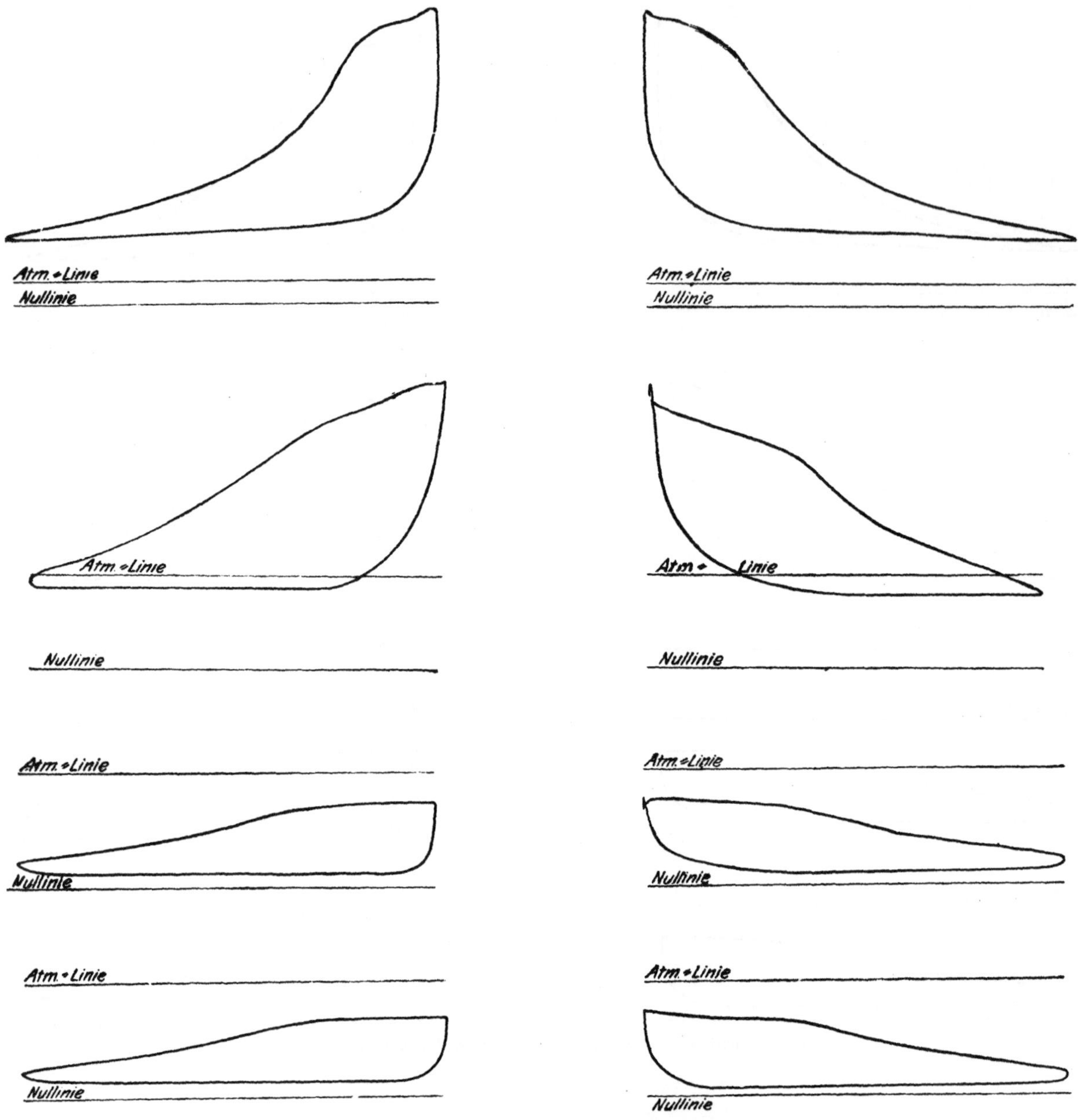

Fig. 49. Diagramme der Dampfmaschine.

Ergebnisse der Versuche an den Pumpen.

Feststellung der Förderhöhe.

Über die Förderhöhe der Pumpen gibt Fig. 50 Auskunft.

Daraus ergibt sich die Förderhöhe bis Mitte des Ausgusses am Hochbehälter einschließlich Saughöhe zu 434,40 m.

Von den 4 Expreßpumpen stehen gewöhnlich 2 im Betriebe, von denen jede eine eigene Saug- und Steigleitung hat. Die Steigleitungen sind so weit bemessen, daß sie das von zwei Pumpen gelieferte Wasser aufnehmen. Sie können sowohl im Pumpenraume als auch an der Rasenhängebank durch eingebaute Schieber miteinander verbunden werden. Die eine Steigleitung gießt in den Hochbehälter, die andere etwas unter der Rasenhängebank aus. Das Vorhandensein der Schieber gestattet es, eine Pumpe mit der einen oder anderen Steigleitung zu verbinden, sie also in den Hochbehälter oder an der Rasenhängebank ausgießen zu lassen.

Ein verhältnismäßig großer Teil der Wasser sitzt der Zeche auf einer höher gelegenen, der 220 m-Sohle zu. Das Wasser wird dort gesammelt und fließt in einer Abfalleitung einer der Pumpen zu. Diese ist also im Schenkelpunkte zweier kommunizierender Röhren in die Leitung eingeschaltet und hat den Widerstand der angesaugten Wassersäule, den Steigleitungswiderstand

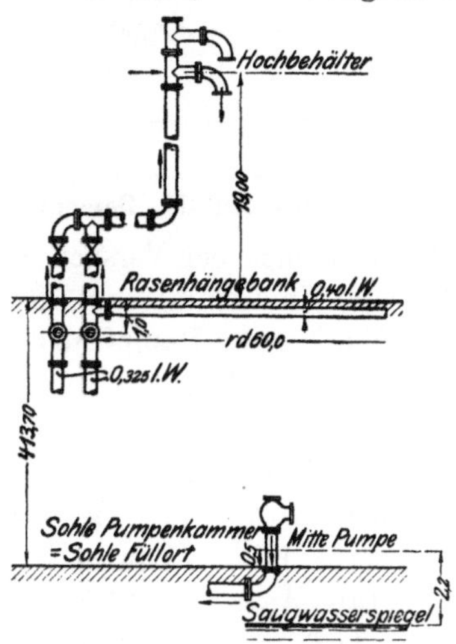

Fig. 50. Förderhöhe der Pumpen auf Zeche Mansfeld, Schacht Colonia.

und eine Förderhöhe zu überwinden, die der Wasserteufe der oberen Sohle (bis Mitte des Ausgusses am Hochbehälter gerechnet), also rd. 240 m entspricht.

Bestimmung der Wassermenge.

Als Eichgefäß diente der in der Einleitung (s. S. 66) bereits erwähnte Hochbehälter, dessen Inhalt einerseits durch Berechnung aus den Maßen, anderseits durch Ausliterung genau bestimmt war.

Es verdient Erwähnung, daß die nach beiden Methoden ermittelten Endwerte nur um 0,487 pCt. voneinander abwichen. Im Bassin war eine Latte eingebaut, auf der die Meßabschnitte von 5 zu 5 cbm markiert waren.

Für die Prüfung wurden die Pumpen I und III gewählt und in der üblichen Weise geeicht: man legte die Zeit fest, welche die Pumpen gebrauchten, um das Gefäß zu füllen, dessen Inhalt ja sowohl in seiner ganzen Größe durch eine Anfangs- und Endmarke als auch in den einzelnen Füllabschnitten durch die Marken der Unterteilung bestimmt war. Während der Eichung wurde von 5 zu 5 Minuten die Umdrehungszahl der Pumpe bestimmt und die Dampfmaschine indiziert. Über Anfang und Ende einer jeden Messung verständigte man sich mit Hilfe einer elektrischen Signalleitung, die vom Hochbehälter zur Pumpenkammer führte.

Die Versuche konnten hier nicht so glatt durchgeführt werden wie bei den anderen Anlagen. Bei der Pumpe III trat zwischen Parade- und Betriebsversuch ein Bruch der Hauptstopfbüchse ein, sodaß der zweite Versuch entgegen den Bestimmungen des Versuchsprogramms bei einem wesentlich veränderten Zustande der einen Pumpe vorgenommen wurde. Es ist wahrscheinlich, daß die besseren Ergebnisse des Pumpenbetriebes in der zweiten Versuchsreihe eine Folge der Erneuerung der Stopfbüchse waren. Unter diesen Umständen kann der zweite Versuch nicht als „Betriebsversuch“ im Sinne des eingangs gegebenen Programms angesehen werden, doch soll der Einfachheit halber auch für diese Prüfung die Bezeichnung „Betriebsversuch“ beibehalten werden, die ja auch für die Untersuchung der Pumpe I gerechtfertigt ist.

Bei den Pumpeneichungen konnte unter den vorliegenden, für die Messung äußerst ungünstigen Verhältnissen, die sich trotz des Entgegenkommens der Zechenverwaltung und der Arbeitsfreudigkeit des Versuchspersonals nicht beseitigen ließen, nicht der Grad von Genauigkeit erreicht werden wie bei der Wassermessung auf den übrigen Zechen.

Die Ungenauigkeiten wurden verursacht:

1. durch die wechselnde Dauer des Schließens und Öffnens der Absperrschieber zu Beginn und bei Beendigung der Wassermessung. Trotzdem man mit größter Sorgfalt darauf hinarbeitete, die Schieberbewegung gleichmäßig auszuführen, waren doch Fehler unvermeidlich.

2. in geringerem Maße durch die Wallungen des aus der Steigleitung mit ziemlich hohem Fall in das Bassin stürzenden Wassers, welche die Genauigkeit der Ablesungen ebenfalls beeinträchtigten. Eine Verbesserung der Meßanlage lag praktisch außer dem Bereiche der Möglichkeit. Man mußte sich daher damit begnügen, die Ungenauigkeiten durch die Vornahme einer größeren Reihe von Eichungen und die Mittelung ihrer Ergebnisse so weit als möglich auszumerzen. Die Mittelwerte der Eichungen sind in Tab. 63 mit allem Vorbehalt wiedergegeben und der späteren Berechnung zugrunde gelegt.

Tabelle 63.

	Eichungen beim Paradeversuch		Eichungen beim Betriebsversuch					
					mit Abfalleitung		erhöhte Umlaufzahl	
	Pumpe I	Pumpe III	Pumpe I	Pumpe III	Pumpe I	Pumpe III	Pumpe I	Pumpe III
Dauer der Wassermessung	37′ 20″	34′ 50″	33′ 6″	25′ 36″	29′ 31″	23′ 25″	23′ 54″	24′ 18″
gesamte geförderte Wassermenge . . . cbm	177,000	157,750	152,747	118,635	141,693	114,502	119,360	125,265
Wassermenge i. d. Min. . . . . „	4,740	4,527	4,610	4,637	4,798	4,891	4,996	5,088
Umdr./Min.	148,94	147,87	148,44	148,90	150,34	149,94	161,79	162,09
Leistung in 1 Doppelhub . . . . . cbm	0,03182	0,03061	0,03106	0,03115	0,03191	0,03262	0,03088	0,03139
theoret. Leistung bei 1 Doppelhub . . „	0,03364	0,03335	0,03364	0,03335	0,03364	0,03335	0,03364	0,03335
volumetrischer Wirkungsgrad . . . . pCt.	94,59	91,78	92,32	93,38	93,87	97,81	91,80	94,13

In Fig. 51 sind die bei der Eichung mit Abfalleitung an der Pumpe I genommenen Diagramme veranschaulicht.

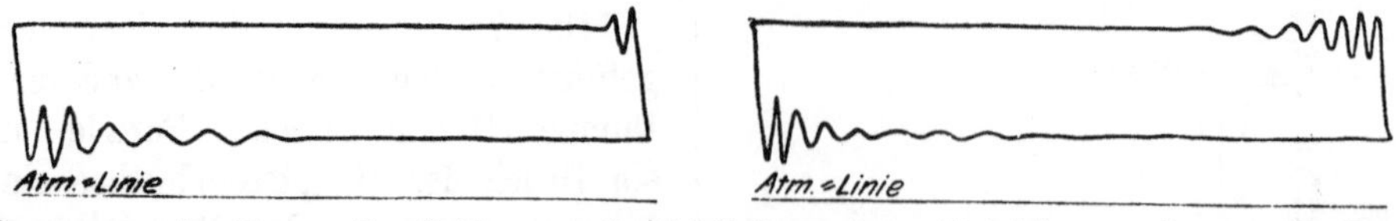

Fig. 51. Diagramme der Pumpe I. (Eichung mit Abfalleitung beim Betriebsversuch vom 17. Dezember 1903.)

Geringe Änderungen der Umdrehungszahl in der Minute werden die Gleichheit der volumetrischen Leistung nicht beeinflussen; setzt man deshalb den oben für die Minute festgelegten Mittelwert aus den Eichungen ein, so ergeben sich für die Hauptversuche folgende Werte, wobei beim Paradeversuch der Versuch mit gesättigtem Dampf und normaler Umdrehungszahl, für den Betriebsversuch der mit überhitztem Dampf und normaler Umdrehungszahl berücksichtigt ist.

Tabelle 64 (vergl. auch die Pumpen-Diagramme der Seiten 102—106).

	Paradeversuch		Betriebsversuch	
	Pumpe I	Pumpe III	Pumpe I	Pumpe III
Mittl. Umdrehungsz. der Pumpe i. d. Min.	145,49	145,54	148,98	148,38
Druck am Druckwindkessel . . . . Atm. Überdr.	43,5 [1])	41 [1])	41 [2])	43 [2])
Durchschnittl. Saughöhe bis Mitte Pumpe . . . m	2,03	2,03	2,66	2,66
Gesamte Förderhöhe . . . m	434,23	414,23	414,86	434,86
Leistung . . . cbm/Min.	4,629	4,455	4,627	4,622
Leistung der Dampfmaschine . . . PSi	1286,33		1277,81	
Spez. Gewicht des Wassers . . .	1,002	1,002	1,002	1,002
Gesamtwirkungsgrad . . . pCt.	66,74		68,47	

[1]) Pumpe I gießt ins Hochbassin, Pumpe III unter Flur aus.
[2]) „ I „ unter Flur, „ III ins Hochbassin aus.

Ergebnisse der Messungen am elektrischen Teil.

Messungen während des Betriebsversuches.

Da der elektrotechnischen Abteilung des Dampfkessel-Überwachungs-Vereins zur Zeit des Paradeversuches die sämtlichen erforderlichen Instrumente für die Messungen an dem Generator und den beiden Motoren noch nicht zur Verfügung standen, konnte eine eingehende Prüfung des elektrischen Teiles der Anlage nur während des Betriebsversuches und der in Verbindung damit vorgenommenen Pumpeneichungen ausgeführt werden. Beim Paradeversuch wurden die Angaben der Schalttafelinstrumente notiert und dadurch die Möglichkeit eines Vergleiches mit den Ergebnissen der späteren Messungen gesichert.

Die bei dem achtstündigen Betriebsversuch (mit überhitztem Dampf) in Zeitabständen von je 15 Minuten vorgenommenen Ablesungen hatten folgende Ergebnisse:

Generator:

Umdr./Min.	102,02
Perioden	41,8
Kraftverbrauch	1277,8 PSi
Spannung	3059 V
Stromstärke	189,5 Amp
Leistung	803,4 KW
cos φ	0,798

Erregung:

Stromstärke	104,5 Amp
Spannung an den Schleifringen .	87,08 V
Energieverbrauch für Erregung .	9,1 KW
Spannung an der Erregerdynamo .	115,4 V
abgegebene Leistung der Erregerdynamo	12,06 KW

Messungen während der Pumpeneichungen.

Gelegentlich der Pumpeneichungen, von denen jede etwa eine halbe Stunde beanspruchte, wurden elektrische Messungen bei verschiedenen Belastungen der Pumpen angestellt, nämlich:

1. bei normaler Umlaufzahl, Pumpe aus dem Sumpf saugend und in den Hochbehälter ausgießend;
2. desgl. bei erhöhter Umlaufzahl;
3. bei normaler Umlaufzahl, Pumpe aus der Abfalleitung saugend und in den Hochbehälter ausgießend.

Die Mittelwerte der alle 10 Minuten gemachten Ablesungen sind in Tabelle 65 zusammengestellt.

Tabelle 65.

	normale Umlaufzahl, Pumpe aus dem Sumpf saugend		erhöhte Umlaufzahl, Pumpe aus dem Sumpf saugend		normale Umlaufzahl Das Wasser fließt den Pumpen aus der Abfalleitung zu	
Pumpe	I	III	I	III	I	III
Umdr./Min. . . .	148,44	148,90	161,79	162,09	150,34	149,90
Spannung des Generators V . . .	3086,0	3097,5	3305,0	3467,5	3136,0	3086,5
Stromstärke des Generators Amp . .	91,90	98,35	92,8	97,65	70,1	80,45
Leistung des Generators KW . .	419,4	426,1	454,3	456,0	277,0	306,6
cos φ	0,855	0,8075	0,858	0,777	0,728	0,713

Einzelmessungen am Generator.

Nach den Angaben des Maschinenschildes: 3000 V, 223 Amp, 97,5 Umdr./Min., soll der Generator 1157,4 KVA liefern. Unter Berücksichtigung des bei den Versuchen ermittelten durchschnittlichen Leistungsfaktors von 0,798 entspricht diese Leistung 923,5 KW. Bei 48 Polen und der oben angegebenen Zahl von 97,5 Umdr./Min. ergibt sich eine Periodenzahl von 39,0.

Im normalen Betrieb ist die Maschine, wie bei dem Hauptversuche ermittelt wurde, mit etwa 803 KW, bei $\cos \varphi = 0{,}798$, also mit 87 pCt. ihrer Nennleistung belastet, was 102,02 Umdr./Min. bei 40,81 Perioden entspricht.

Bestimmung der Kupferverluste.

Der Widerstand des Kupfers im Stator und im Magnetrade wurde im betriebswarmen Zustande der Bewicklung aus einer Reihe von Einzelmessungen bestimmt. Zur Messung wurde Gleichstrom in einer der normalen Belastung gleichkommenden Stromstärke benutzt; es ergab sich hierbei ein Widerstand von 0,833 Ohm für die Magnetwicklung und von 0,065 Ohm für jede Phase des Stators. Aus den Widerstandswerten ermittelte man die Leistungsverluste im Kupfer, welche durch die Schaulinien in den Fig. 52 und 53 wiedergegeben werden.

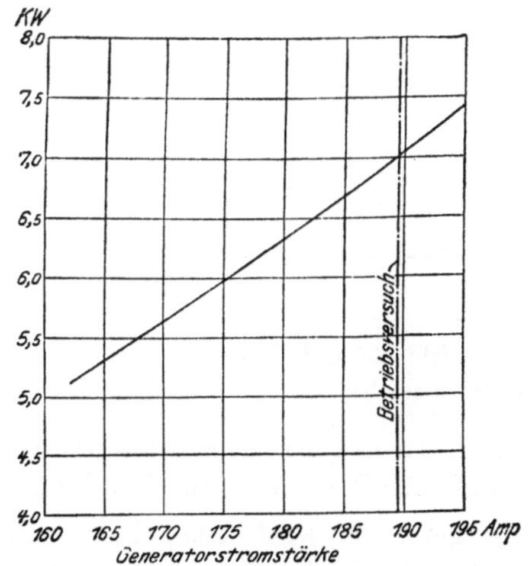

Fig. 52. Verlust im Statorkupfer des Generators.

Für die durchschnittliche Belastung beim Betriebsversuch von 189,5 Amp wurde der Verlust im Statorkupfer zu 7,05 KW festgestellt.

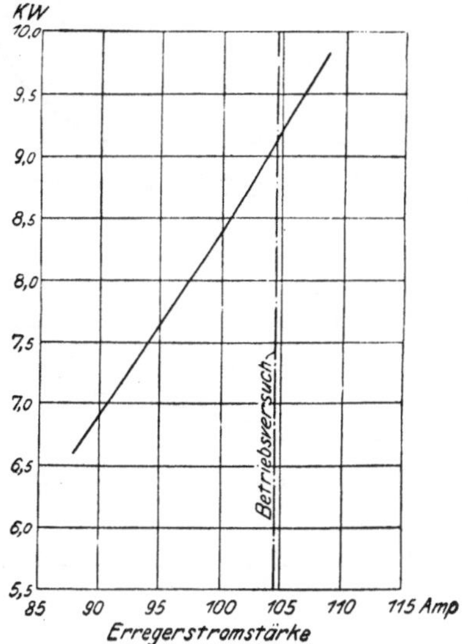

Fig. 53. Verlust in der Magnetwicklung des Generators.

Für die Erregerstromstärke während des Betriebsversuchs (104,5 Amp) berechnet sich der Leistungsverlust in der Magnetwicklung zu 9,1 KW.

Aus der Differenz der Widerstände des warmen und des kalten Generators — in letzterem Falle war die Kupfertemperatur nach längerem Stillstande der Maschine = der Maschinenhaustemperatur = 23° C — ergab sich die Temperaturerhöhung

für den Stator zu 27,5° C
„ die Magnetwicklung „ 20,5° „,

blieb also weit unter der vom Verbande deutscher Elektrotechniker festgesetzten Zulässigkeitsgrenze.

Bestimmung der Eisenverluste.

Die Eisenverluste wurden in der üblichen Weise dadurch ermittelt, daß man die Dampfmaschine einmal bei unerregtem (vergl. die Diagramme der Fig. 54) und das andere Mal bei annähernd auf Normalspannung erregtem Generator (vergl. die Diagramme der Fig. 55) indizierte. Die Ergebnisse dieser Leerlaufversuche sind in Tabelle 66 wiedergegeben.

Tabelle 66.

Art des Versuchs		Hochdruckzylinder			Niederdruckzylinder			Umdr./Min. der Maschine
		Kurbelseite	Deckelseite	Mittel	Kurbelseite	Deckelseite	Mittel	
Leerlauf ohne Erregung	mittlerer Kolbendruck . . kg/qcm	0,414	0,332	0,373	0,139	0,102	0,1205	
	Leistung der Zylinderseite PSi	31,26	26,46	28,86	20,87	19,72	20,295	
	„ jedes Zylinders . „		57,72			40,59		
	Gesamtleistung d. Maschine „				136,37			101,9
Leerlauf bei Erregung auf 3119 V	mittlerer Kolbendruck . . kg/qcm	0,443	0,385	0,414	0,173	0,131	0,152	
	Leistung der Zylinderseite PSi	33,48	30,71	32,095	32,73	25,33	29,03	
	„ jedes Zylinders . „		64,19			58,06		
	Gesamtleistung d. Maschine „				177,03			102,0

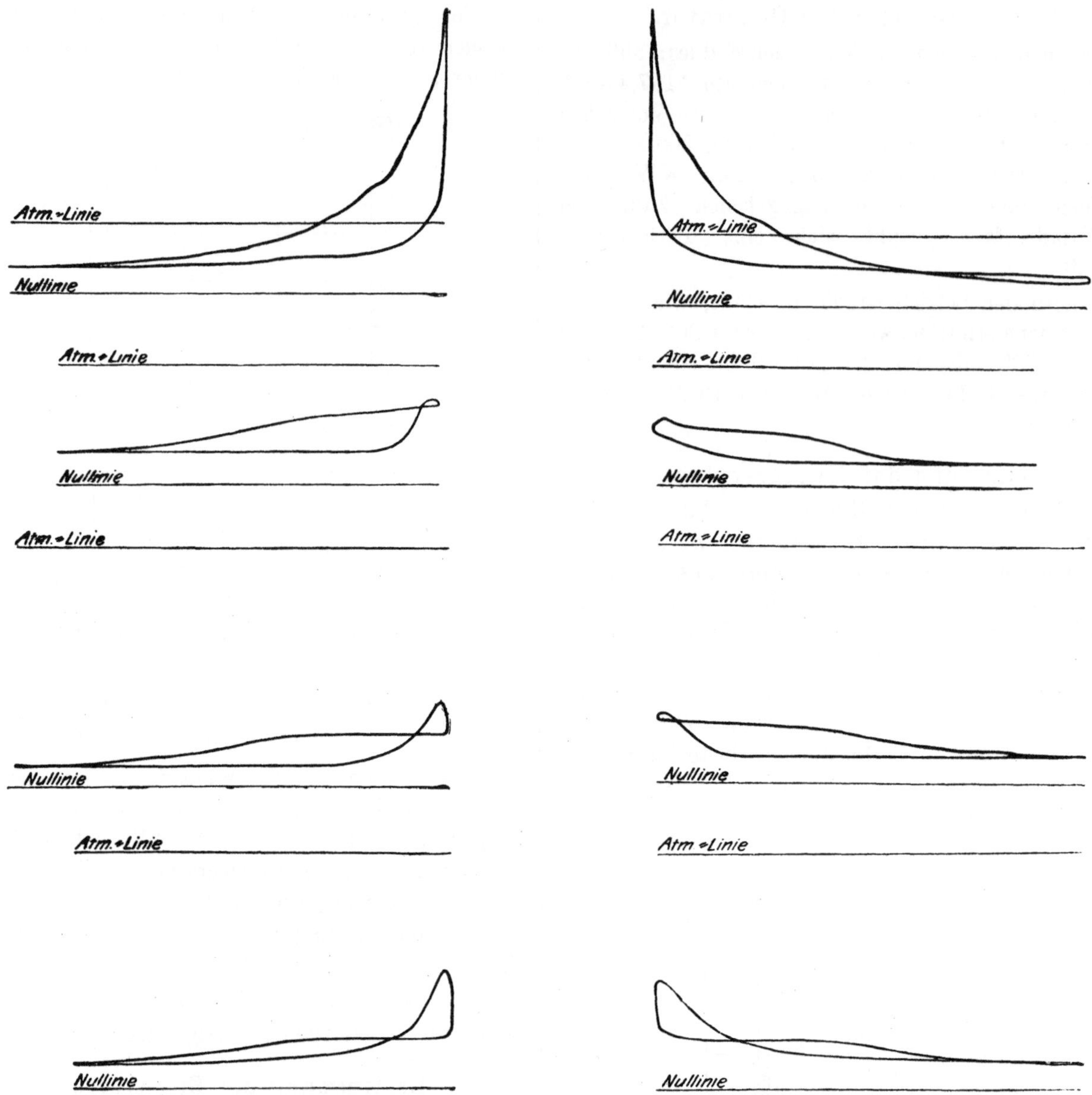

Fig. 54. Diagramme der Dampfmaschine auf Zeche Mansfeld, Schacht Colonia. Leerlauf ohne Erregung. (Betriebsversuch vom 19. Dezember 1903.)

Die Differenz der erforderlichen Maschinenleistungen entspricht der für die Eisenverluste aufgewendeten Arbeit. Tabelle 67 gibt diese Werte

Tabelle 67.

Umdr./Min. des Generators	zugeführte Leistung	Generator-spannung	Erreger-stromstärke	Erreger-spannung	Differenz der Leistungen bei erregtem und unerregtem Generator	Eisenverluste
	PSi	V	Amp	V	PSi	KW
101,9	136,37	0	0	0	0	0
102,0	177,03	3119	84,5	68,1	40,66	29,93

Da die Spannung des Generators bei dem Betriebsversuch mit 3059 V nur wenig von der bei den Leerlaufversuchen abwich, wurde der für die letzteren ermittelte Eisenverlust für den ersteren Fall übernommen.

Messungen an der Erregermaschine (einem Drehstrom-Gleichstrom-Umformer).

Der Erregerstrom wird von einer Gleichstrommaschine geliefert, die durch einen von dem Generator gespeisten Drehstrommotor (Kurzschlußankermotor) angetrieben wird.

Nach dem Maschinenschilde soll der Motor bei einem Verbrauch von 7,7 Amp und 3700 V mit 450 Umdr./Min. 60 PS leisten und die damit gekuppelte Dynamo bei derselben Umdrehungszahl 275 Amp bei 120 V = 33 KW abgeben. Von dieser Leistung sind, wie der Betriebsversuch erwies, für die Erregung des Generators nur etwa 12 KW = 36 pCt. der Nennleistung erforderlich. Eine bessere Ausnutzung der Maschine wird durch ihren Anschluss an das Beleuchtungsnetz erzielt.

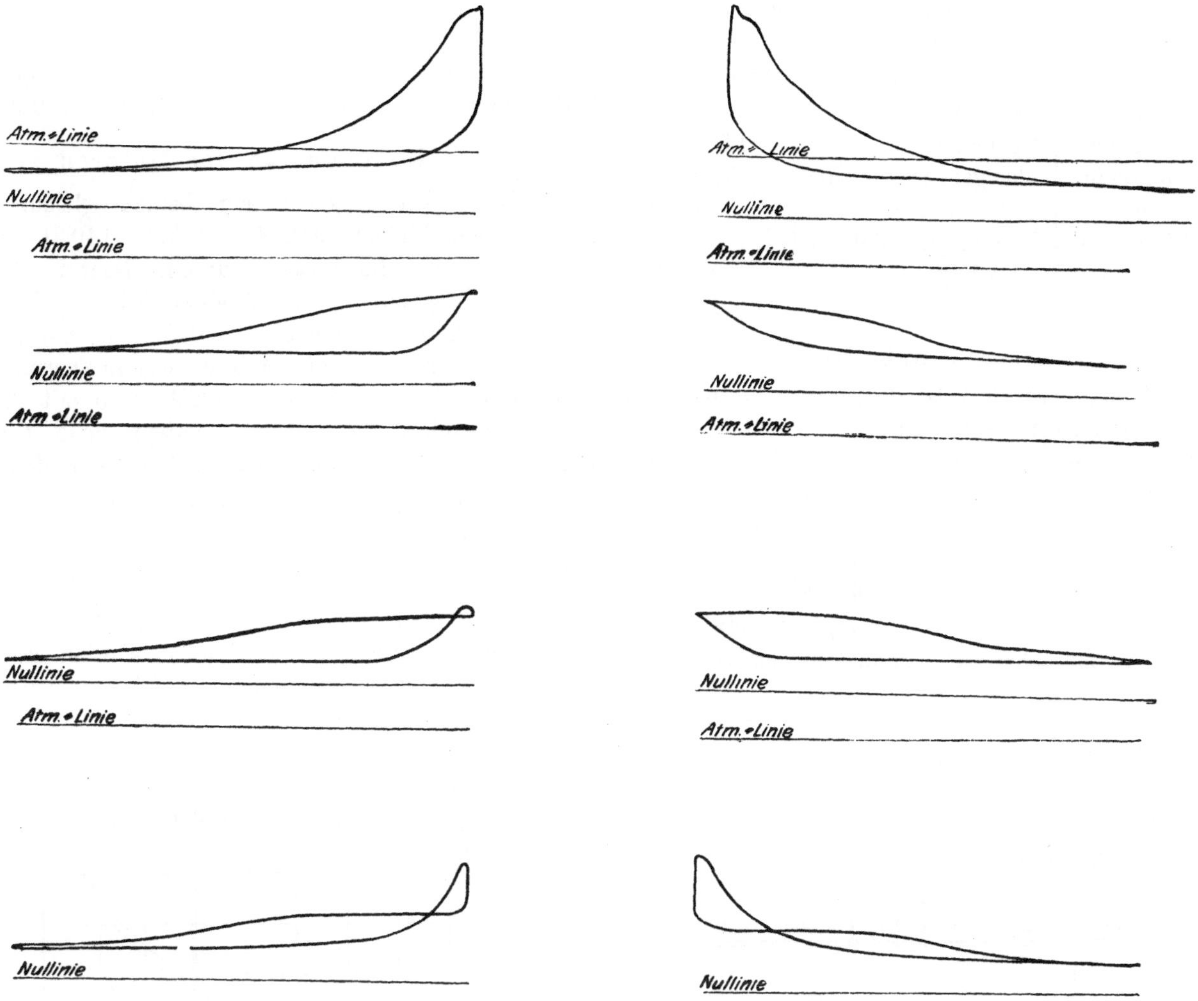

Fig. 55. **Diagramme der Dampfmaschine auf Zeche Mansfeld, Schacht Colonia. Leerlauf mit Erregung. (Betriebsversuch vom 19. Dezember 1903.)**

Bestimmung des Wirkungsgrades des Erregersatzes.

Zur Bestimmung des Wirkungsgrades des Erregersatzes wurde die von der Drehstromseite aufgenommene Energie beim Leerlauf und bei 2 verschiedenen Belastungen und die von der Gleichstromseite abgegebene Energie ebenfalls bei verschiedenen Belastungen gemessen. Die Ergebnisse sind in Tabelle 68 wiedergegeben und in dem Diagramm Fig. 56 dargestellt.

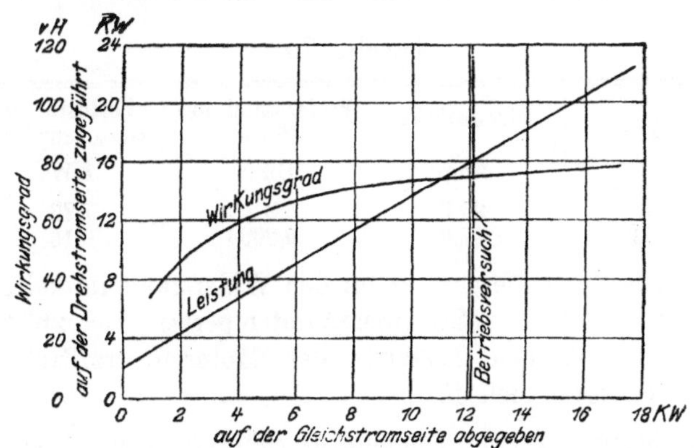

Fig. 56. **Leistung und Wirkungsgrad des Erreger-Motorgenerators.**

Tabelle 68.

Drehstromseite				Gleichstromseite			
Spannung V	Stromstärke Amp	Leistung KW	cos φ	Spannung V	Stromstärke Amp	Leistung KW	Wirkungsgrad pCt.
3128	2,5	2,14	0,158	—	—	—	—
3130	4,40	19,11	0,802	115,0	127,2	14,62	76,5
3074	4,75	20,96	0,830	111,2	147,8	16,44	78,5

Der Versuchsbelastung entsprachen nach den Schaulinien folgende Werte:

der Drehstromseite zugeführte Leistung . . 16,0 KW
von der Gleichstromseite abgegebene Leistung 12,06 „
Wirkungsgrad . . . . 75,4 pCt.

Bestimmung der Verluste im Hauptstromregulierwiderstand der Magnetwicklung.

Zur Ermittlung der Leistungsverluste in dem Hauptstrom-Regulierwiderstand der Magnetwicklung wurde bei dem Versuche die Spannung an den Klemmen der

Erregerdynamo (also vor dem Regulierwiderstand) und an den Schleifringen des Generators (also hinter dem Widerstand) gemessen. Die Ergebnisse waren folgende:

an den Klemmen der Erregermaschine	Stromstärke	104,5 Amp
	Spannung	115,4 V
	abgegebene Leistung .	12,06 KW
an den Schleifringen des Generators	Spanung	87,08 V
	Leistung in der Magnetwicklung	9,1 KW
Verlust im Regulierwiderstand . . .		2,96 „

Messungen am Schachtkabel.

Die Länge des Kabels beträgt 700 m, sein Kupferquerschnitt 3 × 150 qmm.

Die Verluste im Schachtkabel wurden wie bei den andern Anlagen durch eine Widerstandsbestimmung mit Gleichstrom und durch Kurzschlußmessungen ermittelt. Aus den nach letzterem Verfahren ermittelten Werten ergab sich der Spannungsverlust des Kabels. In dem Wirkungsgrad sind auch die Energieverluste in den Sicherungen, Schaltern und Sammelschienen der Schalttafeln über und unter Tage enthalten.

Bei der Widerstandsbestimmung wurde aus einer größeren Anzahl von Einzelmessungen der durchschnittliche Widerstand zu 0,0862 Ohm pro Ader ermittelt.

Die Ergebnisse der Kurzschlußmessungen sind in Tabelle 69 enthalten.

Tabelle 69.
Generator: Umdr./Min. 100,7; Perioden 40,28.

Spannung V	Stromstärke Amp	Leistung KW	cos φ	Widerstan pro Ader Ohm
17,0	94,1	2,32	0,839	0,0872
22,6	125,0	4,01	0,819	0,0853
30,0	166,8	7,17	0,827	0,0859
			im Mittel	0,08613

Die graphische Darstellung, Fig. 57, gibt die Leistungs- und Spannungsverluste des Kabels in Abhängigkeit von der Betriebstromstärke wieder.

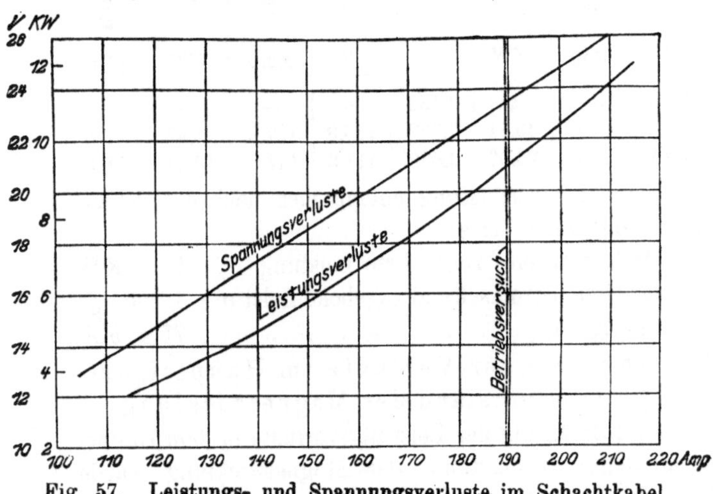

Fig. 57. Leistungs- und Spannungsverluste im Schachtkabel.

Für die beim Betriebsversuch festgestellte Stromstärke des Generators von 189,5 Amp ergibt sich aus den Schaulinien ein Spannungsverlust von 23,4 V und dementsprechend ein Leistungsverlust von 9,22 KW.

Messungen an den Motoren.

Nach den Angaben der beiden gleichlautenden Maschinenschilder: 2950 V, 104 Amp, 140 Umdr./Min., 535 PS, sind die Motoren für eine Energiezufuhr von 530 KW gebaut Das Produkt Leistungsfaktor mal Wirkungsgrad ist demnach zu 0,743 angenommen. Bei dem Versuch waren die Motoren wie im normalen Betriebe mit durchschnittlich 400 KW, also mit 75,5 pCt. ihrer Nennleistung belastet. Entsprechend den 39,0 Perioden des Generators sind die 32poligen Motoren für 146,3 Umdr./Min. im Leerlaufe und 1,33 pCt. Schlüpfung berechnet.

Bestimmung der Verluste im Statorkupfer.

Die Widerstandsmessungen für die Berechnung der Leistungsverluste im Statorkupfer wurden auch hier wieder im warmen Zustande der Wicklung, nachdem der Generator mehrere Stunden mit der normalen Belastung betrieben worden war, ausgeführt. Die Schaulinien der graphischen Darstellung, Fig. 58, geben die Leistungsverluste im Statorkupfer wieder.

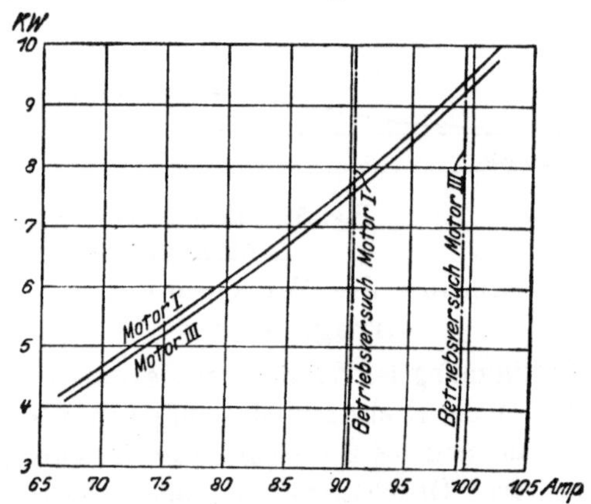

Fig 58. Verluste im Statorkupfer.

Der Belastung der Motoren beim Betriebsversuch entsprachen folgende Werte der Schaulinien:

Tabelle 70.

Motor	Stromstärke Amp	Widerstand pro Phase Ohm	Verluste im Statorkupfer KW
I	90,2	0,3167	7,73
III	99,3	0,3094	9,15

Aus der Differenz der für den Widerstand im kalten (Temperatur = Maschinenraumtemperatur = 26° C) und im warmen Zustande der Motoren ermittelten Werte ergibt sich für

den Motor I eine Temperaturerhöhung von 21,5° C
„ „ III „ „ „ 23,2° C.

Daraus ist ersichtlich, daß der Motor III ungünstiger arbeitet als Motor I, daß aber die Erwärmung in beiden Fällen weit unter der vom Verbande deutscher Elektrotechniker gezogenen Zulässigkeitsgrenze bleibt.

Bestimmung der Verluste im Rotorkupfer.

Da die Rotoren Kurzschlußwicklung haben, wurden die Leistungsverluste (Tabelle 71) in den Rotoren durch Schlüpfungsmessungen nach dem stroboskopischen Verfahren ermittelt.

Tabelle 71.

Motor	Umdr./Min. des Generators	Spannung V	Stromstärke Amp	Leistung KW	cos φ	Schlüpfung pCt.
I	102,0	3122	70,1	278,6	0,736	1,74
	101,8	3095	91,9	419,2	0,853	2,93
	—	3150	94,0	452,8	0,883	3,30
III	102,5	3100	98,5	428,0	0,809	2,96
	102,2	3078	79,4	300,0	0,709	2,20
	103,6	3115	83,6	334,9	0,743	2,44

Die graphische Darstellung der Fig. 59 verbildlicht diese Werte.

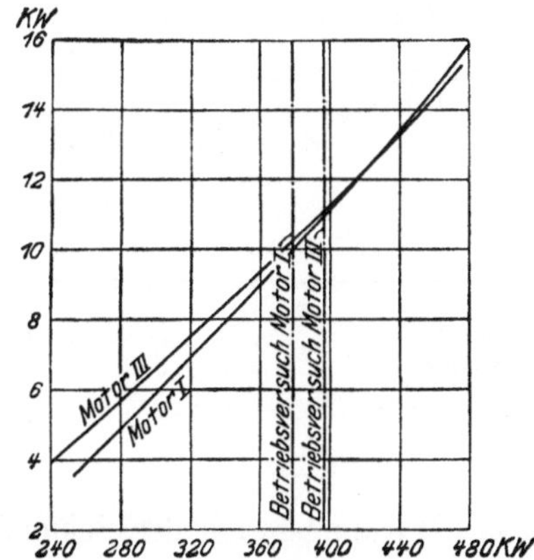

Fig. 59. Verluste im Rotorkupfer der Motoren I und III.

Für die Belastung der Motoren beim Betriebsversuch lassen sich aus den Schaulinien folgende Werte entnehmen:

Tabelle 72.

Motor	zugeführte Leistung KW	Verluste im Rotorkupfer KW
I	378,48	9,95
III	397,10	11,1

Bestimmung der Eisen- und Reibungsverluste.

Zur Bestimmung der Eisen- und Reibungsverluste wurden Leerlaufversuche mit den von den Pumpen abgekuppelten Motoren ausgeführt. In den Ergebnissen dieser Versuche (Tabelle 73) sind bei beiden Motoren die Verluste von je 3 Lagern enthalten, von denen eins dem Motor zugehört, während die beiden anderen die Pumpenwelle tragen.

Tabelle 73.

Motor	Spannung an den Motorklemmen V	Stromstärke Amp	Leistung KW	Schlüpfung pCt
I	3120	45,2	18,7	0,077
	3050	43,5	17,7	0,077
	2905	40.4	16,4	0,081
	2330	31,1	12,8	0,104
	2140	28,2	12,2	0.117
	1818	23,8	10,6	0,142
	1504	19,8	9,4	0,182
	1228	16,6	9,1	0,258
III	3120	54,7	18,4	0,062
	2825	47,3	16,7	0,072
	2410	38.8	14,4	0,088
	2035	32,3	12,1	0,106
	1690	26,7	10,69	0,136
	826	15,3	7,89	0,358

Die Zahlenwerte der Tabelle sind in den Figuren 60 und 61 graphisch dargestellt.

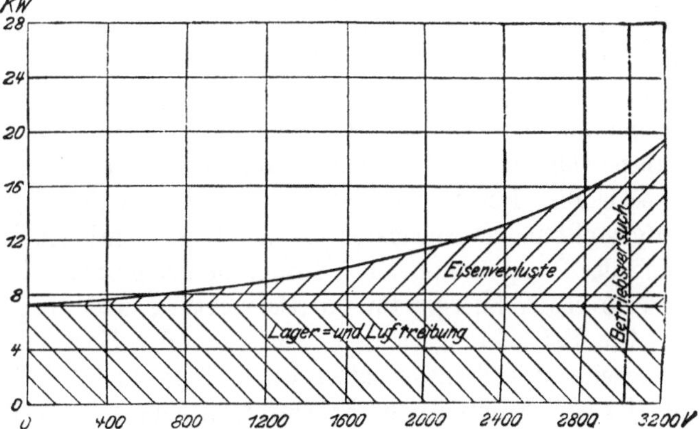

Fig. 60. Eisen- und Reibungsverluste im Motor I

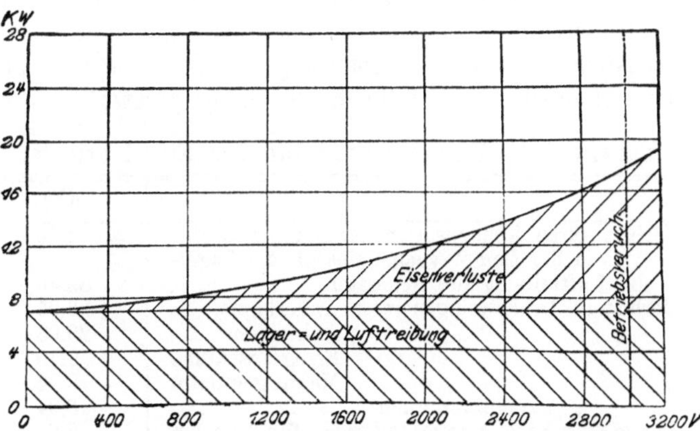

Fig. 61. Eisen- und Reibungsverluste im Motor III.

Wie bei den früheren Versuchen schon dargelegt ist, scheidet die durch den Anfangspunkt der Kurve (Spannung = 0) gelegte Horizontale die Verluste im Eisen von den durch Lagerreibung verursachten.

Für die Belastung der Motoren beim Betriebsversuch nehmen die Eisen- und Reibungsverluste folgende Werte an:

Tabelle 74.

Motor	Spannung an den Motorklemmen V	Lager- und Luftreibung KW	Eisenverluste KW
I	3035,6	7,2	10,4
III	3035,6	7,0	10,8

Zusammenstellung der Einzelverluste und Wirkungsgrade nach dem Ergebnis der elektrischen Messungen.

Bei der Berechnung der Leistung der Antriebsmaschine war folgendes zu berücksichtigen:

1. Der Energieverbrauch der Erregermaschine, deren Motor von dem Generator gespeist wird, ist in den Diagrammen der Dampfmaschine mit enthalten, muß also bei der Bestimmung des Wirkungsgrades der Hauptdampfmaschine in Abzug gebracht werden.

2. Beim Vergleich mit den anderen Anlagen ist zu berücksichtigen, daß die Kondensationseinrichtung hier von der Dampfmaschine betätigt wird. Nimmt man den Kraftverbrauch der Kondensation auch hier zu 1,5 pCt. der indizierten Maschinenleistung an, so berechnet sich die für die Kondensation aufgewandte Leistung zu 1277,8 (mittlere PSi) × 0,015 = 19,17 PS = 14,13 KW.

Sowohl der Generator als auch die Erregermaschine gaben während des Versuches Strom für Beleuchtungszwecke ab. Der Generator versorgte einen unter Tage aufgestellten Transformator für die Bogenlichtbeleuchtung des Pumpenraumes mit Strom, die Erregermaschine lieferte etwas Energie für die Beleuchtung über Tage.

Die Beleuchtungsenergie wurde an der Hochspannungseite des Transformators unter Tage zu 2,9 KW, an der Drehstromseite des Erregerumformers zu 3,2 KW ermittelt.

Die für Beleuchtungszwecke gebrauchten und der Kraftübertragung entzogenen Energiemengen sind in der nachstehenden Zusammenstellung der Einzelverluste an der entsprechenden Stelle in Rechnung gesetzt.

Tabelle 75. Zusammenstellung der Einzelverluste.

	KW
Verlust durch Kondensation der Dampfmaschine	14,13
„ in der Dampfdynamo einschl. der Lager- und Luftreibung des Generators	82,45
Verlust im Drehstromgenerator: Ankerkupfer	7,05
Ankereisen	29,93
Erregerwicklung	9,10
Magnetregulator	2,96
„ „ Erregerumformer	3,94
Energieabgabe d. Erregerumformers für Beleucht.	3,20
Verlust in der Schachtleitung	9,22
Energieabgabe des Generators für Beleuchtung	2,90
Verlust im Motor I: Statorkupfer	7,73
Rotorkupfer	9,95
Eisen	10,4
Lager- und Luftreibung	7,20
„ „ „ III: Statorkupfer	9,15
Rotorkupfer	11,10
Eisen	10,80
Lager- und Luftreibung	7,00
„ in der Pumpe I einschl. Steigleitung	28,52
„ „ „ „ III „ „	29,57
Verluste u. Energieabgaben für Beleuchtung zus.	294,50

Unter Berücksichtigung dieser Werte ergeben sich für die verschiedenen Glieder der Anlage folgende Wirkungsgrade:

Tabelle 76. Wirkungsgrade der Primärstation.

Dampfmaschine (mit Lager- und Luftreibung) **einschl. Erregerleistung ausschl. Kondensation:**	
zugeführte Leistung	1258,60 PS (926,33 KW)
abgegebene Leistung	1146,58 PS (843,88 KW)
Wirkungsgrad	91,1 pCt.
Dampfmaschine (mit Lager- und Luftreibung) **einschl. Erregerleistung einschl. Kondensation:**	
zugeführte Leistung	1277,80 PS (940,46 KW)
abgegebene Leistung	1146,58 PS (843,88 KW)
Wirkungsgrad	89,74 pCt.
Generator einschl. Erregung:	
zugeführte Leistung	843.88 KW
Verluste: Ankerkupfer	7,05 „
Ankereisen	29,93 „
Erregung	9,10 „
Magnetregulator	2,96 „
Erregerumformer	3,94 „
	52,98 KW
abgegebene Leistung	790,90 „
Wirkungsgrad	93,7 pCt.
an den Erregerumformer für Beleuchtung abgegebene Leistung	3,20 KW
an das Schachtkabel abgegebene Leistung	787,70 „

Tabelle 77. Wirkungsgrad des Schachtkabels.

zugeführte Leistung	787,70 KW
abgegebene Leistung	778,48 „
Verluste	9,22 „
Wirkungsgrad	98,83 pCt.

Tabelle 78. Wirkungsgrade der Sekundäranlage.

Vom Schachtkabel abgegebene Leistung	778,48 KW
an den Transformator unter Tage für Beleuchtung abgegebene Leistung	2,90 „
den beiden Motoren zugeführte Leistung	775,58 „
Motor I:	
zugeführte Leistung	378,48 „
Verluste: Statorkupfer	7,73 „
Rotorkupfer	9,95 „
Eisen	10,40 „
durch Lager und Luftreibung	7,30 „
zusammen	35,38 KW
abgegebene Leistung	343,10 „ (466,17 PS)
Wirkungsgrad	90,65 pCt.
Motor III:	
zugeführte Leistung	397,10 KW
Verluste: Statorkupfer	9,15 „
Rotorkupfer	11,10 „
Eisen	10,90 „
durch Lager und Luftreibung	7,00 „
zusammen	38,05 KW
abgegebene Leistung	358,95 „ (487,7 PS)
Wirkungsgrad	90,39 pCt.

Pumpe I einschl. Steigleitung*) (gießt an der Rasenhängebank aus):	
zugeführte Leistung	343,10 KW (466,17 PS)
abgegebene Leistung (Wasserpferde) . . .	427,42 PS
Wirkungsgrad	91,69 pCt.
Pumpe III einschl. Steigleitung (gießt ins Hochbassin aus):	
zugeführte Leistung	358,95 KW (487,70 PS)
abgegebene Leistung (Wasserpferde) . . .	447,54 PS
Wirkungsgrad	91,77 pCt.

In Tabelle 79 sind aus den einzelnen Wirkungsgraden die Gesamtergebnisse zusammengestellt.

Tabelle 79.

a. Wirkungsgrad der Primärstation einschl. Kondensation und Erregerumformer sowie einschl. Kabelverluste:	
der Dampfmaschine zugeführte Leistung .	1277,80 PS = 940,46 KW
den Motoren zugeführte Leistung	1053,78 PS = 775,58 KW
Wirkungsgrad	82,47 pCt.
b. Wirkungsgrad der Sekundärstation:	
den Motoren zugeführte Leistung	1035,78 PS = 775,58 KW
von den Pumpen abgegebene Leistung .	874,96 PS = 643,94 KW
Wirkungsgrad	83,01 pCt.
c. Wirkungsgrad der Gesamtanlage:	
der Dampfmaschine zugeführte Leistung .	1277,80 PS = 940,46 KW
von den Pumpen abgegebene Leistung . .	874.96 ES = 643,94 KW
Wirkungsgrad	68,47 pCt.

*) s. Fußnote S. 89.

Vergleich der Versuchsergebnisse sämtlicher geprüften Anlagen.

In den Fig. 62 und 63 sind die Ergebnisse der verschiedenen Versuche übersichtlich einander gegenübergestellt.

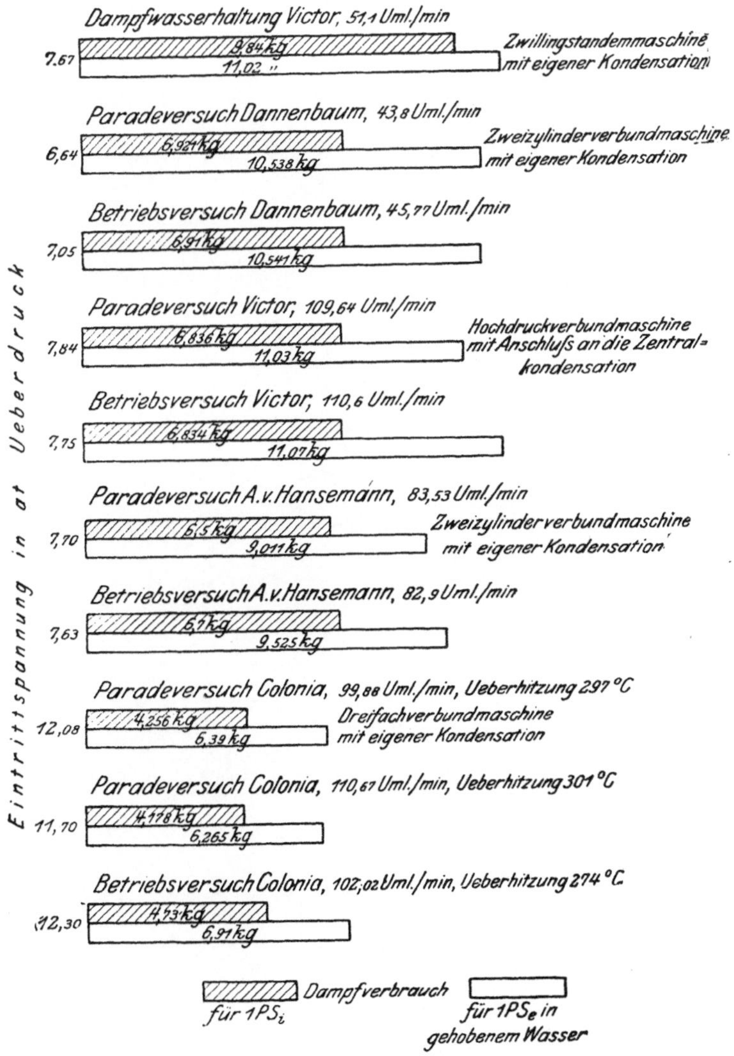

Fig. 62. Dampfverbrauchswerte

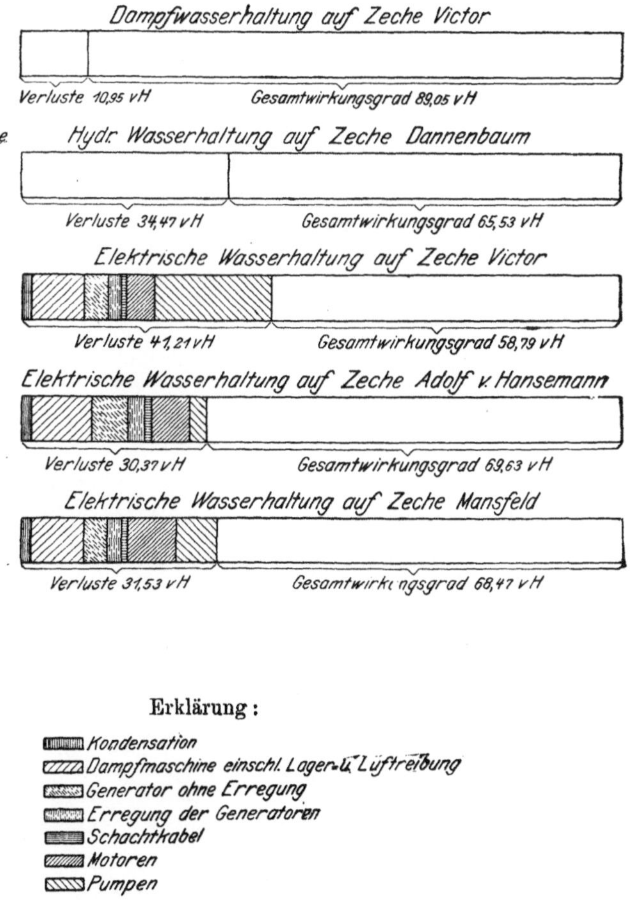

Fig. 63. Gesamtwirkungsgrade und Verluste

der untersuchten Anlagen.

Die noch zur Verfügung stehenden Mittel sollen dazu dienen, im Verlaufe dieses Jahres noch eine weitere elektrische Wasserhaltungsanlage, die einem im Ruhrrevier stark vertretenen Pumpensysteme angehört, zu prüfen.

Der Bericht, über diese Untersuchung, der nach seiner Veröffentlichung in der Zeitschrift „Glückauf“ ebenfalls als Sonderabdruck erscheinen wird, soll neben der Darlegung der Ergebnisse eine übersichtlichere Zusammenstellung der gesamten Versuchsergebnisse, als sie oben gegeben ist, sowie eine wirtschaftliche und bergmännische Würdigung der untersuchten Pumpensysteme bringen.

Diesen letzteren Mitteilungen wird nur zur Beseitigung in Fachkreisen entstandener irriger Meinungen durch folgende Bemerkungen vorgegriffen.

Nach dem vorläufigen Überschlage arbeitet die Dampfwasserhaltung auf Zeche Victor am billigsten. Von den mit Kraftübertragung betriebenen Pumpen wird die Hochdruckzentrifugalpumpenanlage derselben Zeche, die im mechanischen Nutzeffekt hinter den anderen Systemen zurückblieb, aller Wahrscheinlichkeit nach die geringsten Betriebskosten aufweisen, ein sprechender Beweis dafür, wie wenig der Wirkungsgrad allein maßgebend für den wirstchaftlichen Wert einer Anlage ist.

Additional information of this book

(Die neueste Entwicklung der Wasserhaltung; 978-3-642-51294-0) is provided:

http://Extras.Springer.com